高校电子信息类专业主干课“十一五”规划教材

电磁场与电磁波

◆吕 芳 杜永兴 辛 莉 编著

東南大學出版社
·南京·

内 容 提 要

本书是为高等院校电子信息类专业基础课“电磁场与电磁波”课程编写的本科生教材，主要介绍电磁场与电磁波的基本特性及规律，以 MAXWELL 方程组为主线阐述电磁场及基本规律是本书的特色。

本书从矢量分析与场论入手，着重讨论电磁场的基本理论的内容。全书共分八章，内容包括矢量分析与场论、宏观电磁现象的基本原理、静电场和恒定电场、恒定电流的磁场、时变电磁场、平面电磁波、导行电磁波、电磁辐射。书末有附录（有关物理常数、重要的矢量公式、电磁波的波段划分及其主要应用）、各章习题参考答案、参考文献等。

在编写过程中注意强调基本概念和典型问题的解决方法，增加了部分工程应用方面的内容。

图书在版编目(CIP)数据

电磁场与电磁波/吕芳，杜永兴，辛莉编著. —南京：东南大学出版社，2009.1(2023.9 重印)

ISBN 978-7-5641-1437-4

Ⅰ.电… Ⅱ.①吕…②杜…③辛… Ⅲ.①电磁场—高等学校—教材②电磁波—高等学校—教材 Ⅳ.O441.4

中国版本图书馆 CIP 数据核字(2009)第 011982 号

电磁场与电磁波

Diancichang Yu Diancibo

编 著 者	吕 芳 杜永兴 辛 莉
出版发行	东南大学出版社
出 版 人	江建中
社 址	江苏省南京市玄武区四牌楼 2 号
邮 编	210096
电 话	025-83793330
经 销	全国各地新华书店
印 刷	广东虎彩云印刷有限公司
开 本	700mm×1000mm 1/16
印 张	15.50
字 数	358 千字
书 号	ISBN 978-7-5641-1437-4
版 次	2009 年 1 月第 1 版
印 次	2023 年 9 月第 4 次印刷
定 价	36.00 元

（凡有印装质量问题，请与我社营销部联系。电话：025－83791830）

前　言

现代电子技术如通讯、广播、电视、导航、雷达、遥感、测控、电子对抗、电子仪器和测量系统，都离不开电磁波的发射、控制、传播和接收；从家用电器、工业自动化到地质勘探，从工业、农业到医疗卫生等国民经济领域，几乎全都涉及电磁场理论的应用。

本书是为高等院校电子信息类专业基础课“电磁场与电磁波”课程编写的本科生教材，主要介绍电磁场与电磁波的基本特性及规律，以 MAXWELL 方程组为主线阐述电磁场及其基本规律是本书的特色。

本书从麦克斯韦方程出发，先论述时变电磁场，而将其他静态场作为时变场的特例来处理，由一般到特殊，更易于理解。这样可以压缩静态场，充实时变场的内容，也避免了大学物理课程的许多重复，节省了学时。

本书注重基本理论与实际相融合，以增加学生的学习兴趣。为了培养学生分析与解决问题的能力，加深所述内容的理解，在书中给出了一些例题、一定数量的思考题和习题，结合电磁场的基本物理概念讲解矢量的分析方法，有的放矢。同时还列出了一些相关物理量的英文表述，意在熟悉并掌握一些专业术语。

全书共分八章，内容包括矢量分析与场论、宏观电磁现象的基本原理、静电场和恒定电场、恒定电流的磁场、时变电磁波、平面电磁波、导行电磁波、电磁辐射。书末有附录(有关物理常数、重要的矢量公式、电磁波的波段划分及其主要应用)、各章习题参考答案、参考文献等。

本书内容安排合理，文字表述明了，物理概念清晰，数学推导易懂，并结合大量的例题说明解题的方法和要点。

在编写中，吸收了其他院校部分讲课教师的意见和建议，同时融入了作者长期讲授该课程的教学经验和体会，也结合了电子信息类专业后续课程知识的需求(如移动通信、天线技术、光纤通信等)。

其中第 1、2、5、6 章由吕芳编写，第 3、4 章由杜永兴编写，第 7、8 章由辛莉编写，最后由吕芳负责全书的统稿工作。本书在编写过程中得到了许多老师的大力支持与帮助，在此深表谢意。

书中不妥之处敬请广大读者提出宝贵意见。

作　者
2008. 10

注：本次印刷前订正书上尚存的错误及疏漏之处，并添加免费课件，请有需要的老师扫描书后二维码获取。

CONTENTS 目 录

1 矢量分析与场论

电磁场(Electromagnetic Field)是分布在三维空间的矢量场,矢量分析是学习场论的基础。标量场在空间的变化规律由其梯度来描述,而矢量场在空间的变化规律则通过场的散度和旋度来描述。本章首先介绍标量和矢量及标量场和矢量场的概念,给出常用坐标系,然后着重讨论标量场的梯度、矢量场的散度和旋度的概念及其运算规律,在此基础上介绍斯托克斯定理。

1.1 矢量分析

1.1.1 标量和矢量

电磁场中遇到的绝大多数物理量,能够容易地区分为标量(Scalar)和矢量(Vector)。一个仅用大小就能够完整描述的物理量称为标量,例如,电压、温度、时间、质量、电荷等。实际上,所有实数都是标量。标量的空间分布构成标量场。

在二维空间或三维空间内的任一点 P,它是一个既存在大小(或称为模)又有方向特性的量,称为矢量,用黑体 $\boldsymbol{A}$ 表示,而白体 A 表示 $\boldsymbol{A}$ 的大小(即 $\boldsymbol{A}$ 的模)。若用几何图形表示,它是从该点出发的一条有向线段,如图 1.1 所示。线段的长度表示矢量 $\boldsymbol{A}$ 的模,箭头的指向表示该矢量 $\boldsymbol{A}$ 的方向。如电场强度 $\boldsymbol{E}$、磁场强度 $\boldsymbol{H}$、速度 $\boldsymbol{v}$ 等等。矢量的空间分布构成矢量场。

图 1.1 矢量的表示

若场中的物理量在各点处的对应值不随时间变化,则称该场为稳定场。否则,称为不稳定场。

一个模为 1 的矢量称为单位矢量(Unit Vector)。用 $\boldsymbol{e}_A$ 表示,即

$$\boldsymbol{e}_A = \frac{\boldsymbol{A}}{A} \tag{1.1}$$

式中,A 为矢量 $\boldsymbol{A}$ 的模。

矢量 $\boldsymbol{A}$ 可表示为

$$\boldsymbol{A} = A\boldsymbol{e}_A \tag{1.2}$$

1.1.2 矢量的代数运算

两个矢量 $\boldsymbol{A}$ 与 $\boldsymbol{B}$ 相加，可按平行四边形得到：从同一点画出矢量 $\boldsymbol{A}$ 与 $\boldsymbol{B}$，构成一个平行四边形，其对角线矢量即为和矢量，如图 1.2 所示。

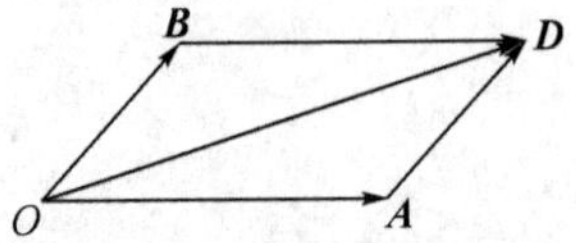

图 1.2 矢量的加法

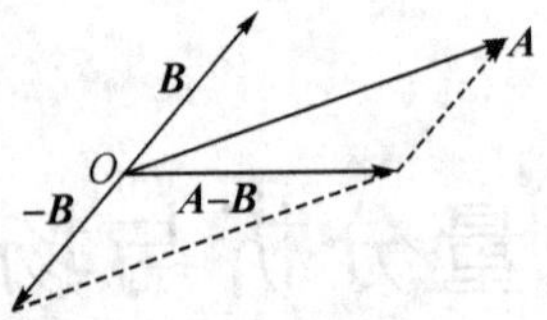

图 1.3 矢量的减法

矢量的加法服从交换律和结合律

$$\boldsymbol{A}+\boldsymbol{B}=\boldsymbol{B}+\boldsymbol{A} \quad (\text{交换律}) \tag{1.3}$$

$$(\boldsymbol{A}+\boldsymbol{B})+\boldsymbol{C}=\boldsymbol{A}+(\boldsymbol{B}+\boldsymbol{C}) \quad (\text{结合律}) \tag{1.4}$$

矢量减法

$$\boldsymbol{A}-\boldsymbol{B}=\boldsymbol{A}+(-\boldsymbol{B}) \tag{1.5}$$

式中 $-\boldsymbol{B}$ 的大小与 $\boldsymbol{B}$ 的大小相等，但与 $\boldsymbol{B}$ 的方向相反，如图 1.3 所示。

1.1.3 矢量的标积与矢积

一个标量 k 与一个矢量 $\boldsymbol{A}$ 的乘积仍为一个矢量，用 $|k|\boldsymbol{A}$ 表示。如 $k>0$，则 $k\boldsymbol{A}$ 与 $\boldsymbol{A}$ 同方向；如 $k<0$，则 $k\boldsymbol{A}$ 与 $\boldsymbol{A}$ 反方向。

两个矢量 $\boldsymbol{A}$ 与 $\boldsymbol{B}$ 标积(Scalar Product)，称为点积(或内积)，以“$\boldsymbol{A}\cdot\boldsymbol{B}$”表示。两个矢量 $\boldsymbol{A}$ 与 $\boldsymbol{B}$ 矢积，称为叉积(Cross Product)(或外积)，以“$\boldsymbol{A}\times\boldsymbol{B}$”表示。

两个矢量的点积 $\boldsymbol{A}\cdot\boldsymbol{B}$ 是一个标量，定义为 $\boldsymbol{A}$ 和 $\boldsymbol{B}$ 的大小与它们之间较小的夹角 $\theta(0\leqslant\theta\leqslant\pi)$ 的余弦之积，如图 1.4 所示，即

$$\boldsymbol{A}\cdot\boldsymbol{B}=AB\cos\theta \tag{1.6}$$

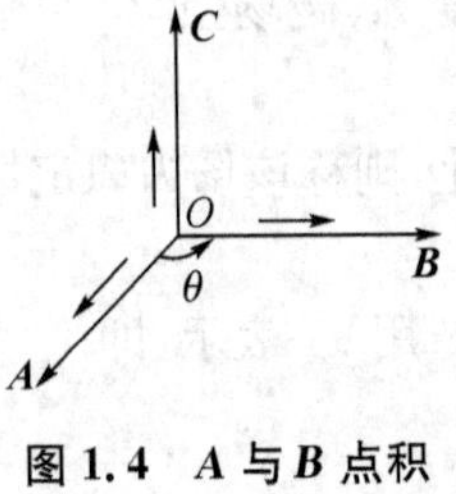

图 1.4 $\boldsymbol{A}$ 与 $\boldsymbol{B}$ 点积

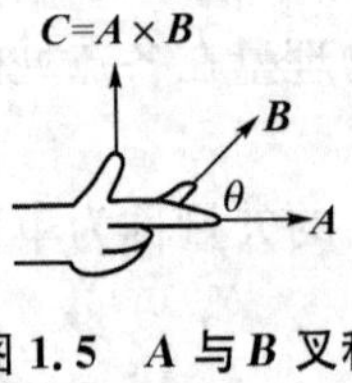

图 1.5 $\boldsymbol{A}$ 与 $\boldsymbol{B}$ 叉积

矢量的点积服从交换律和分配律

$$\boldsymbol{A}\cdot\boldsymbol{B}=\boldsymbol{B}\cdot\boldsymbol{A} \quad (\text{交换律}) \tag{1.7}$$

$$\boldsymbol{A}\cdot(\boldsymbol{B}+\boldsymbol{C})=\boldsymbol{A}\cdot\boldsymbol{B}+\boldsymbol{A}\cdot\boldsymbol{C}\quad(分配律)\tag{1.8}$$

两个矢量的叉积 $\boldsymbol{A}\times\boldsymbol{B}$ 是一个矢量,它垂直于包含矢量 $\boldsymbol{A}$ 和 $\boldsymbol{B}$ 的平面,其大小定义为 $AB\sin\theta$,方向为当右手四个手指从矢量 $\boldsymbol{A}$ 到 $\boldsymbol{B}$ 旋转 θ 时大拇指的方向,如图 1.5 所示,即

$$\boldsymbol{A}\times\boldsymbol{B}=\boldsymbol{e}_c AB\sin\theta\tag{1.9}$$

由矢积定义知

$$\boldsymbol{A}\times\boldsymbol{B}=-\boldsymbol{B}\times\boldsymbol{A}\tag{1.10}$$

因此,矢积不服从交换律,而服从分配律

$$\boldsymbol{A}\times(\boldsymbol{B}+\boldsymbol{C})=\boldsymbol{A}\times\boldsymbol{B}+\boldsymbol{A}\times\boldsymbol{C}\quad(分配律)\tag{1.11}$$

矢量 $\boldsymbol{A}$ 与矢量 $\boldsymbol{B}\times\boldsymbol{C}$ 的点积 $\boldsymbol{A}\cdot(\boldsymbol{B}\times\boldsymbol{C})$ 称为标量三重积,它具有如下运算性质:

$$\boldsymbol{A}\cdot(\boldsymbol{B}\times\boldsymbol{C})=\boldsymbol{B}\cdot(\boldsymbol{C}\times\boldsymbol{A})=\boldsymbol{C}\cdot(\boldsymbol{A}\times\boldsymbol{B})\tag{1.12}$$

矢量 $\boldsymbol{A}$ 与矢量 $\boldsymbol{B}\times\boldsymbol{C}$ 的叉积 $\boldsymbol{A}\times(\boldsymbol{B}\times\boldsymbol{C})$ 称为矢量三重积,它具有如下运算性质:

$$\boldsymbol{A}\times(\boldsymbol{B}\times\boldsymbol{C})=\boldsymbol{B}(\boldsymbol{A}\cdot\boldsymbol{C})-\boldsymbol{C}(\boldsymbol{A}\cdot\boldsymbol{B})\tag{1.13}$$

1.2 常用的正交坐标系

为了定量地分析矢量场,需要建立参考坐标系,以表示空间的位置及矢量的方向。当对电磁问题进行分析时,根据物体不同的几何形状,采用不同的坐标系将会给我们的分析工作带来很大方便。例如,对平面矩形和长方体形物体,采用直角坐标系分析比较方便;对平面圆形和圆柱形物体,采用圆柱坐标系比较方便;而对球形和圆锥形物体,则采用球坐标系比较方便。在电磁场理论中,最常用的坐标系为直角坐标系、圆柱坐标系和球坐标系。

1.2.1 直角坐标系

如图 1.6 所示,直角坐标系中的 3 个坐标变量是 x、y 和 z,它们的变化范围分别是 $-\infty<x<\infty$,$-\infty<y<\infty$,$-\infty<z<\infty$,空间任一点是 3 个坐标曲面 $x=x_0$、$y=y_0$ 和 $z=z_0$ 的交点。

在直角坐标系中,过空间任一点 $P(x_0,y_0,z_0)$ 的三个相互正交的坐标单位矢量 $\boldsymbol{e}_x$、$\boldsymbol{e}_y$ 和 $\boldsymbol{e}_z$ 分别是 x、y 和 z 增加的方向,且遵循右手螺旋法则:

$$\boldsymbol{e}_x\times\boldsymbol{e}_y=\boldsymbol{e}_z、\boldsymbol{e}_y\times\boldsymbol{e}_z=\boldsymbol{e}_x、\boldsymbol{e}_z\times\boldsymbol{e}_x=\boldsymbol{e}_y\tag{1.14}$$

任一矢量 $\boldsymbol{A}$ 在直角坐标系中可表示为

$$\boldsymbol{A}=A_x\boldsymbol{e}_x+A_y\boldsymbol{e}_y+A_z\boldsymbol{e}_z\tag{1.15}$$

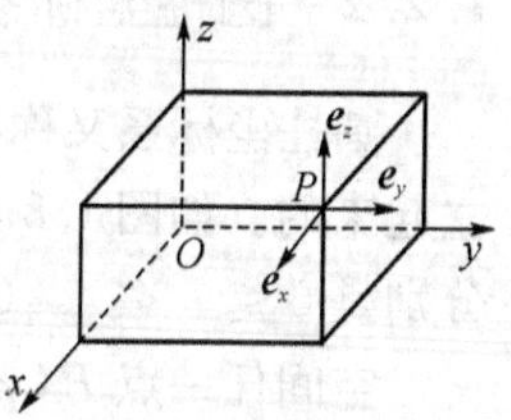

图 1.6 直角坐标系

其中 A_x、A_y、A_z 分别是矢量 $\boldsymbol{A}$ 在 $\boldsymbol{e}_x$、$\boldsymbol{e}_y$ 和 $\boldsymbol{e}_z$ 方向上的投影，如图 1.7 所示。

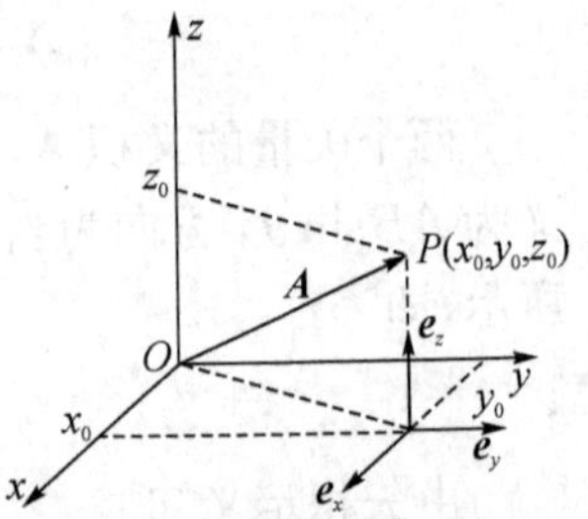

图 1.7 直角坐标系中一点的投影

两个矢量 $\boldsymbol{A}=A_x\boldsymbol{e}_x+A_y\boldsymbol{e}_y+A_z\boldsymbol{e}_z$ 与 $\boldsymbol{B}=B_x\boldsymbol{e}_x+B_y\boldsymbol{e}_y+B_z\boldsymbol{e}_z$ 的和等于对应分量之和，即

$$\boldsymbol{A}+\boldsymbol{B}=(A_x+B_x)\boldsymbol{e}_x+(A_y+B_y)\boldsymbol{e}_y+(A_z+B_z)\boldsymbol{e}_z \tag{1.16}$$

$\boldsymbol{A}$ 与 $\boldsymbol{B}$ 的标积为

$$\begin{aligned}\boldsymbol{A}\cdot\boldsymbol{B}&=(A_x\boldsymbol{e}_x+A_y\boldsymbol{e}_y+A_z\boldsymbol{e}_z)\cdot(B_x\boldsymbol{e}_x+B_y\boldsymbol{e}_y+B_z\boldsymbol{e}_z)\\&=A_xB_x+A_yB_y+A_zB_z\end{aligned} \tag{1.17}$$

$\boldsymbol{A}$ 与 $\boldsymbol{B}$ 的叉积为

$$\begin{aligned}\boldsymbol{A}\times\boldsymbol{B}&=(A_x\boldsymbol{e}_x+A_y\boldsymbol{e}_y+A_z\boldsymbol{e}_z)\times(B_x\boldsymbol{e}_x+B_y\boldsymbol{e}_y+B_z\boldsymbol{e}_z)\\&=(A_yB_z-A_zB_y)\boldsymbol{e}_x+(A_zB_x-A_xB_z)\boldsymbol{e}_y+(A_xB_y-A_yB_x)\boldsymbol{e}_z\\&=\begin{vmatrix}\boldsymbol{e}_x & \boldsymbol{e}_y & \boldsymbol{e}_z\\ A_x & A_y & A_z\\ B_x & B_y & B_z\end{vmatrix}\end{aligned} \tag{1.18}$$

在直角坐标系中，位置矢量

$$\boldsymbol{r}=x\boldsymbol{e}_x+y\boldsymbol{e}_y+z\boldsymbol{e}_z \tag{1.19}$$

其微分为

$$\mathrm{d}\boldsymbol{r}=\mathrm{d}x\boldsymbol{e}_x+\mathrm{d}y\boldsymbol{e}_y+\mathrm{d}z\boldsymbol{e}_z \tag{1.20}$$

而与三个坐标单位矢量相垂直的三个面积元分别为

$$\mathrm{d}S_x=\mathrm{d}y\,\mathrm{d}z,\mathrm{d}S_y=\mathrm{d}x\,\mathrm{d}z,\mathrm{d}S_z=\mathrm{d}x\,\mathrm{d}y \tag{1.21}$$

体积元为

$$\mathrm{d}V=\mathrm{d}x\,\mathrm{d}y\,\mathrm{d}z \tag{1.22}$$

1.2.2 圆柱坐标系

圆柱坐标系又称半极坐标系，它是由平面极坐标系与空间直角坐标系中的部分建立起来的。如图 1.8 所示，圆柱坐标系由 ρ、ϕ 和 z 三个坐标变量组成，它们的变化范围分别是 $0\leqslant\rho<\infty$，$0\leqslant\phi<2\pi$，$-\infty<z<\infty$。

空间任一点 $P(\rho_0,\phi_0,z_0)$ 是如下三个坐标曲面的交点：$\rho=\rho_0$ 的圆柱面、包含 z 轴并与 xz 平面构成夹角为 $\phi=\phi_0$ 的半平面、在 $z=z_0$ 的平面。

圆柱坐标系与直角坐标系之间的变换关系：

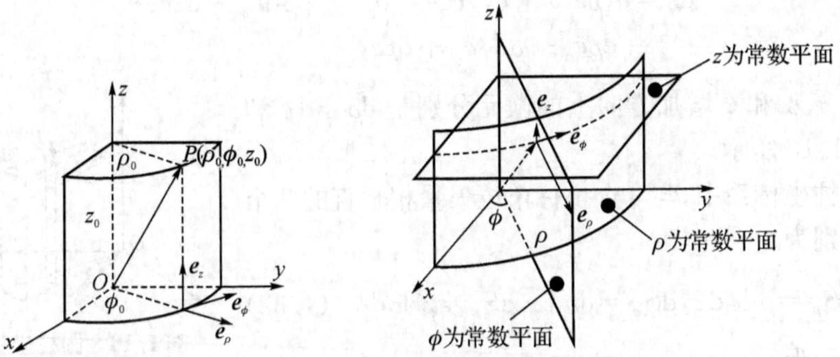

图 1.8　圆柱坐标系

$$\rho = \sqrt{x^2 + y^2}, \phi = \arctan(y/x), z = z \tag{1.23}$$

或

$$x = \rho\cos\phi, y = \rho\sin\phi, z = z \tag{1.24}$$

在圆柱坐标系中，过空间任一点 $P(\rho_0, \phi_0, z_0)$ 的 3 个坐标单位矢量表示为 $\boldsymbol{e}_\rho$，$\boldsymbol{e}_\phi$ 和 $\boldsymbol{e}_z$，它们相互正交且遵循右手螺旋法则，即

$$\boldsymbol{e}_\rho \times \boldsymbol{e}_\phi = \boldsymbol{e}_z、\boldsymbol{e}_\phi \times \boldsymbol{e}_z = \boldsymbol{e}_\rho、\boldsymbol{e}_z \times \boldsymbol{e}_\rho = \boldsymbol{e}_\phi \tag{1.25}$$

在这 3 个单位矢量中除了 $\boldsymbol{e}_z$ 的方向始终不变以外，$\boldsymbol{e}_\rho$，$\boldsymbol{e}_\phi$ 的方向均随空间坐标变化。由图 1.9 可得到 $\boldsymbol{e}_\rho$，$\boldsymbol{e}_\phi$ 与直角坐标系之间的变换关系为

$$\boldsymbol{e}_\rho = \cos\phi\boldsymbol{e}_x + \sin\phi\boldsymbol{e}_y, \boldsymbol{e}_\phi = -\sin\phi\boldsymbol{e}_x + \cos\phi\boldsymbol{e}_y, \boldsymbol{e}_z = \boldsymbol{e}_z \tag{1.26}$$

或

$$\boldsymbol{e}_x = \cos\phi\boldsymbol{e}_\rho - \sin\phi\boldsymbol{e}_\phi, \boldsymbol{e}_y = \sin\phi\boldsymbol{e}_\rho + \cos\phi\boldsymbol{e}_\phi, \boldsymbol{e}_z = \boldsymbol{e}_z \tag{1.27}$$

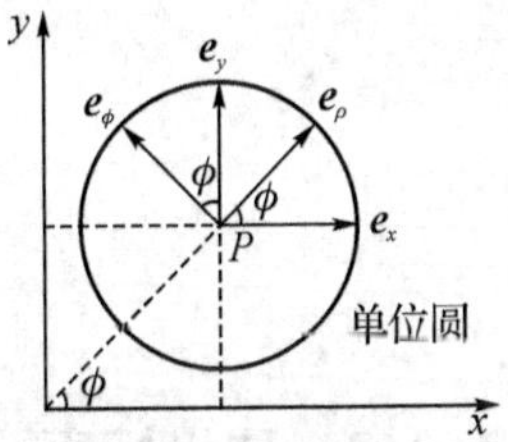

图 1.9　直角坐标系与圆柱坐标系的单位矢量的关系

由式(1.26)可看出 $\boldsymbol{e}_\rho$ 和 $\boldsymbol{e}_\phi$ 是随 ϕ 变化的，且

$$\begin{cases} \dfrac{\partial \boldsymbol{c}_\rho}{\partial \phi} = -\sin\phi\boldsymbol{e}_x + \cos\phi\boldsymbol{e}_y = \boldsymbol{e}_\phi \\ \dfrac{\partial \boldsymbol{e}_\phi}{\partial \phi} = -\cos\phi\boldsymbol{e}_x - \sin\phi\boldsymbol{e}_y = -\boldsymbol{e}_\rho \end{cases} \tag{1.28}$$

任一矢量 $\boldsymbol{A}$ 在圆柱坐标系中可以表示为

$$\boldsymbol{A} = A_\rho\boldsymbol{e}_\rho + A_\phi\boldsymbol{e}_\phi + A_z\boldsymbol{e}_z \tag{1.29}$$

其中 A_ρ、A_ϕ 和 A_z 分别是矢量 $\boldsymbol{A}$ 在 $\boldsymbol{e}_\rho$，$\boldsymbol{e}_\phi$ 和 $\boldsymbol{e}_z$ 方向上的投影。

在圆柱坐标系中，位置矢量为

$$\boldsymbol{r} = \rho\boldsymbol{e}_\rho + z\boldsymbol{e}_z \tag{1.30}$$

其微分元

$$
\begin{aligned}
\mathrm{d}\boldsymbol{r} &= \mathrm{d}(\rho \boldsymbol{e}_\rho) + \mathrm{d}(z\boldsymbol{e}_z) = \mathrm{d}\rho \boldsymbol{e}_\rho + \rho \mathrm{d}\boldsymbol{e}_\rho + \mathrm{d}z\boldsymbol{e}_z \\
&= \mathrm{d}\rho \boldsymbol{e}_\rho + \rho \mathrm{d}\phi \boldsymbol{e}_\phi + \mathrm{d}z\boldsymbol{e}_z
\end{aligned} \tag{1.31}
$$

它在 ρ、ϕ 和 z 增加方向上的微元分别是 $\mathrm{d}\rho$，$\rho\mathrm{d}\phi$ 和 $\mathrm{d}z$，如图 1.10 所示。

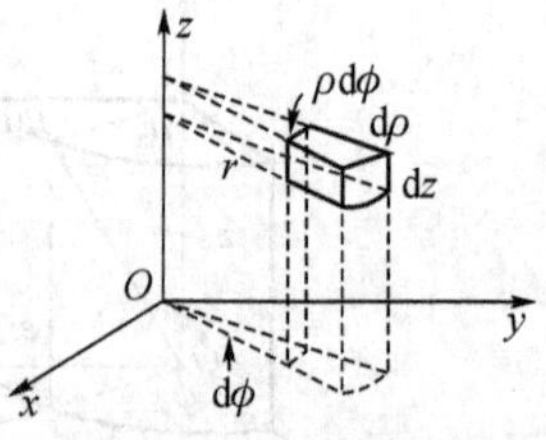

图 1.10　圆柱坐标系的长度元、面积元和体积元

在圆柱坐标系中，与 3 个坐标单位矢量相垂直的 3 个面积元分别为

$$
\mathrm{d}S_\rho = \rho \mathrm{d}\phi \mathrm{d}z, \mathrm{d}S_\phi = \mathrm{d}\rho \mathrm{d}z, \mathrm{d}S_z = \rho \mathrm{d}\rho \mathrm{d}\phi \tag{1.32}
$$

体积元为

$$
\mathrm{d}V = \rho \mathrm{d}\rho \mathrm{d}\phi \mathrm{d}z \tag{1.33}
$$

矢量 $\boldsymbol{A} = A_\rho \boldsymbol{e}_\rho + A_\phi \boldsymbol{e}_\phi + A_z \boldsymbol{e}_z$ 与矢量 $\boldsymbol{B} = B_\rho \boldsymbol{e}_\rho + B_\phi \boldsymbol{e}_\phi + B_z \boldsymbol{e}_z$ 的和为

$$
\boldsymbol{A} + \boldsymbol{B} = (A_\rho + B_\rho)\boldsymbol{e}_\rho + (A_\phi + B_\phi)\boldsymbol{e}_\phi + (A_z + B_z)\boldsymbol{e}_z \tag{1.34}
$$

$\boldsymbol{A}$ 与 $\boldsymbol{B}$ 的点积为

$$
\begin{aligned}
\boldsymbol{A} \cdot \boldsymbol{B} &= (A_\rho \boldsymbol{e}_\rho + A_\phi \boldsymbol{e}_\phi + A_z \boldsymbol{e}_z) \cdot (B_\rho \boldsymbol{e}_\rho + B_\phi \boldsymbol{e}_\phi + B_z \boldsymbol{e}_z) \\
&= A_\rho B_\rho + A_\phi B_\phi + A_z B_z
\end{aligned} \tag{1.35}
$$

$\boldsymbol{A}$ 与 $\boldsymbol{B}$ 的叉积为

$$
\begin{aligned}
\boldsymbol{A} \times \boldsymbol{B} &= (A_\rho \boldsymbol{e}_\rho + A_\phi \boldsymbol{e}_\phi + A_z \boldsymbol{e}_z) \times (B_\rho \boldsymbol{e}_\rho + B_\phi \boldsymbol{e}_\phi + B_z \boldsymbol{e}_z) \\
&= (A_\phi B_z - A_z B_\phi)\boldsymbol{e}_\rho + (A_z B_\rho - A_\rho B_z)\boldsymbol{e}_\phi + (A_\rho B_\phi - A_\phi B_\rho)\boldsymbol{e}_z \\
&= \begin{vmatrix} \boldsymbol{e}_\rho & \boldsymbol{e}_\phi & \boldsymbol{e}_z \\ A_\rho & A_\phi & A_z \\ B_\rho & B_\phi & B_z \end{vmatrix}
\end{aligned} \tag{1.36}
$$

1.2.3　球坐标系

如图 1.11 所示，球坐标系中表示空间位置点的 3 个坐标变量是 r、θ 和 ϕ，它们的变化范围分别是

图 1.11　球坐标系

$$0\leqslant r<\infty,0\leqslant\theta\leqslant\pi,0\leqslant\phi\leqslant 2\pi$$

其中 r 表示该点到坐标原点的距离，即位置矢量的长度；θ 表示该点的位置矢量与 z 轴的夹角，称为极角或纬度角；ϕ 表示过该点和 z 轴的平面与 xz 平面的夹角，称为方位角或经度角。

球坐标系与直角坐标系之间的变换关系：

$$r=\sqrt{x^2+y^2+z^2},\theta=\arccos(z/\sqrt{x^2+y^2+z^2}),\phi=\arctan(y/x) \tag{1.37}$$

或

$$x=r\sin\theta\cos\phi,y=r\sin\theta\sin\phi,z=r\cos\theta \tag{1.38}$$

在球坐标系中，过空间任一点 $P(r_0,\theta_0,\phi_0)$ 的 3 个坐标单位矢量表示为 $\boldsymbol{e}_r$、$\boldsymbol{e}_\theta$ 和 $\boldsymbol{e}_\phi$，它们相互正交且遵循右手螺旋法则，即

$$\boldsymbol{e}_r\times\boldsymbol{e}_\theta=\boldsymbol{e}_\phi、\boldsymbol{e}_\theta\times\boldsymbol{e}_\phi=\boldsymbol{e}_r、\boldsymbol{e}_\phi\times\boldsymbol{e}_r=e_\theta \tag{1.39}$$

它们与直角坐标系之间的变换关系：

$$\begin{cases}\boldsymbol{e}_r=\sin\theta\cos\phi\boldsymbol{e}_x+\sin\theta\sin\phi\boldsymbol{e}_y+\cos\theta\boldsymbol{e}_z\\\boldsymbol{e}_\theta=\cos\theta\cos\phi\boldsymbol{e}_x+\cos\theta\sin\phi\boldsymbol{e}_y-\sin\theta\boldsymbol{e}_z\\\boldsymbol{e}_\phi=-\sin\phi\boldsymbol{e}_x+\cos\phi\boldsymbol{e}_y\end{cases} \tag{1.40}$$

或

$$\begin{cases}\boldsymbol{e}_x=\sin\theta\cos\phi\boldsymbol{e}_r+\cos\theta\cos\phi\boldsymbol{e}_\theta-\sin\phi\boldsymbol{e}_\phi\\\boldsymbol{e}_y=\sin\theta\sin\phi\boldsymbol{e}_r+\cos\theta\sin\phi\boldsymbol{e}_\theta+\cos\phi\boldsymbol{e}_\phi\\\boldsymbol{e}_z=\cos\theta\boldsymbol{e}_r-\sin\theta\boldsymbol{e}_\theta\end{cases} \tag{1.41}$$

球坐标系中的坐标单位矢量 $\boldsymbol{e}_r$、$\boldsymbol{e}_\theta$ 和 $\boldsymbol{e}_\phi$ 都不是常矢量，且

$$\begin{cases}\dfrac{\partial\boldsymbol{e}_r}{\partial\theta}=\boldsymbol{e}_\theta,\quad\dfrac{\partial\boldsymbol{e}_r}{\partial\phi}=\sin\theta\boldsymbol{e}_\phi\\\dfrac{\partial\boldsymbol{e}_\theta}{\partial\theta}=-\boldsymbol{e}_r,\quad\dfrac{\partial\boldsymbol{e}_\theta}{\partial\phi}=\cos\theta\boldsymbol{e}_\phi\\\dfrac{\partial\boldsymbol{e}_\phi}{\partial\theta}=0,\quad\dfrac{\partial\boldsymbol{e}_\phi}{\partial\phi}=-\sin\theta\boldsymbol{e}_r-\cos\theta\boldsymbol{e}_\theta\end{cases} \tag{1.42}$$

任一矢量 $\boldsymbol{A}$ 在球坐标系中可表示为

$$\boldsymbol{A}=A_r\boldsymbol{e}_r+A_\theta\boldsymbol{e}_\theta+A_\phi\boldsymbol{e}_\phi \tag{1.43}$$

其中 A_r、A_θ 和 A_ϕ 分别是矢量 $\boldsymbol{A}$ 在 $\boldsymbol{e}_r$、$\boldsymbol{e}_\theta$ 和 $\boldsymbol{e}_\phi$ 方向上的投影。

位置矢量

$$\boldsymbol{r}=r\boldsymbol{e}_r \tag{1.44}$$

其微分元

$$\mathrm{d}\boldsymbol{r}=\mathrm{d}(r\boldsymbol{e}_r)=\mathrm{d}r\boldsymbol{e}_r+r\mathrm{d}\boldsymbol{e}_r=\mathrm{d}r\boldsymbol{e}_r+r\mathrm{d}\theta\boldsymbol{e}_\theta+r\sin\theta\mathrm{d}\phi\boldsymbol{e}_\phi \tag{1.45}$$

即在球坐标系中沿 3 个坐标的长度元为 $\mathrm{d}r$、$r\mathrm{d}\theta$ 和 $r\sin\theta\mathrm{d}\phi$，如图 1.12 所示。

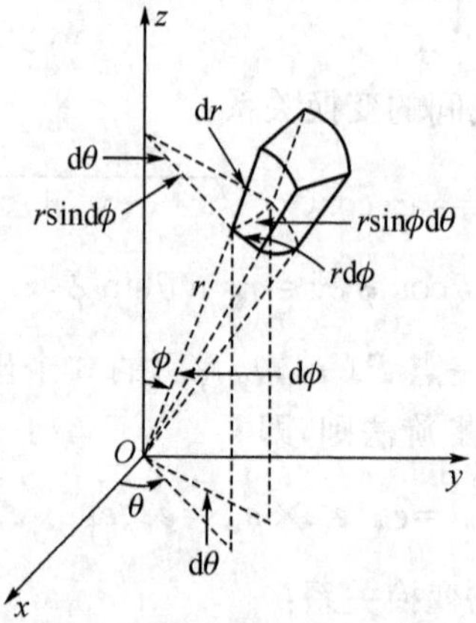

图 1.12　球坐标系中的长度元、面积元和体积元

在球坐标系中，3 个面积元分别为

$$\mathrm{d}S_r=r^2\sin\theta\mathrm{d}\theta\mathrm{d}\phi,\mathrm{d}S_\theta=r\sin\theta\mathrm{d}r\mathrm{d}\phi,\mathrm{d}S_\phi=r\mathrm{d}r\mathrm{d}\theta$$

体积元为　$\mathrm{d}V=r^2\sin\theta\mathrm{d}r\mathrm{d}\theta\mathrm{d}\phi$

矢量 $\boldsymbol{A}=A_r\boldsymbol{e}_r+A_\theta\boldsymbol{e}_\theta+A_\phi\boldsymbol{e}_\phi$ 与矢量 $\boldsymbol{B}=B_r\boldsymbol{e}_r+B_\theta\boldsymbol{e}_\theta+B_\phi\boldsymbol{e}_\phi$ 的和为

$$\boldsymbol{A}+\boldsymbol{B}=(A_r+B_r)\boldsymbol{e}_r+(A_\theta+B_\theta)\boldsymbol{e}_\theta+(A_\phi+B_\phi)\boldsymbol{e}_\phi \tag{1.46}$$

$\boldsymbol{A}$ 与 $\boldsymbol{B}$ 的点积为

$$\boldsymbol{A}\cdot\boldsymbol{B}=A_rB_r+A_\theta B_\theta+A_\phi B_\phi \tag{1.47}$$

$\boldsymbol{A}$ 与 $\boldsymbol{B}$ 的叉积为

$$\begin{aligned}\boldsymbol{A}\times\boldsymbol{B}&=(A_\theta B_\phi-A_\phi B_\theta)\boldsymbol{e}_r+(A_\phi B_r-A_rB_\phi)\boldsymbol{e}_\theta+(A_rB_\theta-A_\theta B_r)\boldsymbol{e}_\phi\\&=\begin{vmatrix}\boldsymbol{e}_r & \boldsymbol{e}_\theta & \boldsymbol{e}_\phi\\ A_r & A_\theta & A_\phi\\ B_r & B_\theta & B_\phi\end{vmatrix}\end{aligned} \tag{1.48}$$

1.3　标量场

1.3.1　标量场的等值面

由标量场(Scalar Field)的定义可知，分布在标量场中各点处的数值 u 是场中一点 M 的函数 $u=u(M)$，当取定了 $Oxyz$ 直角坐标系以后，它就成为点 $M(x,y,z)$ 的坐标的函数，即

$$u=u(x,y,z) \tag{1.49}$$

可见,一个标量场可以用一个数性函数来表示。后面若无特别声明,则总假定这函数单值、连续且有一阶连续偏导数。

在标量场中,为了直观地研究标量 u 在场中的分布状况,给出等值面的概念。等值面是指在场中使函数 u 取相同数值的点所组成的曲面。例如温度场的等值面,是由温度相同的点组成的等温面;电位场中的等值面,是由电位相同的点组成的等位面。

$$u(x,y,z)=c(c\text{ 为常数})$$

在上式中给常数 c 以不同的数值,就得到不同的等值面,如图 1.13 所示。这族等值面充满了数量场所在的空间,而且互不相交。这是因为在数量场中的每一点 $M(x_0,y_0,z_0)$ 都有一个等值面

$$u(x,y,z)=u(x_0,y_0,z_0) \tag{1.50}$$

通过;而且由于函数 u 为单值,一个点就只能在一个等值面上。

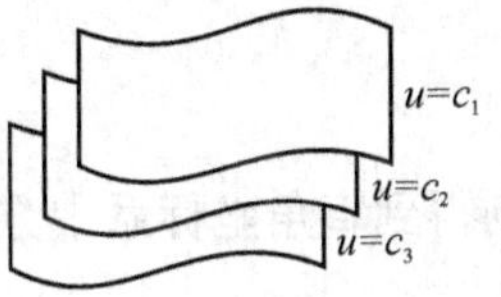

图 1.13　标量场的等值面

标量场的等值面,可以直观地帮助了解场中物理量的分布状况。

1.3.2　标量场的方向导数和梯度

1) 方向导数的概念

在标量场中,标量 $u=u(P)$的分布状况,可以借助于等值面来进行了解,但只能大致地了解到标量 u 在场中的总的分布情况,是一种整体性地了解。而研究标量场还要对它作局部性地了解,也就是要考察标量 u 在场中各个点处的邻域内沿每一方向的变化情况。为此,引入方向导数(Directional Derivative)的概念。标量场在某点的方向导数表示标量场自该点沿某一方向的变化率。

设 P_0 为标量场 $u=u(P)$中的一点,从点 P_0 出发引出一条射线 l,如图 1.14 所示。在 l 上 P_0 点邻近取一点 P,记线段 $P_0P=\Delta l$,如果当 $P\to P_0$ 时极限存在,则称它为函数 $u(P)$在点 P_0 处沿 l 方向的方向导数,记为

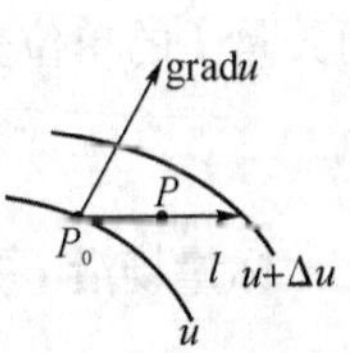

图 1.14　方向导数

$$\left.\frac{\Delta u}{\Delta l}\right|_{P_0}=\lim_{\Delta l\to 0}\frac{u(P)-u(P_0)}{\Delta l}$$

$$\left.\frac{\partial u}{\partial l}\right|_{P_0}=\lim_{\Delta l\to 0}\frac{u(P)-u(P_0)}{\Delta l} \tag{1.51}$$

当 $\frac{\partial u}{\partial l}>0$ 时,标量场 $u(P)$沿 l 方向是增加的,当 $\frac{\partial u}{\partial l}<0$ 时,标量场 $u(P)$沿 l 方向是减少的;当 $\frac{\partial u}{\partial l}=0$ 时,标量场 $u(P)$沿 l 方向无变化。

方向导数值既与点 P_0 有关,也与 l 方向有关。因此,标量场中,在一个给定点 P_0

处沿不同的 l 方向，其方向导数一般是不同的。

2）方向导数的计算公式

方向导数的定义与坐标系无关，但方向导数的具体计算公式与坐标系有关。在直角坐标系中：

$$\frac{\partial u}{\partial l}=\frac{\partial u}{\partial x}\frac{\mathrm{d}x}{\mathrm{d}l}+\frac{\partial u}{\partial y}\frac{\mathrm{d}y}{\mathrm{d}l}+\frac{\partial u}{\partial z}\frac{\mathrm{d}z}{\mathrm{d}l} \tag{1.52}$$

式中，$\frac{\partial u}{\partial x}$、$\frac{\partial u}{\partial y}$、$\frac{\partial u}{\partial z}$ 是在点 P_0 处 u 的偏导数。

设 l 方向的方向余弦是 $\cos\alpha$、$\cos\beta$、$\cos\gamma$，即

$$\frac{\mathrm{d}x}{\mathrm{d}l}=\cos\alpha,\ \frac{\mathrm{d}y}{\mathrm{d}l}=\cos\beta,\ \frac{\mathrm{d}z}{\mathrm{d}l}=\cos\gamma \tag{1.53}$$

则得到直角坐标系中方向导数的计算公式为

$$\frac{\partial u}{\partial l}=\frac{\partial u}{\partial x}\cos\alpha+\frac{\partial u}{\partial y}\cos\beta+\frac{\partial u}{\partial z}\cos\gamma \tag{1.54}$$

3）梯度

方向导数为我们解决了函数 $u(P)$ 在给定点处沿某个方向的变化率问题。然而从场中的给定点 P 出发，标量场 u 在不同方向上的变化率一般是不同的，那么，可以设想，必定在某个方向上变化率为最大。分析方向导数的公式(1.54)，若令 $\frac{\partial u}{\partial x}$、$\frac{\partial u}{\partial y}$、$\frac{\partial u}{\partial z}$ 为一个矢量 $\boldsymbol{G}$ 的坐标，即

$$\boldsymbol{G}=\frac{\partial u}{\partial x}\boldsymbol{e}_x+\frac{\partial u}{\partial y}\boldsymbol{e}_y+\frac{\partial u}{\partial z}\boldsymbol{e}_z \tag{1.55}$$

而矢量 $\boldsymbol{l}$ 的单位矢量为

$$\boldsymbol{e}_l=\cos\alpha\boldsymbol{e}_x+\cos\beta\boldsymbol{e}_y+\cos\gamma\boldsymbol{e}_z$$

标量场沿 $\boldsymbol{l}$ 方向的方向导数为

$$\frac{\partial u}{\partial l}=\boldsymbol{G}\cdot\boldsymbol{e}_l \tag{1.56}$$

可见，$\boldsymbol{G}$ 在给定的点处为一固定的矢量。这样，$\boldsymbol{G}$ 在 l 方向上的投影正好等于标量场 u 在该方向上的方向导数。因此，当 l 与 $\boldsymbol{G}$ 的方向一致时，方向导数取得最大值，其值为

$$\frac{\partial u}{\partial l}=|\boldsymbol{G}|$$

这表明，矢量 $\boldsymbol{G}$ 的方向就是标量场 $u(P)$ 变化率最大的方向，其模是这个最大变化率的数值。称 $\boldsymbol{G}$ 为标量场 $u(P)$ 在给定点处的梯度(Gradient)，记作 grad$u$，即

$$\mathrm{grad}u=\boldsymbol{G}$$

梯度的定义是与坐标系无关的，它是由标量场中数量 $u(M)$ 的分布所决定。由上面的分析可知，梯度在直角坐标系中的表达式为

$$\mathrm{grad}u=\frac{\partial u}{\partial x}\boldsymbol{e}_x+\frac{\partial u}{\partial y}\boldsymbol{e}_y+\frac{\partial u}{\partial z}\boldsymbol{e}_z \tag{1.57}$$

在矢量分析中，经常用到哈密顿算符（Hamilton Operator）"∇"（读作"del"或"Nabla"），在直角坐标系中

$$\nabla\equiv\frac{\partial}{\partial x}\boldsymbol{e}_x+\frac{\partial}{\partial y}\boldsymbol{e}_y+\frac{\partial}{\partial x}\boldsymbol{e}_z \tag{1.58}$$

算符∇具有矢量和微分的双重性质，故又称为矢性微分算符。因此，标量场 u 的梯度可用哈密顿算符∇表示为

$$\mathrm{grad}u=\frac{\partial u}{\partial x}\boldsymbol{e}_x+\frac{\partial u}{\partial y}\boldsymbol{e}_y+\frac{\partial u}{\partial z}\boldsymbol{e}_z=\nabla u \tag{1.59}$$

这表明，标量场 u 的梯度可认为是算符∇作用于标量函数 u 的一种运算。

在圆柱坐标系和球坐标系中，梯度的计算式分别为

$$\nabla u=\frac{\partial u}{\partial \rho}\boldsymbol{e}_\rho+\frac{\partial u}{\rho\partial \phi}\boldsymbol{e}_\phi+\frac{\partial u}{\partial z}\boldsymbol{e}_z \tag{1.60}$$

$$\nabla u=\frac{\partial u}{\partial r}\boldsymbol{e}_r+\frac{\partial u}{r\partial \theta}\boldsymbol{e}_\theta+\frac{\partial u}{r\sin\theta\partial \phi}\boldsymbol{e}_\phi \tag{1.61}$$

4）梯度的性质

梯度矢量有下面几个重要性质，如图 1.15 所示。

（1）由式 1.59 可知，方向导数等于梯度在该方向上的投影。即

$$\frac{\partial u}{\partial l}=\mathrm{grad}_l u$$

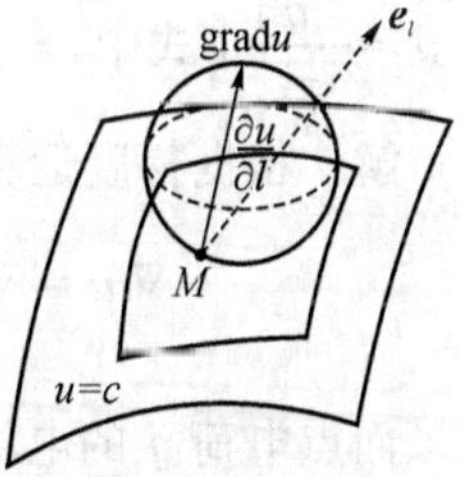

图 1.15　梯度的性质

（2）标量场 $u(M)$ 中每一点 P 处的梯度，垂直于过该点的等值面，且指向函数 $u(P)$ 增大的一方。

这是因为，当矢量 $\boldsymbol{l}$ 在函数 $u(P)$ 的等值面 $u(x,y,z)=C$ 上时，函数 $u(P)$ 沿 $\boldsymbol{l}$ 方向的变化率为零，即

$$\frac{\partial u}{\partial S}=\frac{\partial u}{\partial l}=\mathrm{grad}u\cdot\boldsymbol{e}_l=0$$

由于函数 $u(P)$ 不是常数，即 $\mathrm{grad}u\neq0$，所以 $\mathrm{grad}u$ 的方向必垂直于此等值面。

又由于函数 $u(P)$ 沿梯度方向的方向导数 $\frac{\partial u}{\partial l}=|\mathrm{grad}u|>0$，这说明函数 $u(P)$ 沿

梯度方向是增大的,也就是梯度指向函数 $u(P)$ 增大的一方。

(3) $\nabla\times\nabla u\equiv 0$, 如果矢量场 $\boldsymbol{F}$ 满足 $\nabla\times\boldsymbol{F}=0$, 则矢量场 $\boldsymbol{F}$ 可以用标量函数 u 的梯度来表示,即 $\boldsymbol{F}=\nabla u$,称标量函数为势函数(Potential Function),对应的矢量场为有势场。如静电场中的电场强度就可以用一个标量函数的梯度来表示。

例 1.1 已知标量场 $u(x,y,z)=x^2y+y^2z+1$, 求(2,1,3)处方向导数的最大值。

解 根据梯度的定义式(1.56),求得该标量场的梯度 ∇u 为

$$\nabla u=2xy\boldsymbol{e}_x+(x^2+2yz)\boldsymbol{e}_y+y^2\boldsymbol{e}_z$$

则在(2,1,3)处的梯度为$\nabla u=4\boldsymbol{e}_x+10\boldsymbol{e}_y+\boldsymbol{e}_z$,其模值为$|\nabla u|=\sqrt{117}$,因此,在(2,1,3)处方向导数的最大值为$\sqrt{117}$。

5) 梯度运算的基本公式

(1) $\nabla c=0$(c 为常数)

(2) $\nabla(cu)=c\nabla u$ (c 为常数)

(3) $\nabla(u\pm v)=\nabla u\pm\nabla v$

(4) $\nabla(uv)=u\nabla v+v\nabla u$

(5) $\nabla\left(\dfrac{u}{v}\right)=\dfrac{1}{v^2}(v\nabla u-u\nabla v)$

(6) $\nabla f(u)=f'(u)\nabla u$

梯度概念的重要性在于,它用来表征标量场在空间各点沿不同方向变化快慢的程度。

例 1.2 设点电荷 q 位于坐标原点,在周围空间任一点 $M(x,y,z)$ 处产生的电位为 $u=\dfrac{q}{4\pi\varepsilon r}$,式中,$\varepsilon$ 为介电常数,$\boldsymbol{r}=x\boldsymbol{e}_x+y\boldsymbol{e}_y+z\boldsymbol{e}_z$,$r=|\boldsymbol{r}|$。试求电位 u 的梯度。

解 根据梯度运算基本公式 (6) $\nabla f(u)=f'(u)\nabla u$, 得

$$\nabla u=\nabla\left(\frac{q}{4\pi\varepsilon r}\right)=\frac{q}{4\pi\varepsilon}\nabla\left(\frac{1}{r}\right)=-\frac{q}{4\pi\varepsilon r^2}\nabla r=-\frac{q}{4\pi\varepsilon r^3}\boldsymbol{r}$$

而点电荷 q 的电场强度 $\boldsymbol{E}=\dfrac{q}{4\pi\varepsilon r^3}\boldsymbol{r}$, 故有 $\boldsymbol{E}=-\nabla u$

此式表明,静电场中的电场强度等于电位的负梯度。

1.4 矢量场的通量和散度

1.4.1 矢量场的矢量线

和标量场一样,矢量场中分布在各点处的矢量 $\boldsymbol{A}$ 是场中之点 P 的函数 $\boldsymbol{A}=\boldsymbol{A}(P)$,当取定了 $Oxyz$ 直角坐标系以后,它就成为点 $P(x,y,z)$的坐标的函数,即

$$\boldsymbol{A}=\boldsymbol{A}(x,y,z) \tag{1.62}$$

它的坐标为

$$\boldsymbol{A}=A_x(x,y,z)\boldsymbol{e}_x+A_y(x,y,z)\boldsymbol{e}_y+A_z(x,y,z)\boldsymbol{e}_z \tag{1.63}$$

式中，函数 A_x、A_y、A_z 为矢量 $\boldsymbol{A}$ 的 3 个坐标，以后若无特别声明，都假定为单值、连续且有一阶连续偏导数。

在矢量场(Vector Field)中，为了直观地表示矢量的分布状况，引入了矢量线(Vector Line)的概念。所谓矢量线是这样一些曲线：在曲线上的每一点处，场的矢量都位于该点处的切线上，如图 1.16 所示。像静电场的电力线、磁场的磁力线、流速场中的流线等，都是矢量线的例子。

设 P 为矢量线上任一点，其矢径为 $\boldsymbol{r}$，则根据矢量线的定义，必有

$$\boldsymbol{A}\times \mathrm{d}\boldsymbol{r}=0$$

在直角坐标系中，矢径 $\boldsymbol{r}$ 的表达式为

$$\boldsymbol{r}=x\boldsymbol{e}_x+y\boldsymbol{e}_y+z\boldsymbol{e}_z$$

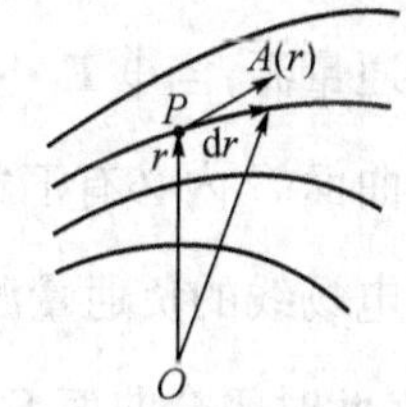

图 1.16　矢量线

矢量场的矢量线满足的微分方程为

$$\frac{\mathrm{d}x}{A_x}=\frac{\mathrm{d}y}{A_y}=\frac{\mathrm{d}z}{A_z} \tag{1.64}$$

解之，可得矢量线族。在 $\boldsymbol{A}$ 不为零的假定下，由微分方程的存在定理知道，当函数 A_x，A_y，A_z 为单值、连续且有一阶连续偏导数时，这族矢量线不仅存在，并且也充满了矢量场所在的空间，而且互不相交。

因此，对于场中的任意一条曲线 C(非矢量线)，在其上的每点处，也都有且仅一条矢量线通过，这些矢量线的全体，就构成一张通过曲线 C 的曲面，称为矢量面。显然在矢量面上的任一点 M 处，场的对应矢量面在该点的切平面内。

1.4.2　通量

在水流场中，如果已知水流速度 $\boldsymbol{v}(\boldsymbol{r})$，要计算水在单位时间流过某一曲面 S 的流量，可在曲面上取微面元 $\mathrm{d}S$，可认为水流过该面元的速度 $\boldsymbol{v}(\boldsymbol{r})$相等，如图 1.17 所示。设面元的法向 $\boldsymbol{e}_n$ 与水的流速方向夹角为θ，则水在单位时间流过此面元的流量为

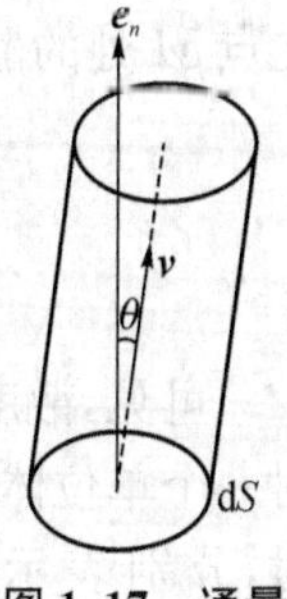

图 1.17　通量

$$\mathrm{d}\Psi=\int_S v\mathrm{d}S\cos\theta=\int_S \boldsymbol{v}\cdot \mathrm{d}\boldsymbol{S}=\int_S \boldsymbol{v}\cdot \boldsymbol{e}_n\mathrm{d}S \tag{1.65}$$

例如，在电场中，电位移矢量 $\boldsymbol{D}$ 在某一曲面 S 上的面积分就是矢量 $\boldsymbol{D}$ 通过该曲面的电通量；在磁场中，磁感应强度 $\boldsymbol{B}$ 在某一曲面 S 上的面积分就是矢量 $\boldsymbol{B}$ 通过该曲面的磁通量。

如果 S 是一闭合曲面，则通过闭合曲面的总通量(Flux)表示为

$$\psi = \oint_S \boldsymbol{F} \cdot d\boldsymbol{S} = \oint_S \boldsymbol{F} \cdot \boldsymbol{e}_n dS \tag{1.66}$$

由通量的定义可看出，若 $\boldsymbol{F}$ 从面元矢量 $d\boldsymbol{S}$ 的负侧穿到 $d\boldsymbol{S}$ 的正侧时，$\boldsymbol{F}$ 与 $\boldsymbol{e}_n$ 相交成锐角，则通过面积元 $d\boldsymbol{S}$ 的通量为正值；反之，若 $\boldsymbol{F}$ 从面元矢量 $d\boldsymbol{S}$ 的正侧穿到 $d\boldsymbol{S}$ 的负侧时，$\boldsymbol{F}$ 与 $\boldsymbol{e}_n$ 相交成钝角，则通过面积元 $d\boldsymbol{S}$ 的通量为负值。式(1.63)中的 ψ 则表示穿出闭曲面 S 内的正通量与进入闭曲面 S 的负通量的代数和，即穿出曲面 S 的净通量。当 $\oint_S \boldsymbol{F} \cdot d\boldsymbol{S} > 0$ 时，则表示穿出闭合曲面 S 的通量多于进入的通量，此时闭合曲面 S 内有发出矢量线的源，称之为正通量源。例如，静电场中的正电荷就是发出电场线的正通量源；当 $\oint_S \boldsymbol{F} \cdot d\boldsymbol{S} < 0$ 时，则表示穿出闭合曲面 S 的通量少于进入的通量，此时闭合曲面 S 内必有汇集矢量线的源，称之为负通量源。例如，静电场中的负电荷就是汇聚电场线的负通量源；当 $\oint_S \boldsymbol{F} \cdot d\boldsymbol{S} = 0$ 时，则表示穿出闭合曲面 S 的通量等于进入的通量，此时闭合曲面 S 内正通量源与负通量源的代数和为零，或闭合曲面 S 内无通量源。

1.4.3 散度

对于矢量场，根据穿出闭曲面 S 的通量 ψ 为正或为负，可以得知 S 内有产生 ψ 的正源或负源，但这样还不能了解源在 S 内的分布情况以及源的强弱程度等。为此，引入矢量场的散度(Divergence)概念。

1) 散度的定义

设有矢量场 $\boldsymbol{F}$，在场中一点 M 的某个邻域内做一包含点 M 在内的任一闭曲面 S，当 S 所限定的体积 ΔV 以任意方式趋近于零时，比值 $\dfrac{\oint_S \boldsymbol{F} \cdot d\boldsymbol{S}}{\Delta V}$ 的极限称为矢量场 $\boldsymbol{F}$ 在点 M 处的散度，记作 $\mathrm{div}\boldsymbol{F}$，即

$$\mathrm{div}\boldsymbol{F} = \lim_{\Delta V \to 0} \frac{\oint_S \boldsymbol{F} \cdot d\boldsymbol{S}}{\Delta V} \tag{1.67}$$

可见，散度 $\mathrm{div}\boldsymbol{F}$ 是标量，表示在场中一点处通量对体积的变化率，也就是在该点处对一个单位体积来说所穿出的通量，称为该点处源的强度。当 $\mathrm{div}\boldsymbol{F}$ 的值为正或为负时，分别表示在该点处有散发通量的正源或有吸收通量的负源。它的绝对值 $|\mathrm{div}\boldsymbol{F}|$ 表示在试点处散发通量或吸收通量的强度；当 $\mathrm{div}\boldsymbol{F}$ 的值为零时，表示在该点处无源，并且称 $\mathrm{div}\boldsymbol{F} \equiv 0$ 的矢量场 $\boldsymbol{F}$ 为无源场。

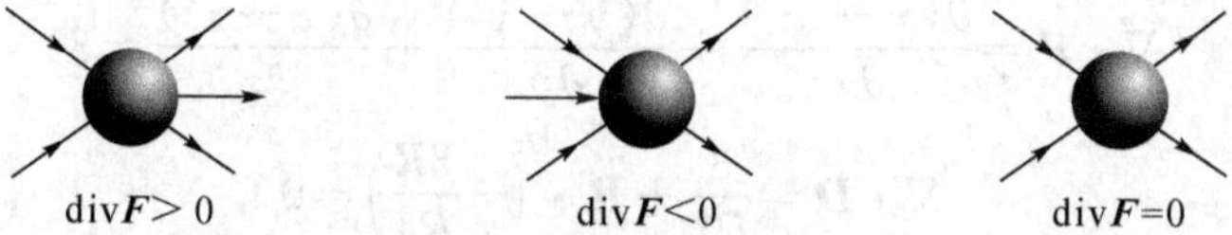

图 1.18　散度的意义

2) 散度的计算式

散度的定义与坐标系无关。在直角坐标系中,以点 $P(x,y,z)$ 为顶点作一个很小的直角六面体,如图 1.19 所示。矢量场

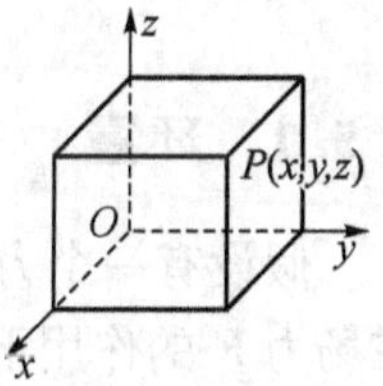

图 1.19

$$\boldsymbol{A}=A_x(x,y,z)\boldsymbol{e}_x+A_y(x,y,z)\boldsymbol{e}_y+A_z(x,y,z)\boldsymbol{e}_z$$

在任一点 $P(x,y,z)$ 处矢量 $\boldsymbol{A}$ 的散度为

$$\mathrm{div}\boldsymbol{A}=\frac{\partial \boldsymbol{A}_x}{\partial x}+\frac{\partial A_y}{\partial y}+\frac{\partial A_z}{\partial z}=\nabla\cdot\boldsymbol{A} \tag{1.68}$$

在圆柱坐标系中

$$\nabla\cdot\boldsymbol{A}=\frac{1}{r}\frac{\partial}{\partial r}(rA_r)+\frac{1}{r}\frac{\partial A_\phi}{\partial\phi}+\frac{\partial A_z}{\partial z} \tag{1.69}$$

在球坐标系中

$$\nabla\cdot\boldsymbol{A}=\frac{1}{r^2}\frac{\partial}{\partial r}(r^2A_r)+\frac{1}{r\sin\theta}\frac{\partial}{\partial\theta}(\sin\theta A_\theta)+\frac{1}{r\sin\theta}\frac{\partial A_\phi}{\partial\phi} \tag{1.70}$$

3) 散度运算的基本公式

(1) $\nabla\cdot(c\boldsymbol{A})=c\nabla\cdot\boldsymbol{A}$ (c 为常数)

(2) $\nabla\cdot(\boldsymbol{A}\pm\boldsymbol{B})=\nabla\cdot\boldsymbol{A}\pm\nabla\cdot\boldsymbol{B}$

(3) $\nabla\cdot(u\boldsymbol{A})=u\nabla\cdot\boldsymbol{A}+\nabla u\cdot\boldsymbol{A}$ (u 为数性函数)

例 1.3　求空间任一点 (x,y,z) 的位置矢量 $\boldsymbol{r}$ 的散度。

解　已知 $\boldsymbol{r}=x\boldsymbol{e}_x+y\boldsymbol{e}_y+z\boldsymbol{e}_z$,因此

$$\nabla\cdot\boldsymbol{r}=\frac{\partial x}{\partial x}+\frac{\partial y}{\partial y}+\frac{\partial z}{\partial z}=3$$

例 1.4　已知 $\boldsymbol{R}=(x-x')\boldsymbol{e}_x+(y-y')\boldsymbol{e}_y+(z-z')\boldsymbol{e}_z$, $R=|\boldsymbol{R}|$,求矢量 $\boldsymbol{D}=\dfrac{\boldsymbol{R}}{R^3}$ 在 $R\neq 0$ 处的散度。

解　根据散度的基本运算公式(3) $\nabla\cdot(u\boldsymbol{A})=u\nabla\cdot\boldsymbol{A}+\nabla u\cdot\boldsymbol{A}$,有

$$\nabla\cdot\boldsymbol{D}=\frac{1}{R^3}\nabla\cdot\boldsymbol{R}+\boldsymbol{R}\cdot\nabla\left(\frac{1}{R^3}\right)$$

再利用梯度的运算公式 (6) $\nabla f(u)=f'(u)\nabla u$,得到

$$\nabla\left(\frac{1}{R^3}\right)=\frac{\mathrm{d}}{\mathrm{d}R}\left(\frac{1}{R^3}\right)\nabla R=-\frac{3}{R^4}\frac{\boldsymbol{R}}{R}=-\frac{3\boldsymbol{R}}{R^5}$$

而
$$\nabla\cdot\boldsymbol{R}=\frac{\partial(x-x')}{\partial x}+\frac{\partial(y-y')}{\partial y}+\frac{\partial(z-z')}{\partial z}=3$$

故得
$$\nabla\cdot\boldsymbol{D}=\frac{3}{R^3}+\boldsymbol{R}\cdot\left(-\frac{3\boldsymbol{R}}{R^5}\right)=0$$

1.5 矢量场的环量及旋度

1.5.1 环量

假设有一个力场 $\boldsymbol{F}(M)$，l 为场中的一条封闭的有向曲线，可以求出一个质点 M 在场力 $\boldsymbol{F}$ 的作用下，沿 l 正向运转一周时所做的功，如图 1.20 所示。

因此，当质点沿封闭曲线 l 运转一周时，场力 $\boldsymbol{F}$ 所做的功就可用曲线积分表示为

$$W=\oint_l \boldsymbol{F}\cdot \mathrm{d}\boldsymbol{l}$$

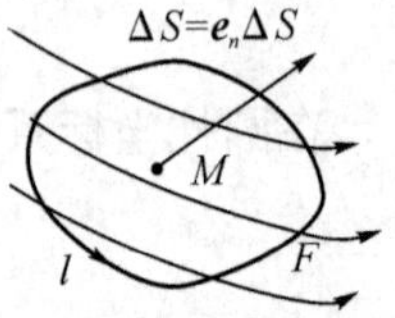

图 1.20 环量的计算

称为矢量场 $\boldsymbol{F}$ 沿闭合路径 l 的环流。其中 $\mathrm{d}\boldsymbol{l}$ 是路径上的线元矢量，其大小为 $\mathrm{d}l$、方向沿路径 l 的切线方向。

矢量场的环量(Circumfluence)与矢量场穿过闭合曲面的通量一样，都是描述矢量场性质的重要的量。比如磁场强度 $\boldsymbol{H}$ 沿闭合路径 l 的环流就是通过以路径 l 为边界的曲面 S 的总电流。因此，如果矢量场的环流不等于零，则认为场中有产生该矢量场的源。但这种源与通量源不同，它既不发出矢量线也不汇聚矢量线。也就是说，这种源所产生的矢量线是闭合曲线，通常称之为漩涡源。

在矢量场 $\boldsymbol{F}$ 中的任一点 M 处作一面元 ΔS，取 $\boldsymbol{e}_n$ 为此面元的法向单位矢量。当面元 ΔS 保持以 $\boldsymbol{e}_n$ 为法线方向而向点 M 处无限缩小时，极限 $\lim\limits_{\Delta S\to 0}\dfrac{\oint_l \boldsymbol{F}\cdot \mathrm{d}\boldsymbol{l}}{\Delta S}$ 称为矢量场 $\boldsymbol{F}$ 在点 M 处沿方向 $\boldsymbol{e}_n$ 的环流面密度，记作 $\mathrm{rot}_n\boldsymbol{F}$，即

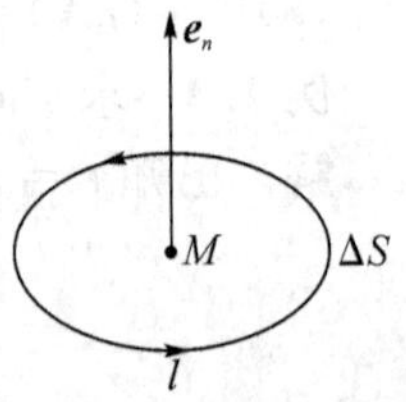

图 1.21 闭合曲线方向与面元的方向示意图

$$\mathrm{rot}_n\boldsymbol{F}=\lim_{\Delta S\to 0}\frac{\oint_l \boldsymbol{F}\cdot \mathrm{d}\boldsymbol{l}}{\Delta S} \tag{1.71}$$

由此定义看出，环流面密度与面元 ΔS 的法线方向 $\boldsymbol{e}_n$ 有关。例如，在磁场中，如果某点附近的面元方向与电流方向重合，则磁场强度 $\boldsymbol{H}$ 的环流面密度有最大值；如果面元方向与电流方向有一夹角，则磁场强度 $\boldsymbol{H}$ 的环流面密度总是小于最大值；当面元方向与电流方向垂直时，则磁场强度 $\boldsymbol{H}$ 的环流面密度等于零。这些结果表明，矢量场在 M 处沿方向 $\boldsymbol{e}_n$ 的环流面密度就是该矢量沿方向 $\boldsymbol{e}_n$ 的漩涡源密度。

1.5.2 旋度

1）旋度的概念

由于矢量场在点 M 处的环流面密度与面元 ΔS 的法线方向 $\boldsymbol{e}_n$ 有关，因此，在矢量场中，一个给定点 M 处沿不同方向 $\boldsymbol{e}_n$ 其环流面密度的值一般是不同的。在某一个确定的方向上，环流面密度可能取得最大值。为了描述这个问题，引入了旋度(Rotation)的概念。

矢量场 $\boldsymbol{F}$ 在点 M 处的旋度是一个矢量，记作 rot$\boldsymbol{F}$（或记作 curl$\boldsymbol{F}$），它的方向沿着使环流面密度取得最大值的面元法线方向，大小等于该环流面密度最大值，即

$$\mathrm{rot}\boldsymbol{F}=\boldsymbol{e}_n\lim_{\Delta S\to 0}\frac{1}{\Delta S}\oint_l \boldsymbol{F}\cdot \mathrm{d}\boldsymbol{l}\Big|_{\max} \tag{1.72}$$

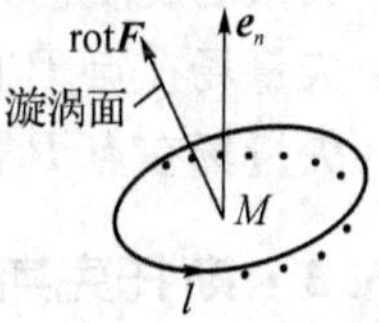

图 1.22 旋度及其投影

式中 d$\boldsymbol{l}$ 是环流面密度取得最大值的面元正法线单位矢量。

由旋度的定义知，矢量场 $\boldsymbol{F}$ 在点 M 处的旋度就是在该点的漩涡源密度。例如，在磁场中，磁场强度 $\boldsymbol{H}$ 在点 M 处的旋度就是在该点的电流密度 $\boldsymbol{J}$。矢量场 $\boldsymbol{F}$ 在点 M 处沿方向 $\boldsymbol{e}_n$ 的环流面密度 $\mathrm{rot}_n\boldsymbol{F}$ 等于 rot$\boldsymbol{F}$ 在该方向上的投影，如图 1.22 所示，即

$$\mathrm{rot}_n\boldsymbol{F}=\boldsymbol{e}_n\cdot\mathrm{rot}\boldsymbol{F}$$

2）旋度的计算公式

旋度的定义与坐标系无关，但旋度的具体表达式与坐标系有关。可以证明，在直角坐标系、圆柱坐标系和球坐标系中，矢量场 $\boldsymbol{F}$ 的旋度分别为

$$\mathrm{rot}\boldsymbol{F}=\nabla\times\boldsymbol{F}=\begin{vmatrix}\boldsymbol{e}_x & \boldsymbol{e}_y & \boldsymbol{e}_z\\ \dfrac{\partial}{\partial x} & \dfrac{\partial}{\partial y} & \dfrac{\partial}{\partial z}\\ F_x & F_y & F_z\end{vmatrix} \tag{1.73}$$

$$\begin{aligned}\nabla\times\boldsymbol{F}&=\left(\frac{1}{\rho}\frac{\partial F_z}{\partial\phi}-\frac{\partial F_\phi}{\partial z}\right)\boldsymbol{e}_\rho+\left(\frac{\partial F_\rho}{\partial z}-\frac{\partial F_z}{\partial\rho}\right)\boldsymbol{e}_\phi+\frac{1}{\rho}\left[\frac{\partial(\rho F_\phi)}{\partial\rho}-\frac{\partial F_\rho}{\partial\phi}\right]\boldsymbol{e}_z\\ &=\frac{1}{\rho}\begin{vmatrix}\boldsymbol{e}_\rho & \rho\boldsymbol{e}_\phi & \boldsymbol{e}_z\\ \dfrac{\partial}{\partial\rho} & \dfrac{\partial}{\partial\phi} & \dfrac{\partial}{\partial z}\\ F_\rho & \rho F_\phi & F_z\end{vmatrix}\end{aligned} \tag{1.74}$$

$$\nabla\times\boldsymbol{F}=\frac{1}{r\sin\theta}\left[\frac{\partial}{\partial\theta}(\sin\theta F_\phi)-\frac{\partial F_\theta}{\partial\phi}\right]\boldsymbol{e}_r+\frac{1}{r}\left[\frac{1}{\sin\theta}\frac{\partial F_r}{\partial\phi}-\frac{\partial(rF_\phi)}{\partial r}\right]\boldsymbol{e}_\theta+\frac{1}{r}\left[\frac{\partial(rF_\theta)}{\partial r}-\frac{\partial F_r}{\partial\theta}\right]\boldsymbol{e}_\phi$$

$$=\frac{1}{r^2\sin\theta}\begin{vmatrix} \boldsymbol{e}_r & r\boldsymbol{e}_\theta & r\sin\theta\boldsymbol{e}_\phi \\ \frac{\partial}{\partial r} & \frac{\partial}{\partial \theta} & \frac{\partial}{\partial \phi} \\ F_r & rF_\theta & r\sin\theta F_\phi \end{vmatrix} \tag{1.75}$$

3）旋度的物理意义

$$\mathrm{rot}\boldsymbol{A}=\nabla\times\boldsymbol{A}=\begin{vmatrix} \boldsymbol{e}_x & \boldsymbol{e}_y & \boldsymbol{e}_z \\ \frac{\partial}{\partial x} & \frac{\partial}{\partial y} & \frac{\partial}{\partial z} \\ A_x & A_y & A_z \end{vmatrix}\begin{cases}\mathrm{rot}\boldsymbol{A}\neq 0,\text{有旋}\\ \mathrm{rot}\boldsymbol{A}=0,\text{保守}\end{cases}$$

矢量的旋度仍为矢量，是空间坐标点的函数。

矢量场在点 P 的旋度的大小是该点环流密度的最大值。

矢量场在点 P 的旋度的方向是该点最大环流密度的方向。

1.5.3 斯托克斯定理

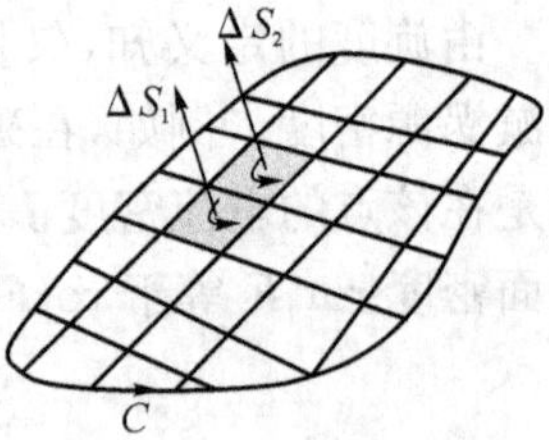

图 1.23 斯托克斯定理

设在矢量场所在的空间中，有一个开放的曲面 S，它的边界为闭合曲线 C，如图 1.23 所示。将该曲面剖分为若干个小面积 $\Delta\boldsymbol{S}_1,\Delta\boldsymbol{S}_2,\cdots$，它们的边界分别为小边界 C_1，$C_2,\cdots$。由于每两个相邻小面积间有一部分公共边界，环绕方向相反，则矢量场 $\boldsymbol{F}$ 沿闭合边界曲线 C 的环量等于沿所有小闭合边界曲线 $C_1,C_2,\cdots$ 的环量的代数和。即存在有

$$\oint_C \boldsymbol{F}\cdot\mathrm{d}\boldsymbol{l}=\oint_S \nabla\times\boldsymbol{F}\cdot\mathrm{d}\boldsymbol{S} \tag{1.76}$$

称之为斯托克斯定理(Stokes Theorem)，其中 S 是闭合路径 C 所围成的面积，它的方向与 C 的方向成右手螺旋关系。该式表明：矢量场 $\boldsymbol{F}$ 的旋度沿曲面 S 法向分量的面积分等于该矢量沿围绕此面积曲线边界的线积分。

证明：

由旋度的定义

$$\lim_{\Delta S\to 0}\frac{\oint_C \boldsymbol{F}\cdot\mathrm{d}\boldsymbol{l}}{\Delta S}=(\nabla\times\boldsymbol{F})\cdot\boldsymbol{e}_n$$

$$\oint_C \boldsymbol{F}\cdot\mathrm{d}\boldsymbol{l}=\oint_S (\nabla\times\boldsymbol{F})\cdot\mathrm{d}\boldsymbol{S}$$

对于有限大面积 S，可将其按如图 1.23 方式进行分割，对每一小面积元有

$$\oint_{C_1} \boldsymbol{F}\cdot\mathrm{d}\boldsymbol{l}=(\nabla\times\boldsymbol{F})\cdot\mathrm{d}\boldsymbol{S}_1$$

$$\oint_{C_2} \boldsymbol{F} \cdot \mathrm{d}\boldsymbol{l} = (\nabla \times \boldsymbol{F}) \cdot \mathrm{d}\boldsymbol{S}_2$$

$$\vdots$$

因此

$$\oint_{C} \boldsymbol{F} \cdot \mathrm{d}\boldsymbol{l} = (\nabla \times \boldsymbol{F}) \cdot \mathrm{d}\boldsymbol{S}_1 + (\nabla \times \boldsymbol{F}) \cdot \mathrm{d}\boldsymbol{S}_2 + \cdots$$

上式右边的总和就是 $\nabla \times \boldsymbol{F}$ 在开放曲面 S 上的面积分，即 $\oint_S \nabla \times \boldsymbol{F} \cdot \mathrm{d}\boldsymbol{S}$，式(1.76)得证。

利用此定理可以将面积分化为线积分，或反之。从场的观点看，它建立了区域中的场与区域边缘上的场之间的关系。因此，该定理是矢量分析中重要的定理之一。

例 1.5　试证任何矢量场 $\boldsymbol{A}$ 均满足下列等式：

$$\int_V (\nabla \times \boldsymbol{A}) \mathrm{d}V = -\oint_S \boldsymbol{A} \times \mathrm{d}\boldsymbol{S}$$

式中，S 为包围体积 V 的闭合表面，此式又称为矢量旋度定理或矢量斯托克斯定理。

证　设 $\boldsymbol{C}$ 为任一常矢量，则

$$\nabla \cdot (\boldsymbol{C} \times \boldsymbol{A}) = \boldsymbol{A} \cdot \nabla \times \boldsymbol{C} - \boldsymbol{C} \cdot \nabla \times \boldsymbol{A} = -\boldsymbol{C} \cdot \nabla \times \boldsymbol{A}$$

对于任一体积积分得

$$\int_V \nabla \cdot (\boldsymbol{C} \times \boldsymbol{A}) \mathrm{d}V = -\boldsymbol{C} \cdot \int_V \nabla \times \boldsymbol{A} \mathrm{d}V$$

根据散度定义，上式左端应为

$$\begin{aligned}\int_V \nabla \cdot (\boldsymbol{C} \times \boldsymbol{A}) \mathrm{d}V &= \oint_S (\boldsymbol{C} \times \boldsymbol{A}) \cdot \mathrm{d}\boldsymbol{S} \\ &= \oint_S (\boldsymbol{A} \times \mathrm{d}\boldsymbol{S}) \cdot \boldsymbol{C} - \boldsymbol{C} \cdot \oint_S (\boldsymbol{A} \times \mathrm{d}\boldsymbol{S})\end{aligned}$$

得

$$\boldsymbol{C} \cdot \int_V \nabla \times \boldsymbol{A} \mathrm{d}V = -\boldsymbol{C} \cdot \oint_S (\boldsymbol{A} \times \mathrm{d}\boldsymbol{S})$$

由于上式中常矢量 $\boldsymbol{C}$ 是任意的，因此

$$\int_V (\nabla \times \boldsymbol{A}) \mathrm{d}V = -\oint_S \boldsymbol{A} \times \mathrm{d}\boldsymbol{S}$$

证毕。

本章提要

本章主要介绍了学习场论的重要工具，包括标量、矢量的运算规则以及标量场的梯

度和矢量场的散度和旋度;给出了 3 种常用的坐标系以及斯托克斯定理。

矢量标积和矢积的几何表示式:

$$\boldsymbol{A}\cdot\boldsymbol{B}=AB\cos\theta$$

$$\boldsymbol{A}\times\boldsymbol{B}=\boldsymbol{e}_c AB\sin\theta$$

在直角坐标系中矢量的基本运算代数表示式:

$$\boldsymbol{A}\cdot\boldsymbol{B}=A_xB_x+A_yB_y+A_zB_z$$

$$\boldsymbol{A}\times\boldsymbol{B}=\begin{vmatrix}\boldsymbol{e}_x & \boldsymbol{e}_y & \boldsymbol{e}_z\\ A_x & A_y & A_z\\ B_x & B_y & B_z\end{vmatrix}$$

3 种坐标系的转换关系:

$$\begin{cases}\boldsymbol{e}_\rho=\cos\phi\boldsymbol{e}_x+\sin\phi\boldsymbol{e}_y\\ \boldsymbol{e}_\phi=-\sin\phi\boldsymbol{e}_x+\cos\phi\boldsymbol{e}_y\\ \boldsymbol{e}_z=\boldsymbol{e}_z\end{cases}$$

$$\begin{cases}\boldsymbol{e}_r=\sin\theta\cos\phi\boldsymbol{e}_x+\sin\theta\sin\phi\boldsymbol{e}_y+\cos\theta\boldsymbol{e}_z\\ \boldsymbol{e}_\theta=\cos\theta\cos\phi\boldsymbol{e}_x+\cos\theta\sin\phi\boldsymbol{e}_y-\sin\theta\boldsymbol{e}_z\\ \boldsymbol{e}_\phi=-\sin\phi\boldsymbol{e}_x+\cos\phi\boldsymbol{e}_y\end{cases}$$

在直角坐标系中梯度、散度、旋度表示式:

$$\mathrm{grad}u=\frac{\partial u}{\partial x}\boldsymbol{e}_x+\frac{\partial u}{\partial y}\boldsymbol{e}_y+\frac{\partial u}{\partial z}\boldsymbol{e}_z=\nabla u$$

$$\mathrm{div}\boldsymbol{A}=\frac{\partial A_x}{\partial x}+\frac{\partial A_y}{\partial y}+\frac{\partial A_z}{\partial z}=\nabla\cdot\boldsymbol{A}$$

$$\mathrm{rot}\boldsymbol{F}=\nabla\times\boldsymbol{F}=\begin{vmatrix}\boldsymbol{e}_x & \boldsymbol{e}_y & \boldsymbol{e}_z\\ \dfrac{\partial}{\partial x} & \dfrac{\partial}{\partial y} & \dfrac{\partial}{\partial z}\\ F_x & F_y & F_z\end{vmatrix}$$

斯托克斯定理 $\oint_C \boldsymbol{F}\cdot\mathrm{d}\boldsymbol{l}=\oint_S \nabla\times\boldsymbol{F}\cdot\mathrm{d}\boldsymbol{S}$

思考题

1.1 什么是矢量与标量?两矢量相等的含义是什么?

1.2 矢量的点积可以为负数吗?如果可以,其含义是什么?

1.3 圆柱坐标系与球坐标系分别适合于表示什么特点的矢量场？

1.4 给定一个底面半径为 r，高为 h 的圆柱，建立柱坐标系，利用柱坐标描述圆柱侧面以及底面上点的位置。

1.5 在研究空间图形的几何特征时，我们应该怎样选择坐标系呢？

1.6 举例说明圆柱坐标系在日常生活中的应用。

1.7 请利用球坐标系说明人们如何确定地面上一点的位置。

1.8 举例说明球坐标系在日常生活中的应用。

1.9 在航天领域，人们怎样确定航天器的准确位置呢？

1.10 3种常用坐标系中坐标变量的变化范围如何？给出3种坐标系的坐标变量和坐标分量之间的关系式。

1.11 梯度与方向导数的关系是什么？试述梯度的几何意义，写出梯度在直角坐标系中的表达式。

1.12 标量场的梯度一定存在吗？请给出标量场梯度存在的条件。

1.13 什么是矢量的通量？简述通量值为正、负、零的意义。

1.14 试述散度的概念，散度值为正、负、零分别代表什么含义？

1.15 什么是矢量场的环量？环量值为正、负、零的含义？

1.16 矢量场的环量与旋度之间是什么关系？

1.17 说明无旋场与无散场的区别。

1.18 如果一矢量场在某有界区域内仅有散度源，而无旋度源，那么该矢量场是无旋场吗？

1.19 如果一矢量场在某有界区域内仅有旋度源，而无散度源，那么该矢量场是无散场吗？

习 题

1.1 给定三个矢量 $\boldsymbol{A}$、$\boldsymbol{B}$ 和 $\boldsymbol{C}$ 如下：

$$\boldsymbol{A}=\boldsymbol{e}_x+2\boldsymbol{e}_y-3\boldsymbol{e}_z$$

$$\boldsymbol{B}=-4\boldsymbol{e}_y+\boldsymbol{e}_z$$

$$\boldsymbol{C}=5\boldsymbol{e}_x-2\boldsymbol{e}_z$$

求(1) $\boldsymbol{e}_A$；(2) $|\boldsymbol{A}-\boldsymbol{B}|$；(3) $\boldsymbol{A}\cdot\boldsymbol{B}$；(4) θ_{AB}；(5) $\boldsymbol{A}\times\boldsymbol{C}$；(6) $\boldsymbol{A}\cdot(\boldsymbol{B}\times\boldsymbol{C})$ 和 $(\boldsymbol{A}\times\boldsymbol{B})\cdot\boldsymbol{C}$；(7) $(\boldsymbol{A}\times\boldsymbol{B})\times\boldsymbol{C}$ 和 $\boldsymbol{A}\times(\boldsymbol{B}\times\boldsymbol{C})$。

1.2 求 $P'(-3,1,4)$ 点到 $P(2,-2,3)$ 点的距离矢量 $\boldsymbol{R}$ 及 $\boldsymbol{R}$ 的方向。

1.3 证明：如果 $\boldsymbol{A}\cdot\boldsymbol{B}=\boldsymbol{A}\cdot\boldsymbol{C}$ 和 $\boldsymbol{A}\times\boldsymbol{B}=\boldsymbol{A}\times\boldsymbol{C}$，则 $\boldsymbol{B}=\boldsymbol{C}$。

1.4 证明：(1) $\nabla\cdot\boldsymbol{R}=3$，(2) $\nabla\times\boldsymbol{R}=0$，(3) $\nabla(\boldsymbol{A}\cdot\boldsymbol{R})=\boldsymbol{A}$ 其中 $\boldsymbol{R}=x\boldsymbol{e}_x+y\boldsymbol{e}_y+z\boldsymbol{e}_z$，$\boldsymbol{A}$ 为一常矢量。

1.5　求标量函数 $\psi=x^2yz$ 的梯度及 ψ 在一个指定方向的方向导数。此方向由单位矢量 $\frac{1}{3}\boldsymbol{e}_x+\frac{2}{3}\boldsymbol{e}_y+\frac{2}{3}\boldsymbol{e}_z$ 定出；求(2,3,1)点的导数值。

1.6　三个矢量 $\boldsymbol{A}$、$\boldsymbol{B}$、$\boldsymbol{C}$，$\boldsymbol{A}=\sin\theta\cos\phi\boldsymbol{e}_r+\cos\theta\cos\phi\boldsymbol{e}_\theta-\sin\phi\boldsymbol{e}_\phi$，$\boldsymbol{B}=z^2\sin\phi\boldsymbol{e}_\rho+z^2\cos\phi\boldsymbol{e}_\phi+2\rho z\sin\phi\boldsymbol{e}_z$，$\boldsymbol{C}=(3y^2-2x)\boldsymbol{e}_x+x^2\boldsymbol{e}_y+2z\boldsymbol{e}_z$(1) 哪些矢量可以由一个标量函数的梯度表示；哪些矢量可以由一个矢量函数的旋度表示；(2) 求出这些矢量的源分布。

1.7　若在标量场 $u=u(M)$ 中恒有 $\nabla u=0$，证明 $u=$常数。

1.8　利用直角坐标，证明 $\nabla\cdot(f\boldsymbol{A})=f\nabla\cdot\boldsymbol{A}+\boldsymbol{A}\cdot\nabla f$

1.9　证明：$\nabla\cdot(\boldsymbol{A}\times\boldsymbol{H})=\boldsymbol{H}\cdot\nabla\times\boldsymbol{A}-\boldsymbol{A}\cdot\nabla\times\boldsymbol{H}$

1.10　利用直角坐标，证明：$\nabla\times(f\boldsymbol{G})=f\nabla\times\boldsymbol{G}+\nabla f\times\boldsymbol{G}$

1.11　求矢量场 $\boldsymbol{A}=xyz\boldsymbol{e}_x-2xy^2\boldsymbol{e}_y+2yz^2\boldsymbol{e}_z$ 在点 $M(1,1,-2)$ 处沿矢量 $n=2\boldsymbol{e}_x+3\boldsymbol{e}_y+6\boldsymbol{e}_z$ 方向的环流面密度。

1.12　一径向矢量场用 $\boldsymbol{F}=f(r)\boldsymbol{e}_r$ 表示，如果 $\nabla\cdot\boldsymbol{F}=0$，那么函数 $f(r)$ 会有什么特点呢？

1.13　给定矢量函数 $\boldsymbol{E}_x=y\boldsymbol{e}_x+x\boldsymbol{e}_y$，计算从点 $P_1(2,1,-1)$ 到 $P_2(8,2,-1)$ 的线积分 $\int\boldsymbol{E}\cdot\mathrm{d}\boldsymbol{l}$ (1) 沿抛物线 $x=2y^2$；(2) 沿连接该两点的直线，这个 $\boldsymbol{E}$ 是保守场吗？

1.14　已知 $\boldsymbol{R}=(x-x')\boldsymbol{e}_x+(y-y')\boldsymbol{e}_y+(z-z')\boldsymbol{e}_z$，$R=|\boldsymbol{R}|$。证明：(1) $\nabla R=\frac{\boldsymbol{R}}{R}$，(2) $\nabla\frac{1}{R}=-\frac{\boldsymbol{R}}{R^3}$，(3) $\nabla f(R)=-\nabla' f(R)$。其中：$\nabla=\frac{\partial}{\partial x}\boldsymbol{e}_x+\frac{\partial}{\partial y}\boldsymbol{e}_y+\frac{\partial}{\partial z}\boldsymbol{e}_z$ 表示对 x，y 和 z 的运算，$\nabla'=\frac{\partial}{\partial x'}\boldsymbol{e}_x+\frac{\partial}{\partial y'}\boldsymbol{e}_y+\frac{\partial}{\partial z'}\boldsymbol{e}_z$ 表示对 x'，y' 和 z' 的运算。

1.15　已知标量函数 $u=x^2+2y^2+3z^2-2y-6z$。(1) 求 ∇u；(2) 在哪些点上 ∇u 等于零？

1.16　已知 $\boldsymbol{R}=(x-x')\boldsymbol{e}_x+(y-y')\boldsymbol{e}_y+(z-z')\boldsymbol{e}_z$，$R=|\boldsymbol{R}|$。求矢量 $\boldsymbol{D}=\frac{\boldsymbol{R}}{R^3}$ 在 $R\neq 0$ 处的旋度。

1.17　证明：$\nabla\times(\boldsymbol{C}\times\boldsymbol{r})=2\boldsymbol{C}$，式中 $\boldsymbol{C}$ 为常矢量，$\boldsymbol{r}$ 为位置矢量。

1.18　已知圆柱坐标系中某点的位置为 $\left(4,\frac{2}{3}\pi,3\right)$，试求该点在相应的直角坐标系及球坐标系中的位置。

1.19　已知直角坐标系中的矢量 $\boldsymbol{A}=a\boldsymbol{e}_x+b\boldsymbol{e}_y+c\boldsymbol{e}_z$，式中 a、b、c 均为常数，$\boldsymbol{A}$ 是常矢量吗？试求该矢量在圆柱坐标系及球坐标系中的表达式。

1.20　已知圆柱坐标系中的矢量 $\boldsymbol{A}=a\boldsymbol{e}_\rho+b\boldsymbol{e}_\phi+c\boldsymbol{e}_z$，式中 a、b、c 均为常数，$\boldsymbol{A}$ 是常矢量吗？试求 $\nabla\cdot\boldsymbol{A}$、$\nabla\times\boldsymbol{A}$ 以及 $\boldsymbol{A}$ 在相应的直角坐标系及球坐标系中的表达式。

1.21 已知球坐标系中矢量 $\boldsymbol{A}=a\boldsymbol{e}_r+b\boldsymbol{e}_\theta+c\boldsymbol{e}_\phi$，式中 a、b、c 均为常数，$\boldsymbol{A}$ 是常矢量吗？试求 $\nabla\cdot\boldsymbol{A}$、$\nabla\times\boldsymbol{A}$ 以及 $\boldsymbol{A}$ 在相应的直角坐标系及圆柱坐标系中的表达式。

1.22 求下列矢量场的散度和旋度：

(1) $\boldsymbol{F}=(3x^2y+z)\boldsymbol{e}_x+(y^3-xz^2)\boldsymbol{e}_y+2xyz\boldsymbol{e}_z$

(2) $\boldsymbol{F}=\rho\cos^2\phi\boldsymbol{e}_\rho+\rho\sin\phi\boldsymbol{e}_\phi$

(3) $\boldsymbol{F}=yz^2\boldsymbol{e}_x+zx^2\boldsymbol{e}_y+xy^2\boldsymbol{e}_z$

(4) $\boldsymbol{F}=P(x)\boldsymbol{e}_x+Q(y)\boldsymbol{e}_y+R(z)\boldsymbol{e}_z$

2 宏观电磁现象的基本原理

电磁现象总是广泛存在的，其中一些来源于自然界，例如闪电、星体辐射等。另一些则是由人为方式产生的，例如无线电波、激光、电气开关火花等。麦克斯韦于 1864 年在对宏观电磁现象的实验规律进行总结的基础上，利用数学方法，经过扩充和推广总结出了麦克斯韦方程组。麦克斯韦方程组揭示了电磁场与电荷电流之间、电场与磁场之间的相互作用和联系，是一切宏观电磁现象所遵循的普遍规律。

本章将对物理课中已经介绍过的一些基本电磁物理量和若干重要的基本电磁定律进行比较系统的复习和总结。以此为基础，将导出宏观电磁理论的核心——麦克斯韦方程组的微分形式及时变电磁场边界条件。这一方程组及边界条件将为各类电磁场问题的讨论提供共同的基础。

学习本章的目的在于使读者在接触和深入学习电磁现象和电磁场理论之前，首先从整体上了解并掌握电磁理论核心内容。

2.1 基本电磁物理量

1) 电荷密度

自然界中存在两种不同性质的电荷——正电荷(Positive Electric Charge)和负电荷(Negative Electric Charge)。带电体所带电荷的量称为电量，记为 q。电量是一个标量，单位是库仑(C)。

设分布于某带电体积元 ΔV 中的电荷电量为 Δq，则 Δq 与 ΔV 之比的极限称为该带电体的体电荷密度，记为 ρ，单位是库仑每立方米(C/m^3)，即

$$\rho(\boldsymbol{r}) = \lim_{\Delta V \to 0} \frac{\Delta q}{\Delta V} = \frac{dq}{dV} \tag{2.1}$$

式中，$\rho(\boldsymbol{r})$是空间位置 $\boldsymbol{r}$ 的函数，它描述了空间任意点电荷的密度，并从整体上描述了电荷空间分布情况，显然它构成一个标量场。利用 $\rho(\boldsymbol{r})$可以求出某个体积 V 中的总电量

$$q=\int_V \rho(\boldsymbol{r})\mathrm{d}V$$

当带电体具有面状或线状结构时，我们分别引入面电荷密度 ρ_s 和线电荷密度 ρ_l 来描述它们的电荷分布特性。它们分别为

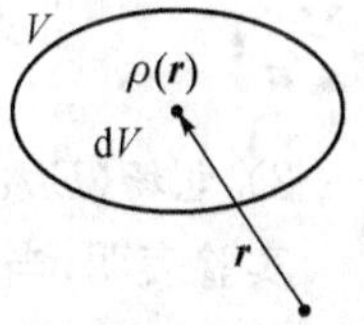

图 2.1　电荷密度

$$\rho_s=\lim_{\Delta S\to 0}\frac{\Delta q}{\Delta S}=\frac{\mathrm{d}q}{\mathrm{d}S} \tag{2.2}$$

$$\rho_l=\lim_{\Delta l\to 0}\frac{\Delta q}{\Delta l}=\frac{\mathrm{d}q}{\mathrm{d}l} \tag{2.3}$$

在上两式中，ρ_s 的单位是库仑每平方米（$\mathrm{C/m^2}$），ρ_l 的单位是库伦每米（C/m）。

当观察点至带电体的距离远大于带电体本身的尺寸时，常常忽略带电体的大小和形状给计算带来的影响，近似地认为带电体的全部电量集中在一个“点”上。换句话说，将该带电体视为一个点电荷。

点电荷在电磁场问题的讨论中是一个相当重要的概念。点电荷是体电荷分布的极限情况，它可视为一个体积很小而体电荷密度很大的带电小球体的极限。在数学上，空间某点 (x',y',z') 上具有 1 库仑电量的点电荷的体电荷密度可表示为

$$\rho(\boldsymbol{r})=\delta(\boldsymbol{r}-\boldsymbol{r}')=\delta(x-x')\delta(y-y')\delta(z-z') \tag{2.4}$$

式中，$\boldsymbol{r}$ 和 $\boldsymbol{r}'$ 分别表示观察点 (x,y,z) 和源点 (x',y',z') 的矢径。δ 称为狄拉克(Dirac)δ 函数，它具有下列性质：

$$\delta(\boldsymbol{r}-\boldsymbol{r}')=\begin{cases}0 & (\boldsymbol{r}\neq\boldsymbol{r}')\\ \infty & (\boldsymbol{r}=\boldsymbol{r}')\end{cases} \tag{2.5}$$

$$\int_V \delta(\boldsymbol{r}-\boldsymbol{r}')\mathrm{d}V=\begin{cases}0 & (\boldsymbol{r}'\text{不包括在 }V\text{ 内})\\ 1 & (\boldsymbol{r}'\text{包括在 }V\text{ 内})\end{cases} \tag{2.6}$$

$$\int_V f(\boldsymbol{r})\delta(\boldsymbol{r}-\boldsymbol{r}')\mathrm{d}V=\begin{cases}0 & (\boldsymbol{r}'\text{不包括在 }V\text{ 内})\\ f(\boldsymbol{r}) & (\boldsymbol{r}'\text{包括在 }V\text{ 内})\end{cases} \tag{2.7}$$

式中，V 表示空间任一积分区域，$f(\boldsymbol{r})$ 为任一在点 $\boldsymbol{r}=\boldsymbol{r}'$ 上连续的标量函数。

从狄克拉 δ 函数的上述特性可见，这个点电荷的体电荷密度 $\rho(\boldsymbol{r})$除源点 $\boldsymbol{r}'$以外处处为零，在源点处无限大。这个点电荷的电量等于包围源点某体积 V 内对体电荷密度的积分，所得电量为 1 库仑。

若在源点 $\boldsymbol{r}'$处的电量为 q，则该点电荷的体电荷密度 ρ 可表示为

$$\rho(\boldsymbol{r})=q\delta(\boldsymbol{r}-\boldsymbol{r}') \tag{2.8}$$

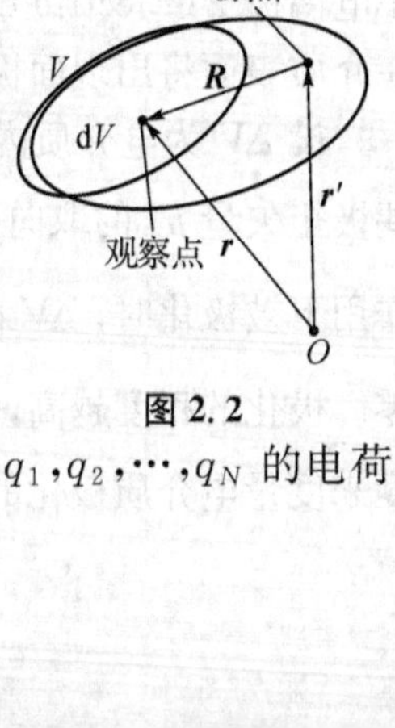

图 2.2

若在相互分离的 N 个源点 $\boldsymbol{r}'_1,\boldsymbol{r}'_2,\cdots,\boldsymbol{r}'_N$ 处分别放置电量 $q_1,q_2,\cdots,q_N$ 的电荷，

则点电荷的体电荷密度$\rho(\boldsymbol{r})$可以表示为

$$\rho(\boldsymbol{r})=\sum_{n=1}^{N}q_n\delta(\boldsymbol{r}-\boldsymbol{r}'_n) \tag{2.9}$$

2) 电场(*Electric field*)强度

实验表明,当一个电量为q_0的正电荷引入电场时,它将承受这个电场对它的作用力$\boldsymbol{F}$。这个作用力$\boldsymbol{F}$称为电场力,这个电荷q_0称为试验电荷。

实验还表明,电场力$\boldsymbol{F}$的大小与试验电荷的电量q_0成正比。它意味着,电场力$\boldsymbol{F}$与试验电荷q_0的比值与试验电荷的大小无关,而仅随试验电荷所处的位置而变化,很适合于用来描述电场的性质。因此,将单位正电荷所承受的电场力称为电场强度,记为$\boldsymbol{E}$,即

$$\boldsymbol{E}=\frac{\boldsymbol{F}}{q_0} \tag{2.10}$$

电场强度的单位是伏特每米(V/m),也可以用牛顿每库仑(N/C)来表示。它描述了电场的强弱。

当然,在上述定义中应假设试验电荷q_0是一个电量足够小的点电荷,以致它的引入不对原有电场产生影响。

电场强度的进一步讨论:

(1) 空间中不同位置的电场强度大小和方向可能不同,形成一个矢量场分布。当各点的电场强度相同(大小和方向都相同)时,称为均匀电场。

(2) 电场强度可以看成是单位点电荷受到的电场力。但是,电场强度只与产生电场的电荷(即电场源)有关,而电场对电荷的作用力,不仅与电荷所在地的电场有关,也与电荷的电量有关,因此两者具有完全不同的意义。

(3) 式(2.10)对静电场和时变电场均成立。静电场的电场强度不随时间变化,时变场的电场强度则要随时间变化。

3) 电极化强度

在电场的作用下,电介质(即绝缘体)中的分子都将成为与外电场取向大体一致的小电偶极子(Electric Dipole),即它们的电偶极矩矢量的方向与外电场方向大体一致,在介质表面将出现面极化电荷,在介质内部也可能出现极化电荷,即介质被极化。

设ΔV为电介质内取定的一个小体积。当电介质未被极化时,ΔV内各分子的电偶极矩矢量$\boldsymbol{p}_e$的取向杂乱无章,相互抵消,其矢量和$\sum\boldsymbol{p}_e$为零。当电介质在外电场作用下被极化时,ΔV内各分子电偶极矩矢量的取向趋于一致,使矢量和$\sum\boldsymbol{p}_e$不为零。极化的程度越高,矢量和$\sum\boldsymbol{p}_e$就愈大;反之,$\sum\boldsymbol{p}_e$就愈小。我们引入电极化强度来度量电介质极化的状态,它定义为单位体积内分子电偶极矩的矢量和,记为$\boldsymbol{P}_e$,即

$$\boldsymbol{P}_e = \frac{\sum \boldsymbol{p}_e}{\Delta V} \tag{2.11}$$

电极化强度表征着在外电场作用下电介质极化的程度和极化的方向，它的单位是库仑每平方米(C/m^2)。

当极化强度 $\boldsymbol{P}_e$ 为常数时，称为均匀极化。均匀极化时介质内部不会出现极化电荷，极化电荷只会出现在介质表面上。均匀介质一般有 $\boldsymbol{P}_e$ 为常数，而真空中 $\boldsymbol{P}_e=0$。自由电荷所在地一定有极化电荷出现。

若在介质中任取一个闭合曲面 S，可以证明，$\boldsymbol{P}_e$ 穿过 S 的通量 $\oint_S \boldsymbol{P}_e \cdot \mathrm{d}\boldsymbol{S}$ 应等于 S 所包围的极化电荷之和的负值 $(-\sum q')$，即

$$\oint_S \boldsymbol{P}_e \cdot \mathrm{d}\boldsymbol{S} = -\sum q' \tag{2.12}$$

当介质在外电场 $\boldsymbol{E}_0$ 的作用下被极化时，介质所产生的极化电荷必将在周围空间(无论在介质的内部还是外部)建立附加电场 $\boldsymbol{E}'$，这时空间任一点的电场 $\boldsymbol{E}$ 应为外电场 $\boldsymbol{E}_0$ 与附加电场 $\boldsymbol{E}'$ 的合成电场，即

$$\boldsymbol{E} = \boldsymbol{E}_0 + \boldsymbol{E}' \tag{2.13}$$

由于附加电场 $\boldsymbol{E}'$ 的方向总是大体上与外加电场 $\boldsymbol{E}_0$ 相反的，所以介质极化后的合成电场 $\boldsymbol{E}$ 总是比外加电场 $\boldsymbol{E}_0$ 要小一些。

电介质中任一点处的极化强度 $\boldsymbol{P}_e$ 将由该点的合成电场 $\boldsymbol{E}$ 所决定。实验表明，介质材料不同，$\boldsymbol{P}_e$ 与 $\boldsymbol{E}$ 的关系就不同。对于线性和各向同性的电介质而言，$\boldsymbol{P}_e$ 与 $\boldsymbol{E}$ 的大小成正比，方向相同。它们之间的关系为

$$\boldsymbol{P}_e = \chi_e \varepsilon_0 E \tag{2.14}$$

上式中，ε_0 是真空介电常数，$\varepsilon_0 \approx \frac{1}{36\pi} \times 10^{-9} \approx 8.85 \times 10^{-12}$ F/m (法拉每米)。χ_e 是一个不小于零的无量纲常数，称为电极化率。电极化率 χ_e 是电介质材料的固有属性，材料不同，χ_e 也不同。

4) 电位移矢量

定义一个新的场矢量 $\boldsymbol{D}$ 为

$$\boldsymbol{D} = \varepsilon_0 \boldsymbol{E} + \boldsymbol{P}_e \tag{2.15}$$

这个矢量称为电位移矢量，它的单位是库仑每平方米(C/m^2)。

将式(2.14)代入上式，得出

$$\boldsymbol{D} = \varepsilon_0 \boldsymbol{E} + \chi_e \varepsilon_0 \boldsymbol{E} = (1 + \chi_e) \varepsilon_0 \boldsymbol{E}$$

或写成

$$\boldsymbol{D} - \varepsilon \boldsymbol{E} \tag{2.16}$$

这里，ε 称为电介质的介电常数，它为

$$\varepsilon=(1+\chi_e)\varepsilon_0=\varepsilon_r\varepsilon_0 \tag{2.17}$$

ε_r 是一个不小于 1 的无量纲常数，称电介质的相对介电常数。它为

$$\varepsilon_r=1+\chi_e \tag{2.18}$$

电介质类型不同，相对介电常数 ε_r 就不同，它们的大小可以通过实验来测定。如表 2.1 所示，列出了一些常见电介质材料的相对介电常数的近似值。从该表可见，空气的相对介电常数与真空的相对介电常数相差不大。所以，在计算中常常将充满空气的空间近似视为真空，即近似视为自由空间。

需要特别加以强调的是，该表所列介质均为各向同性介质，在这类介质中，ε 和 ε_r 均为常数，矢量 $\boldsymbol{D}$ 和 $\boldsymbol{E}$ 大小成正比，方向相同。在现实世界中还存在另一类称之为各向异性的介质，在这类介质中 ε 和 ε_r 不再为常数，而是所谓的“张量”，矢量 $\boldsymbol{D}$ 和 $\boldsymbol{E}$ 大小不再成比例，方向也不相同了。关于这种介质，后续将介绍。

表 2.1　几种常见电介质的相对介电常数

电介质	相对介电常数 ε_r	电介质	相对介电常数 ε_r
真　空	1.0	聚乙烯	2.3
空　气	1.000 5	橡　胶	2.3～4.0
水	78	聚苯乙烯	2.6
玻　璃	5～10	树　脂	3.3
陶　瓷	5.3～6.5	石　蜡	2.1
纸	1.3～4.0	石　英	3.3

5）电流密度

在导电媒质（如导体、半导体、电解液、等离子体等等）中存在着大量可以自由移动的电荷。在通常情况下，它们处于随机的热运动状态，在单位时间内向任何方向移动的净电荷的平均值为零。在有外加电场存在时，这些自由电荷将在电场的驱动下做有规则的运动而形成电流。

单位时间内穿过某一截面的电量称为电流强度，记为 i 或 I，即

$$i=\lim_{\Delta t\to 0}\frac{\Delta q}{\Delta t}=\frac{\mathrm{d}q}{\mathrm{d}t} \tag{2.19}$$

电流强度是一个标量，它的单位是安培（A）。电流的正方向习惯上规定为正电荷运动的方向。若电流强度的大小不随时间而变化，则该电流称为恒定电流；否则，称为时变电流。

在导电介质中，穿过同样截面的电流可能各处不同。为了描述电流分布的不均匀

性，引入体电流密度的概念。

导电媒质中任一点的体电流密度 $\boldsymbol{J}$ 定义为这样一个矢量，它的大小等于单位时间内穿过垂直于 $\boldsymbol{J}$ 的单位面积的电量，或等于穿过垂直于 $\boldsymbol{J}$ 的单位面积电流，即

$$\boldsymbol{J}=\lim_{\Delta S\to 0}\frac{\Delta i}{\Delta S}=\frac{\mathrm{d}i}{\mathrm{d}S} \tag{2.20}$$

而它的方向与该点正电荷的运动方向一致。

体电流密度亦称为体电流的面密度，单位是安培每平方米(A/m^2)。

根据体电流密度的定义，若已知某导电媒质中的体电流密度 $\boldsymbol{J}$，则可以得出穿过该媒质内任一截面 S 的电流 i 为

$$i=\oint_S \boldsymbol{J}\cdot\mathrm{d}\boldsymbol{S} \tag{2.21}$$

式中，矢量 $\mathrm{d}\boldsymbol{S}$ 的方向指该面积元的正法线方向。此式表明，穿过截面 S 的电流就是穿过该截面电流密度的通量。

实验表明，对于传导电流，导电媒质中任一点的体电流密度 $\boldsymbol{J}$ 与该点的电场强度 $\boldsymbol{E}$ 成正比，可写为

$$\boldsymbol{J}=\sigma\boldsymbol{E} \tag{2.22}$$

这一公式称为欧姆(Ohm)定律的微分形式，式中 σ 称为该导电媒质的电导率，单位是西门子每米(S/m)。σ 代表了媒质的导电性能。其值越大导电能力越强。不同的媒质，导电性能不同，其 σ 值就不同。电导率高的称为良导体，电导率为无限大的导体称之为理想导体，在理想导体中，电场一定为零，否则，由式(2.22)知，电流密度就无限大。电导率为零的介质称为理想介质，在理想介质中电流为零。电导率的倒数称为电阻率，记为 ρ，即 $\rho-1/\sigma$，单位是欧姆米($\Omega\cdot m$)。几种常见导电媒质的电导率近似值如表 2.2 所示。

表 2.2　几种常见导电媒质电导率

导电媒介	电导率 σ(S/m)	导电媒介	电导率 σ(S/m)
银	6.17×10^{7}	石　墨	7×10^{7}
紫　铜	5.80×10^{7}	海　水	5
金	4.10×10^{7}	粘　土	5×10^{-3}
铝	3.82×10^{7}	新鲜水	10^{-3}
钨	1.82×10^{7}	沙　土	10^{-5}
锌	1.67×10^{7}	变压器油	10^{-11}
黄　铜	1.50×10^{7}	玻　璃	10^{-12}
镍	1.45×10^{7}	橡　胶	10^{-15}
铁	1.03×10^{7}	石　英	10^{-17}

当运动电荷集中在一个很薄的物体表层时，可近似认为电荷运动所形成的电流是一个面电流，可用面电流密度的概念来描述这个表面上每点处的电荷运动情况。

面电流密度 $\boldsymbol{J}_s$ 定义为一个这样的矢量，它的大小等于流过与 $\boldsymbol{J}_s$ 垂直的单位长度（与电流方向垂直的横截面厚度趋于零，面积元 ΔS 变为线元 Δl ）的电流，即

$$\boldsymbol{J}_s = \lim_{\Delta l \to 0} \frac{\Delta i}{\Delta l} = \frac{\mathrm{d}i}{\mathrm{d}\boldsymbol{l}} \tag{2.23}$$

而它的方向为该点正电荷的运动的方向。面电流密度亦称为面电流的线密度，它的单位是安培每米(A/m)。

电荷在一个横截面积可以忽略的细线中做定向流动所形成的电流称为线电流，可以认为电流是集中在细导线的轴线上。长度元 $\mathrm{d}\boldsymbol{l}$ 中流过电流 I，将 $I\mathrm{d}\boldsymbol{l}$ 称为电流元。

6) *磁感应强度*

已知磁场表现为对于运动电荷有作用力，可以根据运动电荷或电流元受到的磁场力描述磁场的强弱。实验表明，当一个电量为 q 的电荷以速度 $\boldsymbol{v}$ 在磁场中运动时，它将受到磁场力 $\boldsymbol{F}$ 的作用，这个力称为洛仑兹(Lorentz)力。实验还发现，这个力的大小 $\boldsymbol{F}$ 与乘积 qv 成正比，而方向随电荷的运动方向与磁场方向的夹角 α 的不同而变化，如图2.3所示，当电荷运动方向与磁场方向一致（$\alpha = 0°$）时，这个电荷所承受的洛仑兹力为零（$F = 0$）；而当电荷运动方向与磁场方向垂直（$\alpha = 90°$）时，这个电荷所承受的洛仑兹力达最大（$F = F_{\max}$）。

我们引入磁感应强度(Magnetic Induction)的概念来定量描述磁场的分布。磁感应强度 $\boldsymbol{B}$ 定义为这样一个矢量，它的大小等于洛仑兹力最大值 $F_{\max}$ 与乘积 qv 的比值，即

$$B = \frac{F_{\max}}{qv} \tag{2.24}$$

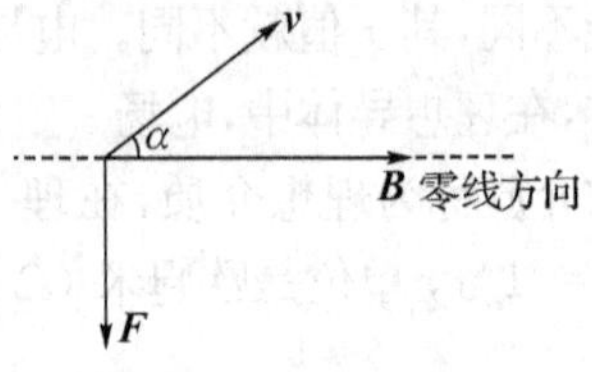

图2.3 磁感应强度

它的方向为该磁场的方向。磁感应强度的单位是特斯拉(T)，也可以用韦伯每平方米（$\mathrm{Wb/m^2}$）来表示。在磁场较小的场合，磁感应强度用高斯(Gs)作单位，$1\ \mathrm{T} = 10^4\ \mathrm{Gs}$。

根据上述实验结果和磁感应强度的定义，可以看出：以速度 $\boldsymbol{v}$ 运动着的电荷 q 所承受的洛仑兹力 $\boldsymbol{F}$ 为

$$\boldsymbol{F} = q\boldsymbol{v} \times \boldsymbol{B} \tag{2.25}$$

从式(2.25)看出，静止电荷不会承受磁场洛仑兹力作用。对运动电荷而言，它所承受的洛仑兹力 $\boldsymbol{F}$ 始终与电荷的运动速度矢量 $\boldsymbol{v}$ 相垂直。这就表明，洛仑兹力的作用仅能改变电荷的运动方向，而不能改变电荷的运动速度。就是说，磁场与运动电荷之间不存在能量的相互交换。

7) 磁化强度

在通常的情况下，磁介质（即磁场中的物质）中各分子电流所形成的磁偶极矩 $\boldsymbol{p}_m$ 的取向杂乱无章，对外不显磁性，即磁偶极矩的矢量和 $\sum \boldsymbol{p}_m$ 为零。当存在外磁场时，这些分子磁偶极矩的取向发生变化，使磁偶极矩的矢量和 $\sum \boldsymbol{p}_m$ 不为零，对外呈现磁效应，即磁介质被磁化。与电极化现象不同的是磁化结果使介质中的合成磁场可能减弱或增强，而电介质极化总是导致合成电场减弱。

我们引入磁化强度来度量磁介质的磁化状态，它定义为单位体积内分子磁偶极矩的矢量和，记为 $\boldsymbol{P}_m$，即

$$\boldsymbol{P}_m = \frac{\sum \boldsymbol{p}_m}{\Delta V} \tag{2.26}$$

可见，磁化强度表征在外磁场作用下磁介质磁化的程度和磁化的方向，它的单位是安培每米（A/m）。

当磁介质在外磁场 $\boldsymbol{B}_0$ 作用下被磁化时，磁介质中分子磁偶极矩的重新排列将在周围空间（无论是磁介质的内部还是外部）建立附加磁场 $\boldsymbol{B}'$。这时空间任一点的磁场 $\boldsymbol{B}$ 为外加磁场 $\boldsymbol{B}_0$ 和附加磁场 $\boldsymbol{B}'$ 的合成磁场，即

$$\boldsymbol{B} = \boldsymbol{B}_0 + \boldsymbol{B}' \tag{2.27}$$

实验表明，磁介质材料不同，磁化后所产生的附加磁场也不同。对顺磁质而言，磁介质内部任一点的附加磁场 $\boldsymbol{B}'$ 的方向与外加磁场 $\boldsymbol{B}_0$ 的方向相同，其合成磁场将大于外加磁场（$\boldsymbol{B} > \boldsymbol{B}_0$），例如铝、氧、锰等物质就属于这一类磁介质；对抗磁质而言，情况正好相反，磁介质内任一点的附加磁场 $\boldsymbol{B}'$ 的方向与外加磁场 $\boldsymbol{B}_0$ 的方向相反，其合成磁场将小于外加磁场（$\boldsymbol{B} < \boldsymbol{B}_0$），例如铜、金、银、氢等等物质就属于这一类磁介质。在上述两类磁介质中，附加磁场均远小于外加磁场（$\boldsymbol{B} \ll \boldsymbol{B}_0$），统称为弱磁性物质，另外，还存在一种类型的磁介质，它被磁化后所产生的附加磁场将远大于外加磁场，且方向与外加磁场方向相同，这就使得磁介质磁化后所得的合成磁场远大于外加磁场（$\boldsymbol{B} \gg \boldsymbol{B}_0$），这一类磁介质称为铁磁质，例如铁、镍、钴等物质就属于这一类磁介质。

8) 磁场强度

我们定义一个新的场矢量 $\boldsymbol{H}$ 为

$$\boldsymbol{H} = \frac{\boldsymbol{B}}{\mu_0} - \boldsymbol{P}_m \tag{2.28}$$

这个矢量场称为磁场(Magnetic Field)强度，它的单位是安培每米（A/m）。μ_0 是真空磁导率，$\mu_0 = 4\pi \times 10^{-7}$ H/m（亨利每米）。磁场强度也可用曲线描绘，其定义方法与电场线相同，这些曲线称为磁场线。

实验表明，在线性和各向同性的磁介质中，$\boldsymbol{P}_m$ 和 $\boldsymbol{H}$ 的大小成正比，方向相同。我

们将这两个矢量之间的关系写成

$$\boldsymbol{P}_m = \chi_m \boldsymbol{H} \tag{2.29}$$

式中，χ_m 是一个无量纲常数，称为磁介质的磁化率。磁化率是磁介质的固有属性，它随介质材料的不同而不同。

将式(2.29)代入式(2.28)，得出

$$\boldsymbol{H} = \frac{\boldsymbol{B}}{\mu_0} - \chi_m \boldsymbol{H} \tag{2.30}$$

可改写为

$$\boldsymbol{B} = (1 + \chi_m)\mu_0 \boldsymbol{H} = \mu \boldsymbol{H} \tag{2.31}$$

式中，μ 称为磁介质的磁导率，可写为

$$\mu = (1 + \chi_m)\mu_0 = \mu_r \mu_0$$

μ_r 是一个无量纲常数，称为磁介质的相对磁导率，它为

$$\mu_r = \frac{\mu}{\mu_0} = 1 + \chi_m \tag{2.32}$$

对于不同的磁介质材料，相对磁导率也不同，它们的大小可以通过实验来测定，表 2.3 给出了一些常见磁介质材料的相对磁导率的近似值。

表 2.3　几种常见磁介质的相对磁导率

磁介质	种类	相对磁导率 μ_r	磁介质	种类	相对磁导率 μ_r
金	抗磁体	0.999 96	镁	顺磁体	1.000 012
银	抗磁体	0.999 98	钛	顺磁体	1.000 180
铜	抗磁体	0.999 99	钴	铁磁体	250
水	抗磁体	0.999 99	镍	铁磁体	600
空气	顺磁体	1.000 000 4	铁	铁磁体	4 000
铝	顺磁体	1.000 021	磁性合金	铁磁体	100 000

同样，该表所列出的材料都是一些各向同性磁介质，对这些介质而言，μ 和 μ_r 均为常数，矢量 $\boldsymbol{B}$ 和 $\boldsymbol{H}$ 大小成比例，方向相同。此外，还存在一类称之为各向异性的磁介质，在这类介质中，μ 和 μ_r 不再为常数，而是“张量”。

根据介质的特性，可以分成线性各向同性、线性各向异性和非线性介质。

(1) 线性介质。当极化强度与电场强度、磁化强度与磁场强度之间为线性关系时(如 $\boldsymbol{P}_e = \chi_e \varepsilon_0 \boldsymbol{E}$ 和 $\boldsymbol{P}_m = \chi_m \boldsymbol{H}$)，称为线性介质，否则称为非线性介质。上面所讨论的都是线性介质。

(2) 各向同性介质。当极化率和磁化率为标量时(如 $\boldsymbol{P}_e=\chi_e\varepsilon_0\boldsymbol{E}$ 和 $\boldsymbol{P}_m=\chi_m\boldsymbol{H}$ 所示)极化强度与电场强度、磁化强度与磁场强度同向,此时介质内任意点的电磁特性与方向无关。显然前面所讨论的介质都是线性各向同性介质,最常见的有橡胶、塑料、木头、水等。

(3) 各向异性介质。极化率和磁化率为张量时,它们与电场强度之间的关系分别为

$$\boldsymbol{P}_e=\varepsilon_0\overline{\chi}_e\cdot\boldsymbol{E}\ \text{和}\ \boldsymbol{P}_m=\overline{\chi}_m\cdot\boldsymbol{H}$$

式中,极化率张量 $\overline{\chi}_e$ 和磁化率张量 $\overline{\chi}_m$ 分别为

$$\overline{\chi}_e=(\chi_{eij})=\begin{pmatrix}\chi_{e11} & \chi_{e12} & \chi_{e13}\\ \chi_{e21} & \chi_{e22} & \chi_{e23}\\ \chi_{e31} & \chi_{e32} & \chi_{e33}\end{pmatrix},\overline{\chi}_m=(\chi_{mij})=\begin{pmatrix}\chi_{m11} & \chi_{m12} & \chi_{m13}\\ \chi_{m21} & \chi_{m22} & \chi_{m23}\\ \chi_{m31} & \chi_{m32} & \chi_{m33}\end{pmatrix}$$

常见的各向异性介质有铁氧体、磁等离子体等。

各向异性介质的电磁性质本构关系为

$$\boldsymbol{D}=\overline{\varepsilon}\cdot\boldsymbol{E}\ \text{和}\ \boldsymbol{B}=\overline{\mu}\cdot\boldsymbol{H} \tag{2.33}$$

式中 $\overline{\varepsilon}$ 和 $\overline{\mu}$ 分别称为介质的介电常数张量和磁导率张量。

2.2　电磁场基本定律

1) 库仑定律

库仑定律(Coulomb's Law)是关于两个点电荷之间作用力的定量描述,它以点电荷模型为基础,是法国科学家库仑通过实验总结出来的一条静电场基本定律,其数学表示为

$$\boldsymbol{F}_{12}=\frac{1}{4\pi\varepsilon_0}\frac{q_1q_2}{R^2}\boldsymbol{e}_R=\frac{1}{4\pi\varepsilon_0}\frac{q_1q_2}{R^3}\boldsymbol{R} \tag{2.34}$$

式中,$\boldsymbol{F}_{12}$ 表示点电荷 q_1 作用在点电荷 q_2 上的力。$\boldsymbol{R}$ 表示由源点 $\boldsymbol{r}_1$ 出发引向场点 $\boldsymbol{r}_2$ 的矢量,R 表示该矢量的模,$\boldsymbol{e}_R$ 表示该矢量方向的单位矢量(如图 2.4 所示),即有

$$\boldsymbol{R}=\boldsymbol{r}_2-\boldsymbol{r}_1 \tag{2.35}$$

$$R=|\boldsymbol{r}_2-\boldsymbol{r}_1| \tag{2.36}$$

$$\boldsymbol{e}_R=\frac{\boldsymbol{R}}{R}=\frac{\boldsymbol{r}_2-\boldsymbol{r}_1}{|\boldsymbol{r}_2-\boldsymbol{r}_1|} \tag{2.37}$$

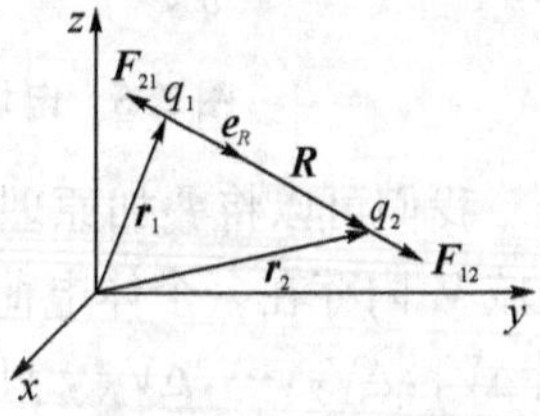

图 2.4　库仑定律

式(2.34)表明,若 q_1 和 q_2 为同性电荷,$q_1q_2>0$,则 $\boldsymbol{F}_{12}$ 与 $\boldsymbol{e}_R$ 方向相同,即 q_1 向 q_2 施加排斥力。反之,若 q_1 和 q_2 为异性电荷,$q_1q_2<0$,则 $\boldsymbol{F}_{12}$ 与 $\boldsymbol{e}_R$ 方向相反,即 q_1 向 q_2

施加吸引力。

不难看出，点电荷 q_2 向点电荷 q_1 施加的作用力 $\boldsymbol{F}_{21}$ 应与作用力 $\boldsymbol{F}_{12}$ 大小相等，方向相反，即

$$\boldsymbol{F}_{21}=-\boldsymbol{F}_{12} \tag{2.38}$$

可见，电荷之间的相互作用力满足牛顿第三定律。

根据库仑定律，可以得出点电荷在真空中所建立电场的数学表达式。设在矢径为 $\boldsymbol{r}_1$ 的空间某点存在一个点电荷 q，若将测试正电荷 q_0 移入矢径为 $\boldsymbol{r}$ 的场中一点，则点电荷 q 向测试电荷 q_0 施加的作用力为

$$\boldsymbol{F}=\frac{1}{4\pi\varepsilon_0}\frac{qq_0}{R^2}\boldsymbol{e}_R=\frac{1}{4\pi\varepsilon_0}\frac{qq_0}{|\boldsymbol{r}-\boldsymbol{r}'|^3}(\boldsymbol{r}-\boldsymbol{r}') \tag{2.39}$$

根据电场强度的定义式(2.10)，场点 $\boldsymbol{r}$ 处的电场强度应为

$$\boldsymbol{E}=\frac{\boldsymbol{F}}{q_0}=\frac{1}{4\pi\varepsilon_0}\frac{q}{R^2}\boldsymbol{e}_R=\frac{1}{4\pi\varepsilon_0}\frac{q}{|\boldsymbol{r}-\boldsymbol{r}'|^3}(\boldsymbol{r}-\boldsymbol{r}') \tag{2.40}$$

实验表明，若在真空中存在 N 个点电荷 $q_1,q_2,\cdots,q_n$，分别处在矢径为 $\boldsymbol{r}'_1,\boldsymbol{r}'_2,\cdots,\boldsymbol{r}'_n$ 的点上，则各电荷对处在场点位置 $\boldsymbol{r}$ 上的测试电荷 q_0 的总作用力应等于每一个源电荷分别对测试电荷 q_0 的作用力的矢量和，即

$$\boldsymbol{F}=\sum_{n=1}^{N}\frac{1}{4\pi\varepsilon_0}\frac{q_nq_0}{|\boldsymbol{r}-\boldsymbol{r}'_n|^3}(\boldsymbol{r}-\boldsymbol{r}'_n) \tag{2.41}$$

它表明，电场力服从叠加原理，如图 2.5 所示。由这个原理可以看出，分别处在真空中 N 个源点 $\boldsymbol{r}'_1,\boldsymbol{r}'_2,\cdots,\boldsymbol{r}'_n$ 的点电荷 $q_1,q_2,\cdots,q_n$ 在场点 $\boldsymbol{r}$ 处所产生的电场 $\boldsymbol{E}$ 应等于每一个点电荷分别在场点 $\boldsymbol{r}$ 处所产生的电场矢量和，即

$$\boldsymbol{E}=\frac{1}{4\pi\varepsilon_0}\sum_{n=1}^{N}\frac{\boldsymbol{r}-\boldsymbol{r}'_n}{|\boldsymbol{r}-\boldsymbol{r}'_n|^3}q_n \tag{2.42}$$

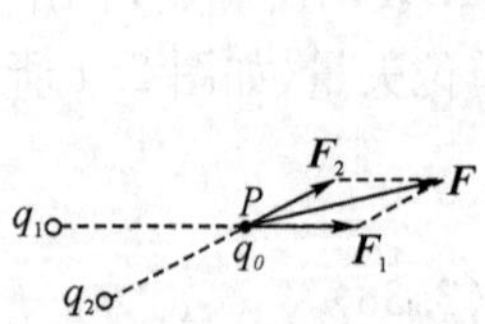

图 2.5　电场力叠加

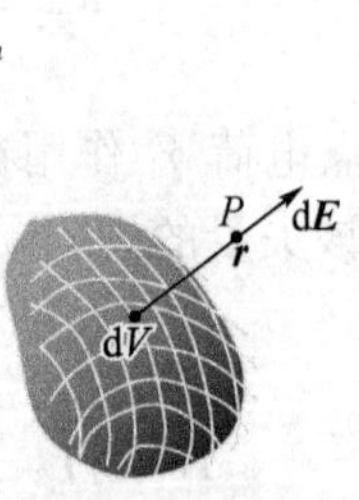

图 2.6　连续电荷分布

我们可以将叠加原理推广应用至连续电荷分布的情况，如图 2.6 所示。设在空间区域 V 内存在一个体电荷密度为 ρ 的体电荷分布。我们将体积 V 分割成很多小的体积 $\Delta V_1,\Delta V_2,\cdots,\Delta V_N$，只要这些小体积充分的小，每个小体积内包含的电荷就可以近似为点电荷，所带的电量可分别近似表示为 $\rho(\boldsymbol{r}'_1)\Delta V_1,\rho(\boldsymbol{r}'_2)\Delta V_2,\cdots,\rho(\boldsymbol{r}'_N)\Delta V_N$。

这里，$\boldsymbol{r}'_N$ 表示 ΔV_n 内某一点的矢径，$n=1,2,\cdots,N$。当这些小体积的数量越分越多，每个小体积愈来愈小的极限情况下，所有电荷在场点 $\boldsymbol{r}$ 建立的场强应为

$$\boldsymbol{E}(\boldsymbol{r})=\frac{1}{4\pi\varepsilon_0}\lim_{\substack{\Delta V\to 0\\ N\to\infty}}\sum_{n=1}^{N}\frac{\boldsymbol{r}-\boldsymbol{r}'_n}{|\boldsymbol{r}-\boldsymbol{r}'_n|^3}\rho(\boldsymbol{r}'_n)\Delta V_n$$
$$=\frac{1}{4\pi\varepsilon_0}\int_V\frac{\boldsymbol{r}-\boldsymbol{r}'}{|\boldsymbol{r}-\boldsymbol{r}'|^3}\rho(\boldsymbol{r}')\,\mathrm{d}V' \tag{2.43}$$

同样可以类似地得出密度为 ρ_s 的面电荷和密度为 ρ_l 的线电荷的场强计算公式，它们分别为

$$\boldsymbol{E}(\boldsymbol{r})=\frac{1}{4\pi\varepsilon_0}\int_S\frac{\boldsymbol{r}-\boldsymbol{r}'}{|\boldsymbol{r}-\boldsymbol{r}'|^3}\rho_s(\boldsymbol{r}')\,\mathrm{d}S' \tag{2.44}$$

$$\boldsymbol{E}(\boldsymbol{r})=\frac{1}{4\pi\varepsilon_0}\int_l\frac{\boldsymbol{r}-\boldsymbol{r}'}{|\boldsymbol{r}-\boldsymbol{r}'|^3}\rho_l(\boldsymbol{r}')\,\mathrm{d}l' \tag{2.45}$$

当用电力线(Electric Line of Force)来直观地描述静电场的场强分布时，可以看到，电力线始于正电荷(或来自无穷远)，止于负电荷(或伸向无穷远)，永远不会形成闭合回路。这就意味着，静电场中场强 $\boldsymbol{E}$ 沿任一闭合回路 l 的环量必为零，即

$$\oint_l\boldsymbol{E}\cdot\mathrm{d}\boldsymbol{l}=0 \tag{2.46}$$

上式称为静电场的环量定律。这一定律表明，静电场是无旋场，这样的场常称为保守场。

当试验电荷 q_0 在保守场中沿任一闭合回路 l 移动一圈时，电场力所做的功 W 必为零。

$$W=\oint_l q_0\boldsymbol{E}\cdot\mathrm{d}\boldsymbol{l}=q_0\oint_l\boldsymbol{E}\cdot\mathrm{d}\boldsymbol{l}=0 \tag{2.47}$$

例 2.1　计算半径为 a，电荷线密度为 $\rho_l(r)$ 的均匀带电圆环在轴线上的电场强度。

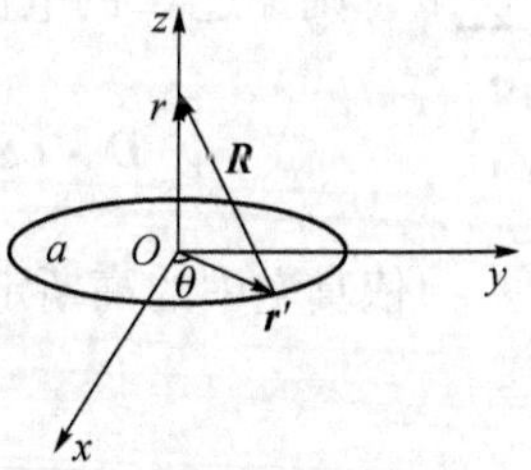

图 2.7　(例 2.1 图)

解　取坐标系如图所示，圆环位于 xOy 平面，圆环中心与坐标原点重合，$\boldsymbol{r}=z\boldsymbol{e}_z$，$\boldsymbol{r}'=a\cos\theta\boldsymbol{e}_x+a\sin\theta\boldsymbol{e}_y$，$|\boldsymbol{r}-\boldsymbol{r}'|=(z^2+a^2)^{1/2}$，$\mathrm{d}l'=a\,\mathrm{d}\theta$，所以

$$\boldsymbol{E}(\boldsymbol{r})=\frac{\rho_l}{4\pi\varepsilon_0}\int_0^{2\pi}\frac{(z\boldsymbol{e}_z-a\cos\theta\boldsymbol{e}_x-a\sin\theta\boldsymbol{e}_y)}{(z^2+a^2)^{3/2}}a\,\mathrm{d}\theta$$
$$=\frac{a\rho_l}{2\varepsilon_0}\frac{z}{(z^2+a^2)^{3/2}}\boldsymbol{e}_z$$

2）高斯定律

高斯定律(Gauss's Law)是库仑定律的必然结果。设 S 为真空中某一闭合曲面，

若 S 包围着一个点电荷 q，则穿过 S 的电场强度通量依库仑定律导出的式(2.40)应为

$$\oint_S \boldsymbol{E}\cdot \mathrm{d}\boldsymbol{S}=\frac{q}{4\pi\varepsilon_0}\oint_S \frac{\boldsymbol{e}_R\cdot \mathrm{d}\boldsymbol{S}}{R^2} \tag{2.48}$$

式中 $\boldsymbol{e}_R\cdot \mathrm{d}\boldsymbol{S}$ 表示面积元 $\mathrm{d}S$ 投影到以电荷 q 所在点为球心、以 $\boldsymbol{R}$ 为半径的球面上的面积，$\boldsymbol{e}_R\cdot \mathrm{d}\boldsymbol{S}/R^2$ 表示 $\mathrm{d}S$ 对电荷 q 所在点张的立体角 $\mathrm{d}\Omega$，则式(2.48)中的积分应为

$$\oint_S \frac{\boldsymbol{e}_R\cdot \mathrm{d}\boldsymbol{S}}{R^2}=\oint_S \mathrm{d}\Omega=4\pi$$

将上式代入到式(2.48)，得出

$$\oint_S \boldsymbol{E}\cdot \mathrm{d}\boldsymbol{S}=\frac{q}{\varepsilon_0} \tag{2.49}$$

考虑更一般情况，若在真空中某闭合曲面 S 内包围有 N 个离散的点电荷 q_1，q_2，…，q_n，或者包围有密度为 ρ 的体电荷分布，则式(2.49)分别推广称为

$$\oint_S \boldsymbol{E}\cdot \mathrm{d}\boldsymbol{S}=\frac{1}{\varepsilon_0}\sum_{n=1}^{N} q_n \tag{2.50}$$

$$\oint_S \boldsymbol{E}\cdot \mathrm{d}\boldsymbol{S}=\frac{1}{\varepsilon_0}\oint_V \rho \mathrm{d}V \tag{2.51}$$

式中，闭合曲面 S 常称为高斯面，V 是高斯面所包围的体积。

上列各式表明，在真空中穿过任一高斯面的电场强度通量等于该闭合曲面所包围的总电量与真空介电常数的比值，这就是真空中的高斯定律。

假如在电场中存在着电介质，由高斯面所包围的电荷不但有自由电荷，还有电介质极化产生的极化电荷。设闭合曲面 S 内包围的自由电荷和极化电荷分别为 $\sum q$ 和 $\sum q'$，则穿过 S 的电位移通量为

$$\oint_S \boldsymbol{D}\cdot \mathrm{d}\boldsymbol{S}=\oint_S (\varepsilon_0\boldsymbol{E}+\boldsymbol{P}_e)\cdot \mathrm{d}\boldsymbol{S}=\varepsilon_0\oint_S \boldsymbol{E}\cdot \mathrm{d}\boldsymbol{S}+\oint_S \boldsymbol{P}_e\cdot \mathrm{d}\boldsymbol{S} \tag{2.52}$$

依真空中的高斯定律，有

$$\oint_S \boldsymbol{E}\cdot \mathrm{d}\boldsymbol{S}=\frac{1}{\varepsilon_0}\left(\sum q+\sum q'\right) \tag{2.53}$$

将式(2.53)和式(2.12)代入式(2.52)，得出

$$\oint_S \boldsymbol{D}\cdot \mathrm{d}\boldsymbol{S}=\sum q \tag{2.54}$$

这就是电介质中高斯定律的数学表达式。它表明，在静电场中穿过任一高斯面的电位移通量等于该曲面所包围的自由电荷。

对于在高斯面 S 所界定的体积 V 内存在密度为 ρ 的体自由电荷分布的情况，电介质中的高斯定律可以表示为

$$\oint_S \boldsymbol{D} \cdot \mathrm{d}\boldsymbol{S} = \oint_V \rho \mathrm{d}V \tag{2.55}$$

电介质中的高斯定律比真空中的高斯定律更普通，它既可以用于电场中存在电介质的情况，也可以用于真空的情况。在真空的情况下，只要将关系式 $\boldsymbol{D}=\varepsilon_0\boldsymbol{E}$ 代入电介质中的高斯定律，既可得出真空中高斯定律的表达式。

从电介质中的高斯定律得知，只有高斯面内的自由电荷才对穿过该面的电位移通量有贡献而不必考虑极化电荷影响。值得注意的是，虽然场矢量 $\boldsymbol{D}$ 穿过高斯面的通量仅与高斯面内部的电荷有关，但高斯面上的场矢量 $\boldsymbol{D}$ 却与高斯面内外的源电荷都有关。

由于在电介质中 $\boldsymbol{D}=\varepsilon_0\boldsymbol{E}$，将电介质中和真空中的高斯定律加以比较可以看出：电介质中的电场强度为真空中电场强度的 $1/\varepsilon_r$ 倍，因此，在公式(2.42)到式(2.45)中，只要将 ε_0 换成 ε，就可以用来计算电介质中的电场强度了。

在一般的情况下，高斯定律不能直接用来进行场强的计算。但当电位移 $\boldsymbol{D}$ 存在某些特殊的对称性时，应用高斯定律求解 $\boldsymbol{D}$ 或 $\boldsymbol{E}$ 将会带来很大的方便。

例 2.2 设有一半径为 a 的球体，其中均匀充满体电荷密度为 $\rho_V(\mathrm{C/m^3})$ 的电荷，球内外的介电常数均为 ε_0。试求

(1) 球内外的电场强度 $\boldsymbol{E}$；

(2) 球内外的电位分布。

解 (1) 因为电荷分布为均匀球体，所以电场有球对称性，即在与带电球同心、半径为 r 的高斯面上，$\boldsymbol{E}$ 是常数，方向是径向的，可以应用高斯定律求距球心 r 处的电场强度。

由高斯定律，当 $r<a$ 时，

$$\oint_S \boldsymbol{E}_1 \cdot \mathrm{d}\boldsymbol{S} = 4\pi r^2 E_1 = \frac{4}{3}\pi r^3 \frac{\rho_V}{\varepsilon_0}$$

所以

$$\boldsymbol{E}_1 = \frac{\rho_V r}{3\varepsilon_0}\boldsymbol{e}_r \ (\mathrm{V/m})$$

当 $r>a$ 时，

$$4\pi r^2 E_2 = \frac{4}{3}\pi a^3 \frac{\rho_V}{\varepsilon_0}$$

所以

$$\boldsymbol{E}_2 = \frac{\rho_V a^3}{3\varepsilon_0 r^2}\boldsymbol{e}_r \ (\mathrm{V/m})$$

(2) 因为电荷分布在有限区域，故球内外的电位分布均可选无限远处为参考点。

当 $r<a$ 时，$\varphi_1 = \int_r^\infty E\mathrm{d}r = \int_r^a E_1\mathrm{d}r + \int_a^\infty E_2\mathrm{d}r = \frac{\rho_V a^2}{2\varepsilon_0} - \frac{\rho_V r^2}{6\varepsilon_0}\ (\mathrm{V})$

当 $r>a$ 时，$\varphi_2 = \int_r^\infty E_2\mathrm{d}r = \frac{\rho_V a^3}{3\varepsilon_0 r}\ (\mathrm{V})$

如果不选无限远处为参考点，而选择球心为零电位点，则空间各点的电位为：

当 $r<a$ 时，$\varphi_1=\int_r^0 E_1\mathrm{d}r=-\dfrac{\rho_V r^2}{6\varepsilon_0}$ (V)

当 $r>a$ 时，$\varphi_2=\int_r^0 E\mathrm{d}r=\int_r^a E_2\mathrm{d}r+\int_a^0 E_1\mathrm{d}r=\dfrac{\rho_V a^3}{3\varepsilon_0 r}-\dfrac{\rho_V a^2}{2\varepsilon_0}$ (V)

3) 电荷守恒定律

近代科学实践表明，电荷守恒(Conservation of Charge)定律不仅是一切宏观电磁场现象所必须服从的基本定律，也是一切微观电磁过程必须遵守的基本规律之一。

实验表明，电荷是守恒的，它既不能被创造，也不能被消灭，它只能从物体的一部分转移到另一部分，或只能从一个物体转移到另一物体。即在一个与外界没有电荷交流的系统内正负电荷的代数和总是保持不变的，这就是电荷守恒定律。

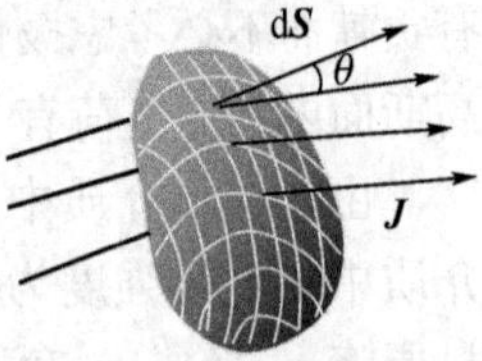

图 2.8　电荷守恒定律

假如分布着体电流密度 $\boldsymbol{J}$ 的空间内任取一个界面为 S 的体积 V，如图 2.8 所示。依电荷守恒定律，单位时间内流出闭合曲面 S 的电荷量 $\oint_S \boldsymbol{J}\cdot\mathrm{d}\boldsymbol{S}$ 就等于单位时间内 S 内电荷的减少量 $-\dfrac{\mathrm{d}q}{\mathrm{d}t}$，即

$$\oint_S \boldsymbol{J}\cdot\mathrm{d}\boldsymbol{S}=-\frac{\mathrm{d}q}{\mathrm{d}t} \tag{2.56}$$

设体积 V 内的体电荷密度为 ρ，则上式写成为

$$\oint_S \boldsymbol{J}\cdot\mathrm{d}\boldsymbol{S}=-\frac{\mathrm{d}}{\mathrm{d}t}\oint_V \rho\mathrm{d}V \tag{2.57}$$

若体积 V 是固定的，不随时间变化，则有

$$\oint_S \boldsymbol{J}\cdot\mathrm{d}\boldsymbol{S}=-\frac{\mathrm{d}q}{\mathrm{d}t}=-\oint_V \frac{\partial\rho}{\partial t}\mathrm{d}V \tag{2.58}$$

上式称为电流连续性方程，它是电荷守恒定律的数学表达式。

作为特例，假如电流不随时间变化，而是恒定电流。这时，导体内部任一点处流出的电荷必然被别处流来的相当数量的电荷所补充，这就使得导体内的电荷密度分布不随时间而变化，$\dfrac{\partial\rho}{\partial t}=0$，式(2.58)成为

$$\oint_S \boldsymbol{J}\cdot\mathrm{d}\boldsymbol{S}=0 \tag{2.59}$$

上式就是恒定电流的连续性方程。这一方程表明，当导体流过恒定电流时，在同一时间内从闭合曲面 S 一侧流入的电量必然等于从 S 另一侧流出的电量，即电流不可能在任何地方中断。这就说明，恒定电流只能存在于闭合回路中。

若在导体网络的某一终结点上存在着支路恒定电流 $I_1, I_2, \cdots, I_N$，则依恒定电流

的电流连续性方程式(2.59)可知,流经该节点的所有支路电流的代数和为零,即

$$\sum_{n=1}^{N} I_n = 0 \tag{2.60}$$

上式中,流出节点的支路电流取为正值,流入节点的支路电流取负值。这就是克希荷夫(Kirchhoff)电流定律,它是电路理论中的基本定律之一。

4) 安培定律与比奥—萨伐定律

在静电场中点电荷之间的作用力由库仑定律描述,而在恒定磁场中恒定电流之间的作用力可由安培定律(Ampere's Law)来描述。

设在载流回路上取一长度元 $\mathrm{d}l$,其上通过电流 I,我们将乘积 $I\mathrm{d}\boldsymbol{l}$ 称为电流元。它是一个矢量,其大小等于 $I\mathrm{d}l$,其方向为电流流过该长度元的方向。

安培于 1820 年通过实验和分析总结出一条描述真空中两恒定电流之间相互作用的基本规律,称为安培定律。设在真空中有两个电流元 $I_1\mathrm{d}\boldsymbol{l}_1$ 和 $I_2\mathrm{d}\boldsymbol{l}_2$,分别处在矢径为 $\boldsymbol{r}_1$ 和 $\boldsymbol{r}_2$ 的位置上,则电流元 $I_1\mathrm{d}\boldsymbol{l}_1$ 对电流元 $I_2\mathrm{d}\boldsymbol{l}_2$ 施加的作用力 $\mathrm{d}\boldsymbol{F}_{12}$ 为

$$\begin{aligned}\mathrm{d}\boldsymbol{F}_{12} &= \frac{\mu_0}{4\pi}\frac{I_2\mathrm{d}\boldsymbol{l}_2 \times [I_1\mathrm{d}\boldsymbol{l}_1 \times (\boldsymbol{r}_2 - \boldsymbol{r}_1)]}{|\boldsymbol{r}_2 - \boldsymbol{r}_1|^3} \\ &= \frac{\mu_0}{4\pi}\frac{I_2\mathrm{d}\boldsymbol{l}_2 \times (I_1\mathrm{d}\boldsymbol{l}_1 \times \boldsymbol{e}_R)}{R^2}\end{aligned} \tag{2.61}$$

这即是安培定律的数学表达式。式中,$\boldsymbol{R}$ 表示由源点 $\boldsymbol{r}_1$ 出发引向场点 $\boldsymbol{r}_2$ 的矢量;R 表示 $\boldsymbol{R}$ 的模,$\boldsymbol{e}_R$ 表示 $\boldsymbol{R}$ 方向上的单位矢量(如图 2.9 所示);μ_0 是真空磁导率,$\mu_0 = 4\pi \times 10^{-7}$ H/m(亨利每米)。

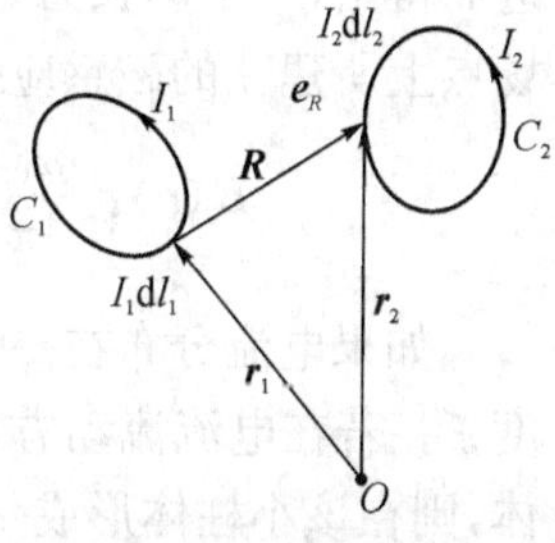

图 2.9 安培定律

式(2.61)表示的是两个孤立电流元之间的相互作用力,它不满足牛顿第三定律即 $\mathrm{d}\boldsymbol{F}_{12} \neq \mathrm{d}\boldsymbol{F}_{21}$,这与库仑定律不同。

设在真空中有两个细导线载流回路,第一个回路的周长为 l_1,载有恒定电流 I_1;第二个回路周长为 l_2,载有恒定电流 I_2。则第一个回路向第二个回路施加的作用力 $\boldsymbol{F}_{12}$,依公式(2.61),可得出

$$\begin{aligned}\boldsymbol{F}_{12} &= \frac{\mu_0}{4\pi}\oint_{l_1}\oint_{l_2}\frac{I_2\mathrm{d}\boldsymbol{l}_2 \times [I_1\mathrm{d}\boldsymbol{l}_1 \times (\boldsymbol{r}_2 - \boldsymbol{r}_1)]}{|\boldsymbol{r}_2 - \boldsymbol{r}_1|^3} \\ &= \frac{\mu_0}{4\pi}\oint_{l_1}\oint_{l_2}\frac{I_2\mathrm{d}\boldsymbol{l} \times (I_1\mathrm{d}\boldsymbol{l}_1 \times \boldsymbol{e}_R)}{R^2}\end{aligned} \tag{2.62}$$

式(2.62)能正确地计算出两个载流回路的相互作用力,并且得到了实验的验证,人们常常将式(2.62)安培定律的积分形式与式(2.61)安培定律的微分形式一道都称为安培定律。

可以证明,第二个载流回路向第一个载流回路所施加的作用力 $\boldsymbol{F}_{21}$ 与作用力 $\boldsymbol{F}_{12}$

的大小相等、方向相反($\boldsymbol{F}_{21}=-\boldsymbol{F}_{12}$)。这说明载流回路之间的作用力同样满足牛顿第三定律。

从磁感应强度 $\boldsymbol{B}$ 的定义式(2.24)可见,在磁场 $\boldsymbol{B}$ 中以速度 $\boldsymbol{v}$ 运动着的电荷 q 将承受磁场对它施加的洛仑兹力 $\boldsymbol{F}$。电荷的运动形成电流,磁场对运动电荷的作用力本质上就是磁场对电流的作用力。

设由电流元 $I_1\mathrm{d}l_1$ 所建立的磁感应强度 $\mathrm{d}\boldsymbol{B}$。若电荷 $I_2\mathrm{d}l_2$ 以速度 $\boldsymbol{v}_2$ 在磁场中运动,在 $\mathrm{d}t$ 的时间内所移动的距离为 $\mathrm{d}\boldsymbol{l}_2=\boldsymbol{v}_2\mathrm{d}t$,则该电荷所承受的磁场作用力 $\mathrm{d}\boldsymbol{F}_{12}$ 依(2.25)式应为

$$\mathrm{d}\boldsymbol{F}_{12}=\mathrm{d}q_2\boldsymbol{v}_2\times\mathrm{d}\boldsymbol{B}=\frac{\mathrm{d}q_2}{\mathrm{d}t}\boldsymbol{v}_2\mathrm{d}t\times\mathrm{d}\boldsymbol{B}=I_2\mathrm{d}\boldsymbol{l}_2\times\mathrm{d}\boldsymbol{B}$$

将上式与安培定律表达式(2.61)相比较,得出

$$\mathrm{d}\boldsymbol{B}=\frac{\mu_0}{4\pi}\frac{I_1\mathrm{d}\boldsymbol{l}_1\times(\boldsymbol{r}_2-\boldsymbol{r}_1)}{|\boldsymbol{r}_2-\boldsymbol{r}_1|^3}=\frac{\mu_0}{4\pi}\frac{I_1\mathrm{d}\boldsymbol{l}_1\times\boldsymbol{e}_R}{R^2}$$

去掉下标,处在源点 $\boldsymbol{r}'$ 处的电流元 $I\mathrm{d}\boldsymbol{l}$ 在场点 $\boldsymbol{r}$ 处所建立的磁感应强度 $\mathrm{d}\boldsymbol{B}$ 为

$$\mathrm{d}\boldsymbol{B}=\frac{\mu_0}{4\pi}\frac{I\mathrm{d}\boldsymbol{l}\times(\boldsymbol{r}-\boldsymbol{r}')}{|\boldsymbol{r}-\boldsymbol{r}'|^3}=\frac{\mu_0}{4\pi}\frac{I\mathrm{d}\boldsymbol{l}\times\boldsymbol{e}_R}{R^2}\tag{2.63}$$

进而得出,一个周长为 l 并通过恒定电流 I 的导线回路在矢径为 $\boldsymbol{r}$ 的场点上所建立的磁感应强度 $\boldsymbol{B}$ 为(如图 2.10 所示)

$$\boldsymbol{B}(\boldsymbol{r})=\frac{\mu_0}{4\pi}\oint_l\frac{I\mathrm{d}\boldsymbol{l}\times(\boldsymbol{r}-\boldsymbol{r}')}{|\boldsymbol{r}-\boldsymbol{r}'|^3}=\frac{\mu_0}{4\pi}\oint_l\frac{I\mathrm{d}\boldsymbol{l}\times\boldsymbol{e}_R}{R^2}\tag{2.64}$$

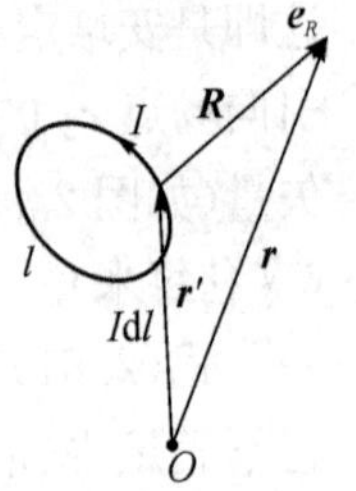

图 2.10

如果电流分布在一个体积 V 的区域内,并设该导体内的体电流密度 $\boldsymbol{J}$。若在电流流动方向上取一个长度为 $\mathrm{d}l$,横截面积为 $\mathrm{d}S$ 的小柱体,则在该小柱体形成一个电流元 $I\mathrm{d}\boldsymbol{l}$,它应为

$$I\mathrm{d}\boldsymbol{l}=|\boldsymbol{J}|\mathrm{d}S\mathrm{d}\boldsymbol{l}=J\mathrm{d}S\mathrm{d}\boldsymbol{l}=\boldsymbol{J}\mathrm{d}V$$

将上式代入式(2.64),得出已知体电流密度时的比奥—萨伐定律的数学表示式。它为

$$\boldsymbol{B}(\boldsymbol{r})=\frac{\mu_0}{4\pi}\oint_V\frac{\boldsymbol{J}(\boldsymbol{r}')\times(\boldsymbol{r}-\boldsymbol{r}')}{|\boldsymbol{r}-\boldsymbol{r}'|^3}\mathrm{d}V'\tag{2.65}$$

如果电流分布在面积 S 上,其面电流密度为 $\boldsymbol{J}_S$,则同样可以得出已知面电流密度时的比奥—萨伐定律表示式。它为

$$\boldsymbol{B}(\boldsymbol{r})=\frac{\mu_0}{4\pi}\oint_S\frac{\boldsymbol{J}_S(\boldsymbol{r}')\times(\boldsymbol{r}-\boldsymbol{r}')}{|\boldsymbol{r}-\boldsymbol{r}'|^3}\mathrm{d}S'\tag{2.66}$$

式(2.63)～(2.66)均称为比奥—萨伐定律。这个定律是恒定磁场的一个基本实验

定律，它定量地描述了真空中的恒定电流与由该电流所建立的恒定磁场之间的关系，它与安培定律实质上是一致的。

5）磁通连续性定律

实验表明，在恒定电流所产生的恒定磁场中，磁感应线是既无头又无尾的闭合回线。这就意味着，若 S 为处于恒定磁场中的一个闭合曲面，则穿入 S 的磁感应线的数目必然等于穿出 S 的磁感应线的数目。换句话说，穿过任何一个闭合曲面 S 的磁通量(Magnetic Flux) 必等于零，即

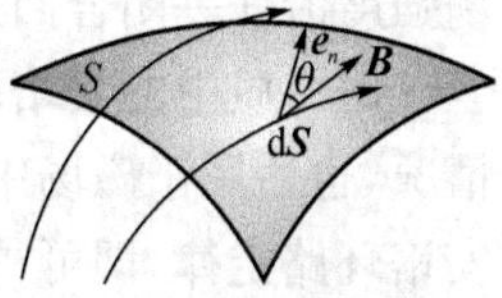

图 2.11　磁通连续性

$$\oint_S \boldsymbol{B} \cdot \mathrm{d}\boldsymbol{S} = 0 \tag{2.67}$$

恒定磁场的这一特性称为磁通连续性定律。在上式中，磁通量的单位是韦伯（Wb），$1\ \mathrm{Wb} = 1\ \mathrm{T} \cdot \mathrm{m}^2$。这个定律可推广到任意磁场，即不仅适用于恒流磁场，而且适用于时变磁场。

6）安培环路定律

在恒定的磁场中，安培环路定律可以表述如下：设 $\boldsymbol{B}$ 为真空中的磁感应强度，l 为在该磁场中任取一个闭合回路，则 $\boldsymbol{B}$ 沿闭合回路 l 的环量等于真空磁导率 μ_0 乘以穿过 l 所限定面积上的恒定电流的代数和，即

$$\oint_l \boldsymbol{B} \cdot \mathrm{d}\boldsymbol{l} = \mu_0 \sum_{n=1}^{N} I_n \tag{2.68}$$

式中 $I_1, I_2, \cdots, I_N$ 表示穿过回路 l 所限定面积上的电流。在这些电流上，那些流向与积分回路绕行方向符合右手螺旋法则的电流取正号，反之电流取负号。

假如穿过回路 l 的电流是一个具有电流密度 $\boldsymbol{J}$ 的体电流分布，则安培环路定律(Ampere's Circuital Law)可以表示为

$$\oint_l \boldsymbol{B} \cdot \mathrm{d}\boldsymbol{l} = \mu_0 \oint_S \boldsymbol{J} \cdot \mathrm{d}\boldsymbol{S} \tag{2.69}$$

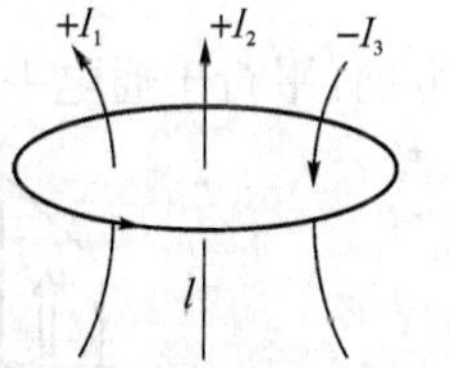

图 2.12　安培环路定律

这里，S 表示闭合回路 l 所限定的面积，它的正法线方向与回路的绕行方向满足右手螺旋法则。

安培环路定律可以通过比奥—萨伐定律推导出来。读者可以自行推证。

上面的讨论是在真空(即自由空间)中进行的，因而所得出的安培环路定律称为真空中的安培环路定律。假如在恒定磁场中存在磁介质，则该介质将在磁场作用下被磁化而产生磁化电流。这时真空中的安培环路定律表示式(2.68)和式(2.69)将分别变成为

$$\oint_l \boldsymbol{H} \cdot \mathrm{d}\boldsymbol{l} = \sum_{n=1}^{N} I_n \tag{2.70}$$

和

$$\oint_l \boldsymbol{H} \cdot \mathrm{d}\boldsymbol{l} = \int_S \boldsymbol{J} \cdot \mathrm{d}\boldsymbol{S} \tag{2.71}$$

上面这两个公式称为磁介质中的安培环路定律。这个定律表明，在恒定磁场中，磁场强度沿任一闭合回路的环量等于穿过该回路所限定面积的恒定传导电流。

磁介质中的安培环路定律比真空中的安培环路定律更普遍，它既适用于自由空间情况，也适用于磁场中存在磁介质的情况。只要将关系式 $\boldsymbol{H}=\boldsymbol{B}/\mu_0$ 代入磁介质中的安培环路定律，即可得出真空中的安培环路定律表达式。

从磁介质中的安培环路定律可知，只有穿过闭合曲线 l 所限定面积的传导电流，才对磁场强度沿回路 l 的环量有贡献而不必考虑极化电流的影响。值得注意的是，虽然场矢量 $\boldsymbol{H}$ 沿回路的环量仅与穿过该回路所限定面积的传导电流有关，但回路上的场矢量 $\boldsymbol{H}$ 却与环路内外的所有电流都有关。

例 2.3 求无限大载流平面的磁场分布。

解 由俯视图：

无限大载流平面的磁场分布如图 2.13 示，作闭合环路 $abcd$ 如图，有

$$\oint \boldsymbol{B} \cdot \mathrm{d}\boldsymbol{l} = \int_a^b \boldsymbol{B} \cdot \mathrm{d}\boldsymbol{l} + \int_b^c \boldsymbol{B} \cdot \mathrm{d}\boldsymbol{l} + \int_c^d \boldsymbol{B} \cdot \mathrm{d}\boldsymbol{l} + \int_d^a \boldsymbol{B} \cdot \mathrm{d}\boldsymbol{l}$$

$$= \int_a^b \boldsymbol{B}\mathrm{d}\boldsymbol{l} + 0 + \int_c^d \boldsymbol{B}\mathrm{d}\boldsymbol{l} + 0 = 2\boldsymbol{B}\overline{ab}$$

由安培环路定律 $$\oint \boldsymbol{B} \cdot \mathrm{d}\boldsymbol{l} = \mu_0 \boldsymbol{J}\overline{ab}$$

故 $$\boldsymbol{B} = \frac{1}{2}\mu_0 \boldsymbol{J}$$

方向：平行于通电平面，与电流成右手螺旋。

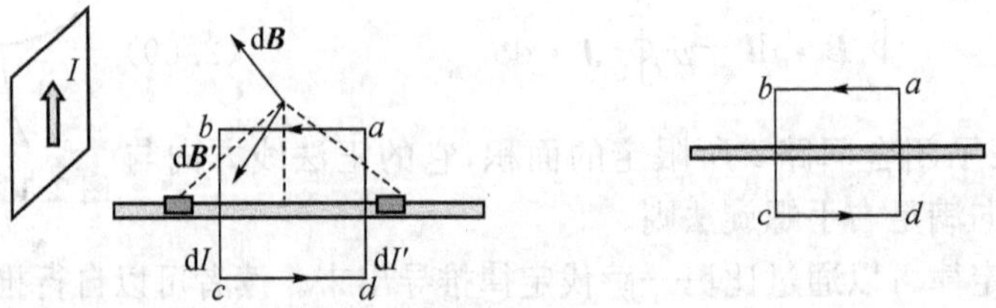

图 2.13 （例 2.3 图）

7）法拉第电磁感应定律

法拉第在 1831 年通过实验发现，当穿过闭合导体回路所限定面积的磁通量发生变化时，在该回路上将产生感应电动势及其感应电流。实验还发现，导体回路上感应电动势的大小与所交链磁通量随时间变化率成正比，这就是法拉第电磁感应定律。在国际单位制下，法拉第电磁感应定律的数学表达式为

$$\mathscr{E}=-\frac{\mathrm{d}\Phi_m}{\mathrm{d}t}=-\frac{\mathrm{d}}{\mathrm{d}t}\int_S \boldsymbol{B}\cdot\mathrm{d}\boldsymbol{S} \tag{2.72}$$

式中，$\mathscr{E}$ 表示导体回路 l 上产生的感应电动势，单位是伏特(V)；S 表示回路 l 所限定的面积；Φ_m 表示穿过 S 的磁通量，单位是韦伯(Wb)，如图 2.14 所示。

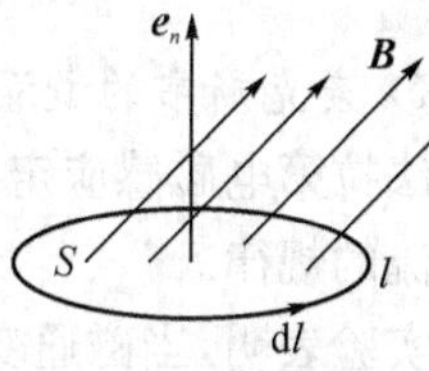

图 2.14　穿过导体回路的磁通变化产生感应电动势

感应电动势的方向总是企图阻止与该回路所交链的磁通量的变化。即若 $\mathscr{E}<0$(即磁通随时间增加时)，表明感应电动势的实际方向与规定的参考方向相反；若 $\mathscr{E}>0$(即磁通随时间减少时)，表明感应电动势的实际方向与规定的参考方向相同。

在上述的法拉第电磁感应定律的表述中，未对穿过导体回路磁通量变化的原因加以限定。引起磁通量变化的原因很多，如它可以是导体回路固定不动，由外磁场的变化引起穿过该回路所限定面积的磁通量的变化；也可以是外磁场为恒定磁场，而导体回路做机械运动，“切割”磁力线，引起与回路所交链的磁通的变化；还可以是两种情况兼而有之所引起的磁通量的变化。

在导体回路 l 中有感应电流存在，意味着导体回路内存在着感应电场。正是由于这个电场的驱动，才使导体回路中的自由电荷产生运动而形成感应电流。因此，感应电动势 $\mathscr{E}$ 应等于感应电场 $\boldsymbol{E}$ 沿闭合导体回路 l 的线积分，即

$$\mathscr{E}=\oint_l \boldsymbol{E}\cdot d\boldsymbol{l} \tag{2.73}$$

将上式代入式(2.72)，得出法拉第电磁感应定律的另一个表达形式：

$$\oint_l \boldsymbol{E}\cdot\mathrm{d}\boldsymbol{l}=-\frac{\mathrm{d}}{\mathrm{d}t}\oint_S \boldsymbol{B}\cdot\mathrm{d}\boldsymbol{S} \tag{2.74}$$

式中，l 表示导体回路；S 表示回路 l 所限定的面积；$\boldsymbol{E}$ 表示 l 上的感应电场。

电磁感应现象应用很广。如家用的电度表原理是利用导体中感应涡流之间的相互作用。电度表中包含 3 个线圈，分别绕在 3 个磁轭上。一个线圈接在电力线的输入端，其中电流正比于输入端电压，称为电压线圈。另两个称为电流线圈，它们串接在负载电路中，因此两线圈中的电流取决于用户的使用情况。电压线圈位于导电铝盘中央，电流线圈靠近导电铝盘的边缘。两个线圈产生的磁场在导电铝盘中感应涡流，这些涡流之间的相互作用，导致圆盘受到一个转矩。该转矩与电压和负载电流的乘积成正比，因此导电圆盘转动意味着用户用电。这种电度表准确可靠，价廉物美。

2.3 麦克斯韦方程组的积分形式

1）麦克斯韦的漩涡电场假设

法拉第电磁感应定律指出了变化着的磁通量在导体回路上产生感应电动势及其感应电流的规律。

实验表明，当磁通变化时，在导体回路上所激发出的感应电动势及其感应电流完全与导体回路的种类及性质无关。基于对一系列电磁感应现象的观察和思考，麦克斯韦(Maxwell)提出了漩涡电场的假设。他认为，即使导体回路不存在，变化的磁场也将在周围空间激发出感应电场。并认为，这种电场所建立的电力线是闭合的，即感应电场是一种漩涡场。感应电场沿场中任一闭合回路的环量等于变化的磁通量在该回路上产生的感应电动势。即使这个回路不是导体回路，即回路上不可能存在感应电流，这个感应电动势却仍然存在。因此，感应电场不同于静电场，它不是一种保守场。

设 $\boldsymbol{E}$ 为变化的磁场所激励出的感应电场，l 为场中任意取定的一个数学回路，S 为回路 l 所限定的面积，则沿回路 l 所激励出的感应电动势 $\mathscr{E}$ 依法拉第电磁感应定律为

$$\mathscr{E}=\oint_l \boldsymbol{E}\cdot \mathrm{d}\boldsymbol{l}=-\frac{\mathrm{d}}{\mathrm{d}t}\oint_S \boldsymbol{B}\cdot \mathrm{d}\boldsymbol{S} \tag{2.75}$$

这一基于麦克斯韦漩涡电场假设下的电磁感应定律表示式(2.75)在形式上与原先的那个法拉第电磁感应定律表示式(2.74)没有什么区别，但在实质上却向前跨越了一大步。这一新的电磁感应定律不管闭合回路是否由导体组成，也不管这个闭合回路是处在真空中或处在介质中，都是适用的。

假设所取的回路 l 及其所限定的面积 S 不随时间而变化，则式(2.75)中对时间 t 的求导数运算和对面积 S 的求积分运算就可以对调，得出

$$\oint_l \boldsymbol{E}\cdot \mathrm{d}\boldsymbol{l}=-\int_S \frac{\partial \boldsymbol{B}}{\partial t}\cdot \mathrm{d}\boldsymbol{S} \tag{2.76}$$

这一方程是时变电磁场的基本方程之一，它预示着变化的磁场将产生漩涡电场。

在恒定电场的假定下，一切物理量均不随时间而变化，$\frac{\mathrm{d}\Phi_m}{\mathrm{d}t}=0$，$\frac{\partial \boldsymbol{B}}{\partial t}=0$，则上式成为

$$\oint_l \boldsymbol{E}\cdot \mathrm{d}\boldsymbol{l}=0$$

这就是式(2.46)所表示的静电场环量定律。可见静电场环量定律是(2.76)是所示的电磁感应定律在恒定条件下的特例。或者也可以说，式(2.76)所示的电磁感应定律是静电场环量定律在非恒定场条件下的推广。

2）麦克斯韦的位移电流假设

法拉第电磁感应定律揭示了随时间变化的磁场会激发产生电场，那么，随时间变化的电场是否也会激发产生磁场呢？

麦克斯韦针对将安培环路定律直接应用到时变电磁场时出现的矛盾，提出了位移电流（Displacement Current）的假说，对安培环路定律进行了修正，从而揭示了随时间变化的电场也要激发产生磁场。

在恒定电流所建立的恒定磁场中，安培环路定律表明，磁场强度沿任一闭合回路的环量等于穿过该回路所限定面积的传导电流的代数和，它的数学表达式如式(2.70)和式(2.71)所示。

在不含电容器的闭合回路中，传导电流处处连续；当闭合回路中包含有电容器时，情况就不同了。无论电容器是充电还是放电，电容器两极板之间不可能通过传导电流，即传导电流不连续。同时，在电容器充放电过程中，流过导线回路的电流也必然是随时间变化的非恒定电流。

在这种情况下，应用安培环路定律将得出矛盾结果。事实上，假如我们围绕电容器的一个极板取一个闭合曲面，它由平面 S_1 和曲面 S_2 组成，l 为这两个面的交界线，如图 2.15 所示。

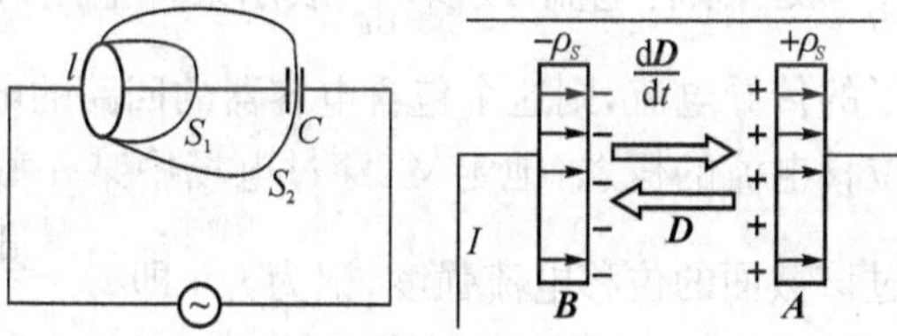

图 2.15　安培环路定律应用于包含电容器的回路

取回路 l 为积分回路。依安培定律，磁场强度 $\boldsymbol{H}$ 沿回路 l 的环量应等于穿过回路 l 所限定面积的传导电流。若 l 所限定的面积取为平面 S_1，由于穿过 S_1 的传导电流为 i，则

$$\oint_l \boldsymbol{H} \cdot \mathrm{d}\boldsymbol{l} = i \tag{2.77}$$

反之，若将 l 所限定的面积取为曲面 S_2，由于没有传导电流穿过 S_2，则

$$\oint_l \boldsymbol{H} \cdot \mathrm{d}\boldsymbol{l} = 0 \tag{2.78}$$

由式(2.77)和式(2.78)所得出的计算结果相互矛盾，这就说明安培环路定律不适用于非恒定磁场问题的计算。针对上述矛盾，麦克斯韦认为电容器的两个极板之间必有另一种形式的电流存在。

设平板电容器每一极板的面积 S，若在充电过程中的某一时刻，一个极板上的电量和面电荷密度分别为 q 和 ρ_S，则另一个极板上的电量和电荷密度应分别为 $-q$ 和 $-$

ρ_S，且满足关系式 $q=\rho_S S$。相应地，该时刻回路导线上的传导电流和极板上的传导电流密度矢量的模应分别为 $i=\dfrac{\mathrm{d}q}{\mathrm{d}t}=S\dfrac{\mathrm{d}\rho_S}{\mathrm{d}t}$ 和 $J=\dfrac{\mathrm{d}\rho_S}{\mathrm{d}t}$。

我们知道，两极板之间的电位移通量和电位移矢量的大小分别为 $\Phi_e=SD$ 和 $D=\rho_S$。可以看出，电位移通量随时间的变化率在数值上应等于极板上的传导电流，即

$$\frac{\mathrm{d}\Phi_e}{\mathrm{d}t}=\frac{\mathrm{d}(SD)}{\mathrm{d}t}=S\frac{\mathrm{d}\rho_S}{\mathrm{d}t}=i$$

而电位移矢量随时间的变化率在数值上应等于极板上的传导电流密度矢量的模，即

$$\left|\frac{\mathrm{d}\boldsymbol{D}}{\mathrm{d}t}\right|=\frac{\mathrm{d}D}{\mathrm{d}t}=\frac{\mathrm{d}\rho_S}{\mathrm{d}t}=J$$

而在方向上，充电时，电场增强，$\dfrac{\mathrm{d}\boldsymbol{D}}{\mathrm{d}t}$ 的方向与两极板之间的电场强度方向一致；放电时，$\dfrac{\mathrm{d}\boldsymbol{D}}{\mathrm{d}t}$ 的方向则与电场强度方向相反。

可以设想，假如 $\dfrac{\mathrm{d}\Phi_e}{\mathrm{d}t}$ 表示某种电流，或以 $\dfrac{\mathrm{d}\boldsymbol{D}}{\mathrm{d}t}$ 表示某种电流密度矢量，并用它们来代替两极板之间中断了的传导电流，则这个包含电容器的回路的电流就连续了。

麦克斯韦引入了位移电流的概念，他定义：穿过电场中某一截面的电位移通量 Φ_e 随时间的变化率为通过该截面的位移电流强度，记为 i_d，即 $i_d=\dfrac{\mathrm{d}\Phi_e}{\mathrm{d}t}$；而电场中某一点的电位移矢量随时间的变化率为该点位移电流密度，记为 $\boldsymbol{J}_d$，即 $\boldsymbol{J}_d=\dfrac{\partial\boldsymbol{D}}{\partial t}$。

按照麦克斯韦的假设，在包含有电容器的导体回路中，被电容器中断了的传导电流可以由电容器极板之间的位移电流代替，由于传导电流和运流电流不能在同一点同时存在，我们常常将全电流 i_t 及全电流密度 J_t 分别表示为

$$i_t=i+\frac{\mathrm{d}\Phi_e}{\mathrm{d}t} \tag{2.79}$$

$$\boldsymbol{J}_t=\boldsymbol{J}+\frac{\partial\boldsymbol{D}}{\partial t} \tag{2.80}$$

式中，i 和 $\boldsymbol{J}$ 通常用来分别表示传导电流和传导电流密度。

引入位移电流以后，所得到的全电流在任何情况下都是连续的。对于空间任何一个闭合曲面 S 而言，流入该面的全电流应等于流出该面的全电流，即

$$\oint_S \boldsymbol{J}_t\cdot\mathrm{d}\boldsymbol{S}=\oint_S\left(\boldsymbol{J}+\frac{\partial\boldsymbol{D}}{\partial t}\right)\cdot\mathrm{d}\boldsymbol{S}=0 \tag{2.81}$$

这就是全电流定律(Complete Current Law)。

全电流定律也可以通过电荷守恒定律和高斯定律推导出来。事实上,设闭合曲面内包含着自由电荷 q,则运用高斯定律,可将电荷守恒定律表达式(2.56)改写成

$$\oint_S \boldsymbol{J}_t \cdot \mathrm{d}\boldsymbol{S} = -\frac{\mathrm{d}}{\mathrm{d}t}\oint_S \boldsymbol{D} \cdot \mathrm{d}\boldsymbol{S} = -\oint_S \frac{\partial \boldsymbol{D}}{\partial t} \cdot \mathrm{d}\boldsymbol{S}$$

将上式右边移至左边,即得出全电流定律表示式(2.81)。

对于前面所述的包含有电容器的导体回路而言,在导线内全电流等于传导电流。而在电容器的两极板之间,全电流等于位移电流。在回路上,全电流处处连续。在包含回路在内的空间区域内任取一个闭合面积 S,则全电流必然满足式(2.81)右边的传导电流,将安培环路定律改写成

$$\oint_l \boldsymbol{H} \cdot \mathrm{d}\boldsymbol{l} = i_t = \oint_S \left(\boldsymbol{J} + \frac{\partial \boldsymbol{D}}{\partial t}\right) \cdot \mathrm{d}\boldsymbol{S} \tag{2.82}$$

式(2.82)即为麦克斯韦的位移电流假设,通称为全电流定律。

安培环路定律的实质在于说明传导电流是激发漩涡磁场的场源。而对建立在麦克斯韦位移电流假设下的全电流定律而言,其实质在于说明位移电流和传导电流一样,都是激发漩涡场的场源。

麦克斯韦的漩涡电场假设表明变化着的磁场可以激发漩涡电场。而麦克斯韦位移电流假设表明变化着的电场可以激发漩涡磁场。将这两个假设结合在一起,它就预示着电磁波的存在。

3) *麦克斯韦方程组(Maxwell's Equation)的积分形式*

在上节中,介绍了许多电磁现象的基本规律。其中,用场矢量的环量和通量加以表示的规律有:

① 静电场的环量定律

$$\oint_l \boldsymbol{E} \cdot \mathrm{d}\boldsymbol{l} = 0$$

② 静电场的高斯定律

$$\oint_S \boldsymbol{D} \cdot \mathrm{d}\boldsymbol{S} = \int_V \rho \mathrm{d}V$$

③ 普遍适用的电荷守恒定律

$$\oint_S \boldsymbol{J} \cdot \mathrm{d}\boldsymbol{S} = -\frac{\mathrm{d}}{\mathrm{d}t}\int_V \rho \mathrm{d}V$$

④ 恒定磁场的磁通连续性定律

$$\oint_S \boldsymbol{B} \cdot \mathrm{d}\boldsymbol{S} = 0$$

⑤ 恒定磁场的安培环路定律

$$\oint_l \boldsymbol{H}\cdot \mathrm{d}\boldsymbol{l}=\int_S \boldsymbol{J}\cdot \mathrm{d}\boldsymbol{S}$$

⑥ 时变磁场的法拉第电磁感应定律

$$\mathscr{E}=-\frac{\mathrm{d}\phi_m}{\mathrm{d}t}=-\frac{\mathrm{d}}{\mathrm{d}t}\int_S \boldsymbol{B}\cdot \mathrm{d}\boldsymbol{S}$$

归纳起来,麦克斯韦的主要贡献在于提出漩涡电场和位移电流两大假设。变化的磁场要产生感应电场,这感应电场也像库仑定律一样对电荷有力的作用,但它移动电荷一周所做的功不为零,因而它不是无旋场,而是有旋场。即在法拉第电磁感应定律基础上,将静电场的环量定律(式 2.46)推广成一般时变场的电磁感应定律(式 2.76)。变化的电场也是一种电流(位移电流),也要产生磁场即将恒定磁场的安培环路定律(式 2.71)推广成时变场的全电流定律(式 2.82)。麦克斯韦还认为,静电场的高斯定律(式 2.55)和恒定磁场的磁通连续性定律(式 2.67)在时变场的情况下仍然适用。这样一来,麦克斯韦总结出下列 4 个反映时变场基本规律的方程式:

$$\oint_l \boldsymbol{H}\cdot \mathrm{d}\boldsymbol{l}=\int_S \left(\boldsymbol{J}+\frac{\partial \boldsymbol{D}}{\partial t}\right)\cdot \mathrm{d}\boldsymbol{S}$$

$$\oint_l \boldsymbol{E}\cdot \mathrm{d}\boldsymbol{l}=-\int_S \frac{\partial \boldsymbol{B}}{\partial t}\cdot \mathrm{d}\boldsymbol{S}$$

$$\oint_S \boldsymbol{B}\cdot \mathrm{d}\boldsymbol{S}=0$$

$$\oint_S \boldsymbol{D}\cdot \mathrm{d}\boldsymbol{S}=\int_V \rho \mathrm{d}V$$

这 4 个方程组就称为麦克斯韦方程组的积分形式。人们常常将它们按顺序地称为麦克斯韦第一(全电流定律)、第二(电磁感应定律)、第三(磁通连续性定律)和第四(高斯定律)方程。

2.4 麦克斯韦方程组的微分形式

麦克斯韦方程组的积分形式定量地给出了场量之间在较大范围(一根线,一个面积,一个体积)内的相互关系。但在实际的电磁问题中,人们往往更需要了解各场量在场中每一点上的定量关系,这就需要将积分形式的麦克斯韦方程组转换成微分形式的麦克斯韦方程组。

利用第一章中的斯托克斯定理式(1.76)

$$\oint_l \boldsymbol{A}\cdot \mathrm{d}\boldsymbol{l}=\int_S (\nabla\times\boldsymbol{A})\cdot \mathrm{d}\boldsymbol{S}$$

可将积分形式的麦克斯韦第一方程和第二方程分别改写成

$$\int_S (\nabla \times \boldsymbol{A}) \cdot \mathrm{d}\boldsymbol{S} = \int_S \left(\boldsymbol{J} + \frac{\partial \boldsymbol{D}}{\partial t}\right) \cdot \mathrm{d}\boldsymbol{S} \tag{2.83}$$

$$\int_S (\nabla \times \boldsymbol{E}) \cdot \mathrm{d}\boldsymbol{S} = -\int_S \frac{\partial \boldsymbol{B}}{\partial t} \cdot \mathrm{d}\boldsymbol{S} \tag{2.84}$$

再利用第一章中的散度定义式(1.67)

$$\oint_S \boldsymbol{A} \cdot \mathrm{d}\boldsymbol{S} = \oint_V (\nabla \cdot \boldsymbol{A})\,\mathrm{d}V$$

可将积分形式的麦克斯韦第三和第四方程分别改写成

$$\int_V (\nabla \cdot \boldsymbol{B})\,\mathrm{d}V = 0 \tag{2.85}$$

$$\int_V (\nabla \cdot \boldsymbol{D})\,\mathrm{d}V = \oint_V \rho\,\mathrm{d}V \tag{2.86}$$

上述两方程中的积分区域可以是任意的。若要方程在任意积分区域中均能成立，方程两端的被积函数必须相等，即得出下列四个微分方程：

$$\nabla \times \boldsymbol{H} = \boldsymbol{J} + \frac{\partial \boldsymbol{D}}{\partial t} \tag{2.87}$$

$$\nabla \times \boldsymbol{E} = -\frac{\partial \boldsymbol{B}}{\partial t} \tag{2.88}$$

$$\nabla \cdot \boldsymbol{B} = 0 \tag{2.89}$$

$$\nabla \cdot \boldsymbol{D} = \rho \tag{2.90}$$

这 4 个方程就称为麦克斯韦方程组的微分形式。上列微分形式的麦克斯韦第一、第二、第三和第四方程亦称为全电流定律、电磁感应定律、磁通连续性定律和高斯定律的微分形式。

当媒质为各向同性的线性媒质时，麦克斯韦方程组中的各矢量满足下列结构方程式：

$$\boldsymbol{D} = \varepsilon \boldsymbol{E} \tag{2.91}$$

$$\boldsymbol{B} = \mu \boldsymbol{H} \tag{2.92}$$

$$\boldsymbol{J} = \sigma \boldsymbol{E} \tag{2.93}$$

式中，ε，μ 和 σ 分别表示媒质的介电常数、磁导率和电导率，统称为媒质的特征参数。式(2.93)还是欧姆定律的微分形式。

在时变电磁场中，除了麦克斯韦的 4 个方程以外，连续性方程也是一个十分重要的基本方程。人们常常将麦克斯韦方程组加上连续性方程一起视为时变电磁场的基本方程。连续性方程直接来自电荷守恒定律，它是一条适用于恒定场又适用于时变场的基本规律。这条定律的积分形式如式(2.58)所示，它为

$$\oint_S \boldsymbol{J}\cdot \mathrm{d}\boldsymbol{S}=-\int_V \frac{\partial \rho}{\partial t}\mathrm{d}V \tag{2.94}$$

利用散度定义，可以得到连续性方程的微分形式，它应为

$$\nabla\cdot\boldsymbol{J}=-\frac{\partial \rho}{\partial t} \tag{2.95}$$

麦克斯韦的 4 个方程式(2.87)～式(2.90)加上连续性方程式(2.95)共 5 个方程，构成了麦克斯韦电磁理论的核心。在这 5 个方程中，只有 3 个方程是独立方程，另外两个方程不是独立方程，它们可以从这 3 个独立方程推导出来，读者可以自行推证。

从麦克斯韦方程组可见，在无源区域内，$\boldsymbol{J}=0$，$\rho=0$，时变电磁场中的电场和磁场两者相互转换又相互依存，电力线和磁力线均为闭合回线且相互绞链，时变的电场激励时变的磁场，时变的磁场又激励时变的电场，形成电磁波，以有限的速度传向远方。

例 2.4 证明导电媒质内部 $\rho=0$。

解 利用电流连续性方程 $\nabla\cdot\boldsymbol{J}=-\frac{\partial \rho}{\partial t}$，并考虑到 $\boldsymbol{J}=\sigma\boldsymbol{E}$，有 $\sigma\nabla\cdot\boldsymbol{E}=-\frac{\partial \rho}{\partial t}$

在简单媒质中，$\nabla\cdot\boldsymbol{E}=\frac{\rho}{\varepsilon}$，故上式化为

$$\frac{\partial \rho}{\partial t}+\frac{\sigma}{\varepsilon}\cdot\rho=0$$

解其得

$$\rho=\rho_0\exp\left(-\frac{\sigma}{\varepsilon}t\right)\ (\mathrm{C/m^2})$$

可见，ρ 随时间按指数减小，衰减至 ρ_0 的 $1/e$ 即 36.8%的时间(称为驰豫时间)为 $\tau=\frac{\varepsilon}{\sigma}$。若导体为铜，$\sigma=5.8\times10^7$ (S/m)，$\varepsilon=\varepsilon_0$，得 $\tau=1.5\times10^{-19}$ s。显然，导体内的电荷衰减极快，使导体内的 ρ 趋近于零。

2.5 时变电磁场的边界条件

1) 不同介质分界面的边界条件

在电磁问题中总是要涉及由不同特征参量的媒质(例如真空、介质、导体等)所构成的相邻区域，即存在不同媒质的分界面。为了求解这种情况下各个区域中的电磁问题，必须要知道在两种不同媒质的分界面上电磁场量的关系。把电磁场矢量 $\boldsymbol{E}$、$\boldsymbol{D}$、$\boldsymbol{B}$、$\boldsymbol{H}$ 在不同媒质分界面上各自满足的关系称为电磁场的边界条件(Boundary Conditions)。

电磁场的边界条件必须由电磁场的基本方程(麦克斯韦方程组)导出。由于在不同媒质的分界面上,媒质的特征参量 ε,μ,σ 发生突变,导致某些场量也跟着发生突变,使得麦克斯韦方程组的微分形式失去意义。因此,将根据积分形式的麦克斯韦方程组来导出边界条件。

由于界面上的场矢量可以分解为垂直于界面的法向分量和平行于界面的切向分量两部分,所以场矢量在界面处的突变可以分别用其法向分量和切向分量的突变关系来表示。

设 A 为两种不同媒质(均不为理想导体)的分界面,这两种介质的特征参量分别为 ε_1,μ_1 和 ε_2,μ_2;A 上的单位法线矢量 $\boldsymbol{e}_n$ 方向设定为由媒质 2 指向媒质 1。在界面 A 附近取一个很小的矩形回路 l,它的两个长为 Δl 的边与 A 切向平行,另两个长为 Δh 的边与 A 垂直,如图 2.16 所示。

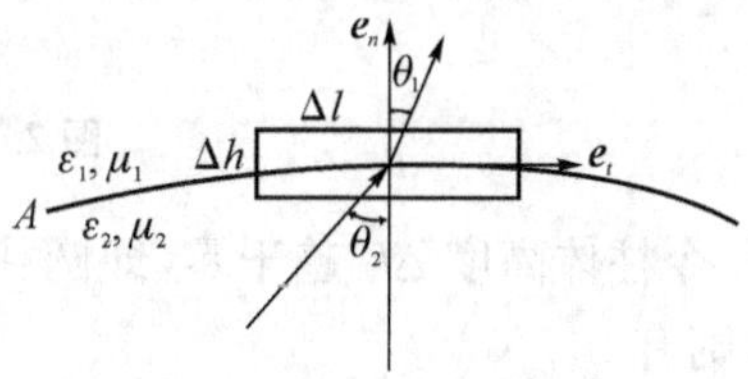

图 2.16 H 与 E 的边界条件

令边长 Δh 趋于零,即回路 l 所限定的面积 S 趋于零。由于 $\dfrac{\partial \boldsymbol{D}}{\partial t}$ 和 $\dfrac{\partial \boldsymbol{B}}{\partial t}$ 等场矢量均为有限函数,若界面 A 上没有传导面电流,则它们穿过面积 S 的通量趋于零。则有

$$\lim_{\Delta h\to 0}\int_S\left(\boldsymbol{J}+\frac{\partial \boldsymbol{D}}{\partial t}\right)\cdot \mathrm{d}\boldsymbol{S}=\lim_{\Delta h\to 0}\int_S\boldsymbol{J}\cdot \mathrm{d}\boldsymbol{S}+\lim_{\Delta h\to 0}\frac{\mathrm{d}}{\mathrm{d}t}\int_S\boldsymbol{D}\cdot \mathrm{d}\boldsymbol{S}=0$$

$$\lim_{\Delta h\to 0}\int_S\frac{\partial \boldsymbol{B}}{\partial t}\cdot \mathrm{d}\boldsymbol{S}=\lim_{\Delta h\to 0}\frac{\mathrm{d}}{\mathrm{d}t}\int_S\boldsymbol{B}\cdot \mathrm{d}\boldsymbol{S}=0$$

将上面两式分别代入积分形式的麦克斯韦第一方程(式 2.83)和第二方程(式 2.84),得出

$$\lim_{\Delta h\to 0}\oint_l\boldsymbol{H}\cdot \mathrm{d}\boldsymbol{l}=H_{1t}\Delta l-H_{2t}\Delta l=0$$

$$\lim_{\Delta h\to 0}\oint_l\boldsymbol{E}\cdot \mathrm{d}\boldsymbol{l}=E_{1t}\Delta l-E_{2t}\Delta l=0$$

即

$$H_{1t}=H_{2t} \tag{2.96}$$

$$E_{1t}=E_{2t} \tag{2.97}$$

这里,下标“t”代表相应场矢量在分界面 A 上的切向分量。

当 $\Delta h\to 0$ 时,若在界面 A 上存在传导面电流,其密度为 $\boldsymbol{J}_S$,则式(2.96)需要改写成为

$$H_{1t}-H_{2t}=J_S \tag{2.98}$$

为了利用麦克斯韦的第三和第四方程推导出 $\boldsymbol{B}$ 和 $\boldsymbol{D}$ 的边界条件，在界面 A 附近取一个小圆柱面 S，它的两个底面与 A 平行，面积均为 ΔS；它的侧面与 A 垂直，高度为 Δh，如图 2.17 所示。

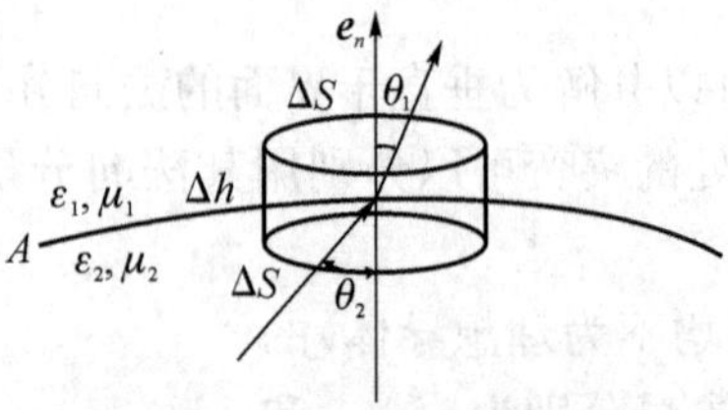

图 2.17　B 和 D 的边界条件

令柱体高度 Δh 趋于零，即圆柱面 S 的体积 V 趋于零。若界面 A 上不存在面电荷，则有

$$\lim_{\Delta h\to 0}\int_V \rho \mathrm{d}V=0$$

这样一来，积分形式的麦克斯韦第三方程和第四方程分别成为

$$\lim_{\Delta h\to 0}\oint_S \boldsymbol{B}\cdot \mathrm{d}\boldsymbol{S}=B_{1n}\Delta S-B_{2n}\Delta S=0$$

$$\lim_{\Delta h\to 0}\oint_S \boldsymbol{D}\cdot \mathrm{d}\boldsymbol{S}=D_{1n}\Delta S-D_{2n}\Delta S=0$$

即

$$B_{1n}=B_{2n} \tag{2.99}$$

$$D_{1n}=D_{2n} \tag{2.100}$$

这里，下标“n”代表相应场矢量在分界面 A 上的法向分量。

当 $\Delta h\to 0$ 时，若在界面 A 上存在自由电荷，其密度为 ρ_S 时，式(2.100)可以改写成

$$D_{1n}-D_{2n}=\rho_S \tag{2.101}$$

由上列各式可见，在不同媒质分界面上，电场强度的切向分量和磁感应强度的法向分量永远是连续的，电位移法向分量只有当界面上不存在自由面电荷密度的条件下才是连续的。

在最一般的情况下，不同媒质分界面上的电磁场边界条件可以用矢量形式表示为

$$\boldsymbol{e}_n\times(\boldsymbol{H}_1-\boldsymbol{H}_2)=\boldsymbol{J}_S \tag{2.102}$$

$$\boldsymbol{e}_n\times(\boldsymbol{E}_1-\boldsymbol{E}_2)=0 \tag{2.103}$$

$$\boldsymbol{e}_n\cdot(\boldsymbol{B}_1-\boldsymbol{B}_2)=0 \tag{2.104}$$

$$\boldsymbol{e}_n \cdot (\boldsymbol{D}_1 - \boldsymbol{D}_2) = \rho_S \tag{2.105}$$

式中，$\boldsymbol{e}_n$ 表示分界面法线单位矢量，方向由媒质 2 指向媒质 1。

2）理想导体表面的边界条件

设 A 为理想导体（$\sigma=\infty$）和理想介质（$\sigma=0$）的分界面。在理想导体内部，电导率 $\sigma=\infty$，时变电场 $\boldsymbol{E}$ 必然处处为零。否则，传导电流密度 $\boldsymbol{J}=\sigma\boldsymbol{E}$ 将会成为无限大，这显然是不可能的。另外，在理想导体内部，时变磁场和时变传导电流也应处处为零。否则，时变磁场将产生时变电场，时变传导电流将产生时变磁场，这与理想导体内部不可能存在时变电场的结论相冲突。也就是说，在理想导体内部，时变电场、时变磁场和时变传导电流均为零。

在实际的金属导体中，时变的传导电流和自由电荷将趋向导体的表面。在理想导体的假定下，可以认为导体表面存在时变的面电流和面电荷。设它们的密度分别为 J_S 和 ρ_S，则由式(2.102)～式(2.105)所示不同媒质分界面上的边界条件变为下列形式：

$$\boldsymbol{e}_n \times \boldsymbol{H} = \boldsymbol{J}_S \text{ 或 } H_{1t} - H_{2t} = J_S \tag{2.106}$$

$$\boldsymbol{e}_n \times \boldsymbol{E} = 0 \text{ 或 } E_{1t} - E_{2t} = 0 \tag{2.107}$$

$$\boldsymbol{e}_n \cdot \boldsymbol{B} = 0 \text{ 或 } B_{1n} - B_{2n} = 0 \tag{2.108}$$

$$\boldsymbol{e}_n \cdot \boldsymbol{D} = \rho_S \text{ 或 } D_{1n} - D_{2n} = \rho_S \tag{2.109}$$

以上 4 个方程即为时变电磁场在理想导体表面的边界条件。它表明，在理想导体表面上不存在电场强度 $\boldsymbol{E}$ 的切向分量和磁感应强度 $\boldsymbol{B}$ 的法向分量；同时，磁场强度 $\boldsymbol{H}$ 的切向分量及电位移 $\boldsymbol{D}$ 的法向分量分别等于面电流密度的模 $|\boldsymbol{J}_S|$ 和面电荷密度 ρ_S。这也说明，在介质与导体分界面的介质一侧中，假如存在电磁场的话，则电场强度矢量必与导体表面垂直，而磁感应强度矢量必与导体表面平行。

利用 $E_{1t}=E_{2t}$ 和 $D_{1n}=D_{2n}$，即 $\varepsilon_1 E_{1t}=\varepsilon_2 E_{2t}$ 得

$$\frac{E_{1t}}{\varepsilon_1 E_{1n}} = \frac{E_{2t}}{\varepsilon_2 E_{2n}}$$

即

$$\frac{\tan\theta_1}{\tan\theta_2} = \frac{\varepsilon_1}{\varepsilon_2} \tag{2.110}$$

电场矢量（$\boldsymbol{E}$、$\boldsymbol{D}$）穿过不存在面电流的分界面时方向发生变化与电介质参数的关系如式(2.110)。同样可得磁场矢量（$\boldsymbol{B}$、$\boldsymbol{H}$）穿过不存在自由电荷的分界面时方向发生变化与磁介质参数的关系为 $\dfrac{\tan\theta_1}{\tan\theta_2}=\dfrac{\mu_1}{\mu_2}$。

例 2.5 在 $z=0$ 和 $z=d$ 位置有两个无限大理想导体板，在极板间存在时变电磁场，其电场强度为 $\boldsymbol{E}=E_0\sin\left(\dfrac{\pi}{d}z\right)\cos(\omega t-k_x x)\boldsymbol{e}_y$ 求：

(1) 该时变场相伴的磁场强度；

(2) 导体板上的电流分布。

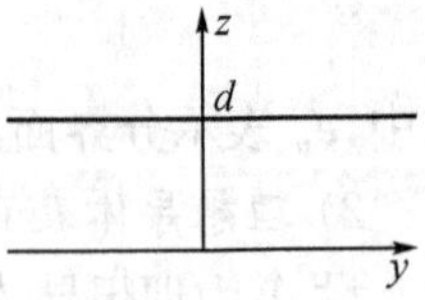

图 2.18 （例 2.5 题图）

解 (1) 由麦克斯韦方程

$$\nabla\times\boldsymbol{E}=-\frac{\partial\boldsymbol{B}}{\partial t}$$

$$-\frac{\partial\boldsymbol{B}}{\partial t}=\begin{vmatrix}\boldsymbol{e}_x & \boldsymbol{e}_y & \boldsymbol{e}_z\\ \frac{\partial}{\partial x} & \frac{\partial}{\partial y} & \frac{\partial}{\partial z}\\ E_x & E_y & E_z\end{vmatrix}=\frac{\partial E_y}{\partial x}\boldsymbol{e}_z-\frac{\partial E_y}{\partial z}\boldsymbol{e}_x$$

$$\frac{\partial\boldsymbol{B}}{\partial t}=-E_0k_x\sin\left(\frac{\pi}{d}z\right)\sin(\omega t-k_xx)\boldsymbol{e}_z+\frac{\pi E_0}{d}\cos\left(\frac{\pi}{d}z\right)\cos(\omega t-k_xx)\boldsymbol{e}_x$$

$$\boldsymbol{B}=\int\frac{\partial\boldsymbol{B}}{\partial t}\mathrm{d}t$$

$$\boldsymbol{B}=\frac{E_0k_x}{\omega}\sin\left(\frac{\pi}{d}z\right)\cos(\omega t-k_xx)\boldsymbol{e}_z+\frac{\pi E_0}{\omega d}\cos\left(\frac{\pi}{d}z\right)\sin(\omega t-k_xx)\boldsymbol{e}_x$$

$$\boldsymbol{H}=\frac{\boldsymbol{B}}{\mu_0}=\frac{\pi E_0}{\omega d\mu_0}\cos\left(\frac{\pi}{d}z\right)\sin(\omega t-k_xx)\boldsymbol{e}_x+\frac{E_0k_x}{\omega\mu_0}\sin\left(\frac{\pi}{d}z\right)\cos(\omega t-k_xx)\boldsymbol{e}_z$$

(2) 由边界条件

在下极板上：

$$\boldsymbol{J}_S=\boldsymbol{e}_n\times\boldsymbol{H}=\boldsymbol{e}_z\times\boldsymbol{H}\big|_{z=0}=\frac{\pi E_0}{\omega d\mu_0}\sin(\omega t-k_xx)\boldsymbol{e}_y$$

在上极板上：

$$\begin{aligned}\boldsymbol{J}_S&=\boldsymbol{e}_n\times\boldsymbol{H}=-\boldsymbol{e}_z\times\boldsymbol{H}\big|_{z=d}\\&=-\frac{\pi E_0}{\omega d\mu_0}\cos\left(\frac{\pi}{d}\cdot d\right)\sin(\omega t-k_xx)\boldsymbol{e}_y\\&=\frac{\pi E_0}{\omega d\mu_0}\sin(\omega t-k_xx)\boldsymbol{e}_y\end{aligned}$$

本章提要

麦克斯韦方程是宏观电磁现象的基本方程，所有的电磁问题都是归结为求麦克斯韦方程的解。

1. 麦克斯韦方程组为

积分形式：

$$\oint_l\boldsymbol{H}\cdot\mathrm{d}\boldsymbol{l}=\int_S\left(\boldsymbol{J}+\frac{\partial\boldsymbol{D}}{\partial t}\right)\cdot\mathrm{d}\boldsymbol{S}$$

$$\oint_l \boldsymbol{E} \cdot d\boldsymbol{l} = -\int_S \frac{\partial \boldsymbol{B}}{\partial t} \cdot d\boldsymbol{S}$$

$$\oint_S \boldsymbol{B} \cdot d\boldsymbol{S} = 0$$

$$\oint_S \boldsymbol{D} \cdot d\boldsymbol{S} = \int_V \rho dV$$

$$\boldsymbol{D} = \varepsilon \boldsymbol{E} \quad \boldsymbol{B} = \mu \boldsymbol{H} \quad \boldsymbol{J} = \sigma \boldsymbol{E}$$

微分形式：

$$\nabla \times \boldsymbol{H} = \boldsymbol{J} + \frac{\partial \boldsymbol{D}}{\partial t}$$

$$\nabla \times \boldsymbol{E} = -\frac{\partial \boldsymbol{B}}{\partial t}$$

$$\nabla \cdot \boldsymbol{B} = 0$$

$$\nabla \cdot \boldsymbol{D} = \rho$$

2. 电磁场的边界条件

(1) 不同介质分界面的边界条件

一般的情况下，不同媒质分界面上的电磁场边界条件可以用矢量形式表示为

$$\boldsymbol{e}_n \times (\boldsymbol{H}_1 - \boldsymbol{H}_2) = \boldsymbol{J}_S$$

$$\boldsymbol{e}_n \times (\boldsymbol{E}_1 - \boldsymbol{E}_2) = 0$$

$$\boldsymbol{e}_n \cdot (\boldsymbol{B}_1 - \boldsymbol{B}_2) = 0$$

$$\boldsymbol{e}_n \cdot (\boldsymbol{D}_1 - \boldsymbol{D}_2) = \rho_S$$

式中，$\boldsymbol{e}_n$ 表示分界面法线单位矢量，方向由媒质 2 指向媒质 1。

(2) 理想导体表面的边界条件

$$\boldsymbol{e}_n \times \boldsymbol{H} = \boldsymbol{J}_S$$

$$\boldsymbol{e}_n \times \boldsymbol{E} = 0$$

$$\boldsymbol{e}_n \cdot \boldsymbol{B} = 0$$

$$\boldsymbol{e}_n \cdot \boldsymbol{D} = \rho_S$$

思考题

2.1 表述高斯定律，并说明在什么条件下可应用高斯定律求解给定电荷分布的电场强度？

2.2 表述安培环路定律，并说明在什么条件下可应用该定律求解给定电流分布的磁感应强度？

2.3 半无穷长通电圆柱面的磁感应强度能否用安培环路定律求出？

2.4 试就以下几个方面比较传导电流与位移电流的异同。

(1) 本质；(2) 与磁场的关系；(3) 在其中能存在的物质种类；(4) 热效应。

2.5　电位移矢量的物理意义是什么？

2.6　某封闭面的电通量为零，那么该封闭面内一定没有电荷吗？为什么？

2.7　某封闭面内无电荷分布，那么该封闭面上的电场为零吗？为什么？

2.8　媒质、介质和导体有什么区别？

2.9　什么是介质极化？介质极化后产生的电场如何计算？

2.10　极化强度的物理意义是什么？极化强度和电位移矢量有什么异同？

2.11　什么是弛豫时间？它与介质的电参数关系如何？

2.12　磁场与介质作用后，会发生什么现象？顺磁性介质、抗磁性介质和铁磁性介质有何异同？

2.13　介电常数 ε、电导率 σ 及磁导率 μ 分别描述介质的什么特性？

2.14　磁感应强度是怎样定义的？电流元在空间一点产生的磁感应强度与电流、电流的方向以及距离各有什么关系？

2.15　磁通量是怎样定义的？磁通量与磁力线有什么关系？

2.16　磁化电流和传导电流产生的磁场有没有区别？为什么？

2.17　公式 $\boldsymbol{B}=\mu\boldsymbol{H}$ 在哪种情况下不成立？在这种情况下 $\boldsymbol{B}$ 和 $\boldsymbol{H}$ 满足什么关系？

2.18　$\boldsymbol{B}$ 和 $\boldsymbol{H}$ 的源相同吗？磁化电流对 $\boldsymbol{H}$ 有没有影响？

2.19　为什么媒质边界两边磁感应强度的切向分量不连续？

2.20　磁场能量密度和磁场强度有什么关系？

习　题

2.1　真空中有两个同号电荷 $q_1=q, q_2=3q$。它们之间距离为 d，试决定在连接两电荷的连线上，哪一点的电场强度为零？哪一点上由两电荷所产生的电场强度恰好大小相等，方向相同？

2.2　边长为 a 的正方形的 3 个顶点上各放置带电量为 q_0 的点电荷，试求第四个顶点上的电场强度 $\boldsymbol{E}$。

2.3　半径为 a 的细圆环上分布着均匀的电荷，总电量为 Q，求圆环轴线上的电场强度；若同样的电量呈均匀分布在同样半径的薄圆盘上，求轴线上的电场强度。

2.4　在自由空间里，已知分布在半径为 $R=10$ cm 的球内的体电荷密度 $\rho=10\times10^{-10}\dfrac{1}{r}$ (C/cm^3)，求该体电荷产生的电场强度和电位分布（除 $r=0$ 点）。

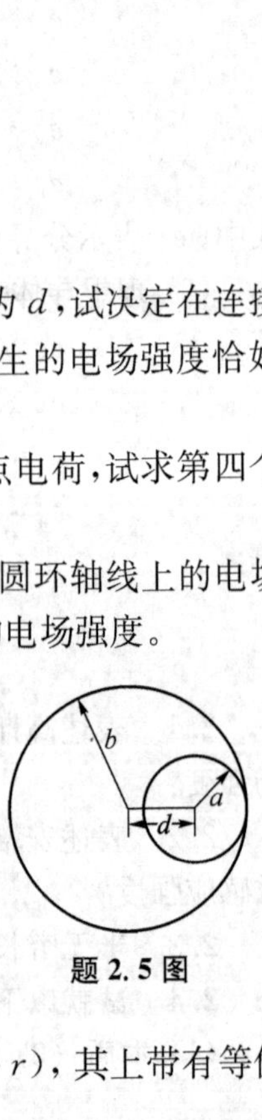

题 2.5 图

2.5　如图所示，两个半径分别为 a 和 $b(b>a)$ 的球面之间均匀分布着体电荷，电荷密度为 ρ。两球面的球心相距为 d，且 $d>a$。试求空腔内的电场。

2.6　一对半径为 r 的无限长平行导线，导线间距离为 $D(D\gg r)$，其上带有等值异号电荷，其线电荷密度为 ρ 及 $-\rho$，求它们周围的电位分布。

2.7 设平行双线的两根导线半径均为 r，两线间距离为 D，周围媒质为空气介质。求平行双线单位长度上的分布电容。

2.8 求半径为 a、长为 L 的圆柱面的轴线上的磁感应强度 $\boldsymbol{B}$。柱面上的面电流密度为：(1) $\boldsymbol{J}_S = J_{S0}\boldsymbol{e}_z$；(2) $\boldsymbol{J}_S = J_{S0}\boldsymbol{e}_\phi$。

2.9 两根平行长直导线，截面半径为 R，轴线距离为 D。当通有电流 I 时，试求在通过两导线轴线之平面上 $\boldsymbol{B}$ 的表示式。

2.10 在 xy 平面内有点电荷 $Q_1 = Q$，$Q_2 = 2Q$ 和 $Q_3 = -3Q$，它们分别位于点 $P_1\left(\frac{1}{2}, 0\right)$，$P_2(-1, 0)$ 和 $P_3(0, 1)$。求坐标原点上的电场强度。

2.11 在以下均匀电介质里有两个相同的点电荷 $Q = 10^{-8}$ C，电荷之间相距 $R = 0.1$ m，试计算两电荷的相互作用力。(1) 空气（$\varepsilon_r = 1$）；(2) 变压器油（$\varepsilon_r = 2.2$）；(3) 蒸馏水（$\varepsilon_r = 81$）。

2.12 一个半径为 8 cm 的导体球上套一层厚度为 2 cm 的介质层，假设导体球带电荷 4×10^{-6} C，$\varepsilon_r = 2$，计算距离球心 250 cm 处的电位。

2.13 假设真空中有均匀电场 $\boldsymbol{E}_0$，若在其中放置一厚度为 d，介电常数为 ε_r，法线与 $\boldsymbol{E}_0$ 的夹角为 θ_0 的大介质片，求介质片中的电场强度 $\boldsymbol{E}$。

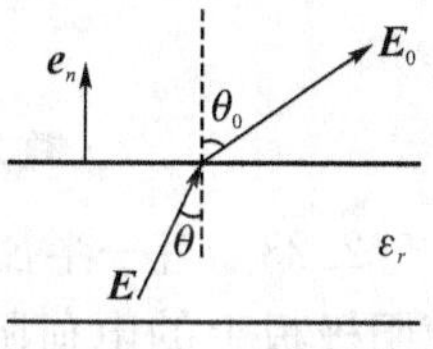

题 2.13 图

2.14 一导体球半径为 a，其外罩为内外半径分别为 b 和 c 的同心厚导体壳，此系统带电后内球的电位为 U，外球所带总电量为 Q，求此系统各处的电位和电场分布（假设内球带电量为 q_1）。

2.15 一同轴线的内导体半径为 a，外导体的内半径为 b，ab 之间填充两种绝缘材料，$a < r < r_0$ 时为 ε_1，$r_0 < r < b$ 时为 ε_2。若要求两种介质中电场强度的最大值相等，介质分界面的半径 r_0 应当等于多少？

2.16 两种介电常数分别为 ε_1，ε_2 的电介质的分界面上，有密度为 ρ_s 的面电荷，界面两侧的电场为 $\boldsymbol{E}_1$ 和 $\boldsymbol{E}_2$。证明 $\boldsymbol{E}_1$、$\boldsymbol{E}_2$ 与界面法线 $\boldsymbol{e}_n$ 的夹角 θ_1、θ_2 之间有如下关系：

$$\tan\theta_2 = \frac{\varepsilon_2 \tan\theta_1}{\varepsilon_1[1 - \rho_s/(\varepsilon_1 E_1 \cos\theta_1)]}$$

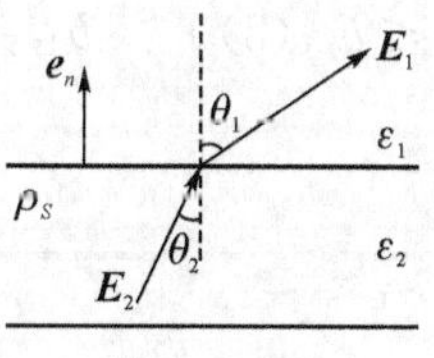

题 2.16 图

2.17 一平行板电容器的极板面积为 S，电极之间距离为 d，电极之间绝缘材料是由两种电介质 ε_1 和 ε_2 组成，它们的厚度分别为 d_1 和 d_2。假设电极之间电压为 U_0，求每种电介质界面之间电压以及两种电介质中电场能量密度之比。

2.18 验证无限长细线电流 I 所产生的磁场满足 $\oint_S \boldsymbol{B} \cdot d\boldsymbol{S} = 0$，其中 S 为：

(1) 半径为 a 的球面，球心距电流为 $D(D > a)$；

(2) 垂直于电流方向、边长为 a 的正方体，中心与电流重合。

2.19 已知无源的自由空间内 $\boldsymbol{E}=E_0\cos(\omega t-\beta z)\boldsymbol{e}_x$，其中 E_0,β 和 ω 为常数,试求 $\boldsymbol{H}$ 和位移电流 $\boldsymbol{J}_d$。

2.20 已知无源的自由空间内 $\boldsymbol{H}=H_0\cos\dfrac{\pi x}{a}\sin(\omega t-\beta z)\boldsymbol{e}_y$，其中 H_0，a，β 和 ω 为常数,试求 $\boldsymbol{E}$ 和位移电流 $\boldsymbol{J}_d$。

2.21 已知介电常数为 ε,磁导率为 μ 的空间内

$$\boldsymbol{E}=E_0\cos(\omega t-k_x x-k_z z)\boldsymbol{e}_y$$

试求:电荷密度 ρ 和电流密度 $\boldsymbol{J}$,$\boldsymbol{J}=0$ 的条件是什么?

2.22 有一半径为 R 的两块圆形平行平板电容器，电场强度增加率 $\dfrac{\mathrm{d}E}{\mathrm{d}t}$，求(1) 求两极板间的位移电流;(2) 两极板间磁场分布。

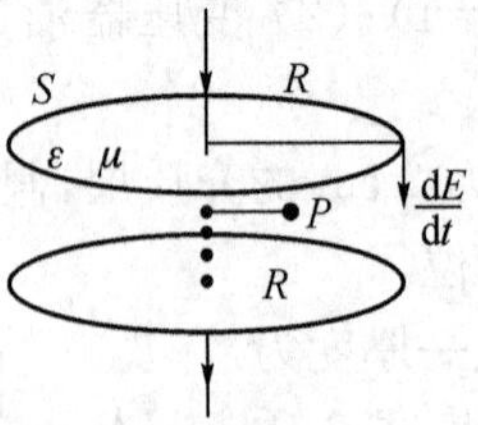

题 2.22 图

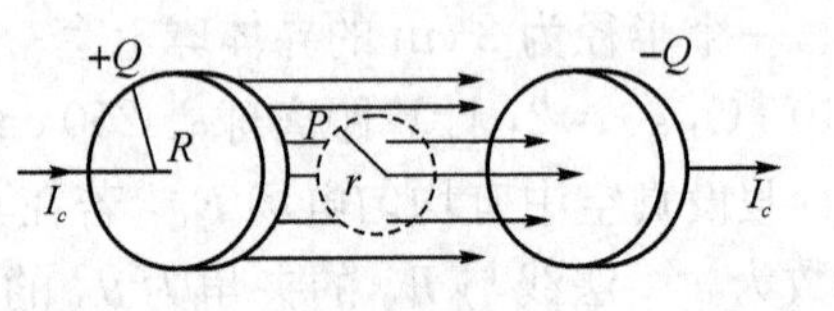

题 2.23 图

2.23 有一半径为 $R=0.3$ cm 的圆形平行平板空气电容器,现对该电容器充电,使阳极板上的电荷随时间的变化率,即充电回路上的传导电流 $I_c=\mathrm{d}Q/\mathrm{d}t=2.5$ A 。若略去电容器的边缘效应,求(1) 两极板间的位移电流;(2) 两极板间离开轴线的距离为 $r=2.0$ cm 的点 P 处的磁感应强度。

2.24 在内半径为 a,外半径为 b 的介质($\varepsilon=4\varepsilon_0$)球壳空腔内,均匀分布着体密度为 ρ 的电荷,球壳内外均为空气,求以下 3 个区域内的电场分布:(1) $r<a$;(2) $a<r<b$;(3) $r>b$,并求以上 3 个区域内的 $\nabla\times\boldsymbol{E}$ 和 $\nabla\cdot\boldsymbol{D}$。

3 静电场和恒定电场

静电场(Electrostatic Field)是由相对静止的电荷产生的、对电荷有作用力的一种不随时间变化的矢量场。真正不随时间变化的静止电荷是不存在的。从微观上看,物质中的带电粒子始终是运动着的,但对观察者而言,假如这些带电微粒的运动所产生的微观效应小到可以忽略的地步,则可以近似认为这个物体所带的电荷是静止的。人们也从多方面利用它,如静电喷漆法、静电加速器、静电控制的显像管等。

恒定电流是不随时间变化的电流。虽然恒定电流场中的自由电荷是运动电荷,但由于电流不随时间变化,电荷分布也一定不随时间变化。恒定电流场中的电场是恒定电流场中的电荷产生的,也不随时间变化。恒定电流的应用,在工农业领域及无线电技术中也是不可缺少的。诸如:勘矿、地震预报、超导医疗等的应用。

对于电磁现象的定性和定量分析,有些情况下,可以简化为静电场和恒定电场、磁场问题来分析,因而更增加了研究静电场和恒定电场、磁场的必要性。然而,静电场和恒定电磁场毕竟还是时变电磁场的一种特殊情况。因此,这两种场的特性和由此引出的某些基本概念就不能直接、普遍地适用于时变电磁场,而有一定的局限性,如电位这一概念。

本章首先从时变麦克斯韦方程组出发,在频率 $f=0$ 的特殊情况下得出静电场的基本方程,并阐明静电场是有散场,无旋场;然后引入电位概念,并从静电场的微分形式基本方程导出电位方程;再讨论静电场中的导体和导体的电容以及不同媒质分界面的边界条件;从静电场的分析引入恒定电场的研究;最后讨论镜像法,分离变量法等。

3.1 静电场的基本方程

麦克斯韦方程组是描述一切宏观电磁现象的基本方程,而静电场基本方程是麦克斯韦方程在各类场量均不随时间变化时的特殊形式,因为产生静电场的电荷相对于观察者静止不动,并且量值不随时间变化,只是空间坐标的函数。

那么麦克斯韦方程组简化为:

微分形式:

$$\nabla \times \boldsymbol{E} = 0 \tag{3.1}$$

$$\nabla \times \boldsymbol{H} = 0 \tag{3.2}$$

$$\nabla \cdot \boldsymbol{D} = \rho_V \tag{3.3}$$

$$\nabla \cdot \boldsymbol{B} = 0 \tag{3.4}$$

积分形式：

$$\oint_l \boldsymbol{E} \cdot \mathrm{d}\boldsymbol{l} = 0 \tag{3.5}$$

$$\oint_l \boldsymbol{H} \cdot \mathrm{d}\boldsymbol{l} = 0 \tag{3.6}$$

$$\oint_S \boldsymbol{D} \cdot \mathrm{d}\boldsymbol{S} = \oint_V \rho_V \mathrm{d}V \tag{3.7}$$

$$\oint_S \boldsymbol{B} \cdot \mathrm{d}\boldsymbol{S} = 0 \tag{3.8}$$

从公式(3.1)～(3.8)可以看出，当各类场矢量对时间的变化率均为零时，电场和磁场相互独立。并且它们表明静电场是有散无旋场，电位移矢量的散度源是自由电荷体密度。

方程(3.5)为静电场的环量定律，它表明一个试验电荷在静电场中绕闭合回路运动一周，电场力所做的功为零。方程(3.7)为静电场的高斯定律，它表明穿过任一闭合曲面的电位移矢量等于该曲面所包围的自由电荷。

电位移矢量与电场强度存在一定的关系，我们把它称作介质结构方程，即

$$\boldsymbol{D} = \varepsilon \boldsymbol{E} \tag{3.9}$$

3.2 高斯定律的应用

高斯定律(Gauss's Law)说明通过一个封闭面净穿出的电位移矢量的通量等于该曲面所包围的总电荷，即

$$\oint_S \boldsymbol{D} \cdot \mathrm{d}\boldsymbol{S} = q \tag{3.10}$$

高斯定律也可以用电场强度表示为

$$\oint_S \boldsymbol{E} \cdot \mathrm{d}\boldsymbol{S} = \frac{q}{\varepsilon} \tag{3.11}$$

如果电荷分布在闭合面包围的体积内，则式(3.10)可写成式(3.7)，即

$$\oint_S \boldsymbol{D} \cdot \mathrm{d}\boldsymbol{S} = \oint_V \rho_V \mathrm{d}V$$

如果电荷呈面状分布或线状分布，则

$$\oint_S \boldsymbol{D} \cdot \mathrm{d}\boldsymbol{S} = \int_S \rho_S \mathrm{d}S \tag{3.12}$$

$$\oint_S \boldsymbol{D} \cdot \mathrm{d}\boldsymbol{S} = \int_l \rho_l \mathrm{d}l \tag{3.13}$$

从高斯定律可以看出，闭合面外的电荷对它包围的总电荷不能做贡献，而且，包围在闭合面内部的电荷分散在什么位置也不必考虑。如果已知封闭面上所有点的电场强度或电位移矢量，通过高斯定律便可求出封闭面内的总电荷。

例 3.1 用高斯定律求孤立点电荷 q 在任意 P 点产生的电场强度 $\boldsymbol{E}$。

解 以电荷为球心，构造一个经过 P 点半径为 R 的球形高斯面。电场方向沿径向，则

$$\boldsymbol{E} = E_r \boldsymbol{e}_r$$

因为球面上每一点从 q 所在的球心都是等距的，在 $r=R$ 球面上的每一点，E_r 应该有相同的值。因而

$$\oint_S \boldsymbol{E} \cdot \mathrm{d}S = E_r \int_0^{\pi} R^2 \sin\theta \mathrm{d}\theta \int_0^{2\pi} \mathrm{d}\phi = 4\pi R^2 E_r$$

被球面包围的总电荷为 q，所以 P 点的电场强度为

$$E_r = \frac{q}{4\pi\varepsilon_0 R^2}$$

这与库仑定律求得的结果完全相同。

例 3.2 真空中有一个半径为 a 的带电球，电荷密度为 $\rho = r/a$（r 为半径），求带电球内外的电场。

解 由于电荷分布具有球对称性，因此其电场也具有球对称性，方向为径向。那么，在半径为 r 的同心球面上，电场的大小相等，方向与球面的法线一致，则

$$\oint_S \boldsymbol{E} \cdot \mathrm{d}\boldsymbol{S} = \oint_S \boldsymbol{E}_r \cdot \mathrm{d}\boldsymbol{S} = E_r \oint_S \mathrm{d}S = 4\pi r^2 E_r$$

当 $r<a$ 时，球面内的电荷为

$$q = \int_V \rho \mathrm{d}V = \int_0^r \frac{r}{a} \cdot 4\pi r^2 \mathrm{d}r = \frac{\pi r^4}{a}$$

当 $r>a$ 时，球面内的电荷为

$$q = \int_V \rho \mathrm{d}V = \int_0^a \frac{r}{a} \cdot 4\pi r^2 \mathrm{d}r = \pi a^3$$

将以上 3 式代入静电场的高斯定律可得

$$E_r=\begin{cases}\dfrac{r^2}{4\varepsilon_0 a}, r<a\\ \dfrac{a^3}{4\varepsilon_0 r^2}, r\geqslant a\end{cases}$$

例 3.3 半径为 a 的无穷长直圆筒面均匀带电，面电荷密度为 ρ_S。试求离轴线为 r 处的电场强度 $\boldsymbol{E}$。

解 以圆筒的轴线为轴线，半径为 r 作长为 l 的圆柱面(高斯面)S，由高斯定律得

$$\oint_S \boldsymbol{E}\cdot \mathrm{d}\boldsymbol{S}=2\pi rlE=\frac{q}{\varepsilon_0}$$

式中 q 是 S 所包围的电荷量的代数和。

当 $r<a$ 时，$q=0$，故得筒内

$$\boldsymbol{E}=0,\ r<a$$

当 $r>a$ 时，$q=2\pi al\rho_S$，得

$$E_r=\frac{\rho_S a}{\varepsilon_0 r}$$

例 3.4 设有一电荷均匀分布的无限长细直导线，线密度是 ρ_l。试求空间各点的电场强度 $\boldsymbol{E}$。

解 首先使用圆柱坐标系，长细直导线放在 z 轴上，由电荷分布特点，可以看出此电场具有轴对称性，即电场强度 $\boldsymbol{E}$ 只有沿 ρ 方向的分量。由于线电荷无限长，场沿长度方向无变化，所以每个垂直于线电荷平面上的场分布相同。故以细导线为轴的圆柱面上 $\boldsymbol{E}$ 值相同，即 $\boldsymbol{E}$ 与 ϕ、z 无关。以细直导线为轴作一闭合的圆柱形高斯面。其半径为 r，高度为 l。应用高斯定律

$$\oint_S \boldsymbol{E}\cdot \mathrm{d}\boldsymbol{S}=\frac{\rho_l l}{\varepsilon_0}$$

上式左边是计算从闭合面上穿出的通量. 因为 $\boldsymbol{E}$ 与上下两底面平行，没有通量穿过两底面，所以从闭合面内穿出的通量为

$$E_\rho\cdot 2\pi rl=\frac{\rho_l l}{\varepsilon_0}$$

从而得

$$E_\rho=\frac{\rho_l}{2\pi\varepsilon_0 r}$$

3.3 电位与电位梯度

以上我们都是用电场强度或者是电位移矢量来描述静电场，在这一节，将定义一个

标量——电位,以简化大量不必要的复杂计算,因为标量总是比矢量容易处理一些。

如果我们在电场 $\boldsymbol{E}$ 中放一个正探测电荷,电荷在电场中受到电场力的作用,所以当电荷在电场中移动时,电场力要对它做功,假设电荷 q_0 沿路径 C 从 P 到 Q 移动,设线元 $\mathrm{d}\boldsymbol{l}$ 处的电场强度为 $\boldsymbol{E}$,当 q_0 经过 $\mathrm{d}\boldsymbol{l}$ 时,电场力做的功为

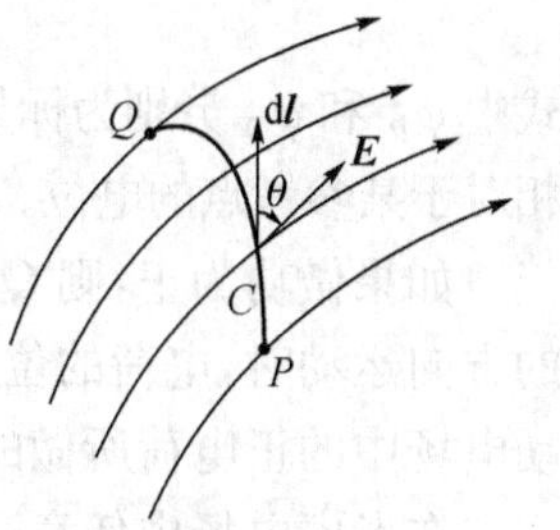

图 3.1

$$\mathrm{d}W=\boldsymbol{F}\cdot\mathrm{d}\boldsymbol{l}=q_0\boldsymbol{E}\cdot\mathrm{d}\boldsymbol{l} \tag{3.14}$$

在从 P 到 Q 的整个路程上,电场力做的总功为

$$W=\int_l\boldsymbol{F}\cdot\mathrm{d}\boldsymbol{l}=q_0\int_l\boldsymbol{E}\cdot\mathrm{d}\boldsymbol{l} \tag{3.15}$$

如果探测电荷受外力 $\boldsymbol{F}_{\mathrm{ext}}$ 作用,朝电场反方向移动,则外力做功的微分为

$$\mathrm{d}W=-\boldsymbol{F}_{\mathrm{ext}}\cdot\mathrm{d}\boldsymbol{l} \tag{3.16}$$

式中负号表明电荷沿 $\boldsymbol{E}$ 场的负方向运动。为了避免考虑运动电荷可能需要的任何动能,假设外力恰好平衡电场力,在这种情况下:

$$\mathrm{d}W=-q_0\boldsymbol{E}\cdot\mathrm{d}\boldsymbol{l} \tag{3.17}$$

探测电荷从 P 到 Q 由外力做的总功为

$$W_{PQ}=-q_0\int_P^Q\boldsymbol{E}\cdot\mathrm{d}\boldsymbol{l} \tag{3.18}$$

如果沿闭合路径移动电荷,则做的功必须为零,即

$$\oint_c\boldsymbol{E}\cdot\mathrm{d}\boldsymbol{l}=0 \tag{3.19}$$

这个式子说明静电场是无旋的或保守的。即

$$\nabla\times\boldsymbol{E}=0 \tag{3.20}$$

如果一个矢量场的旋度为零,则该矢量场一定可用一个标量场的梯度来表示。即

$$\nabla\times\nabla\varphi=0 \tag{3.21}$$

这样,可用标量场 φ 表示 $\boldsymbol{E}$ 场,即

$$\boldsymbol{E}=-\nabla\varphi \tag{3.22}$$

式(3.18)可写为

$$W_{PQ}=-q_0\int_P^Q\boldsymbol{E}\cdot\mathrm{d}\boldsymbol{l}=q_0\int_P^Q\nabla\varphi\cdot\mathrm{d}\boldsymbol{l} \tag{3.23}$$

由于 $\nabla\varphi\cdot\mathrm{d}\boldsymbol{l}=\mathrm{d}\varphi$,得

$$W_{PQ}=-q_0\int_P^Q \boldsymbol{E}\cdot \mathrm{d}\boldsymbol{l}=q_0\int_P^Q \mathrm{d}\varphi=q_0(\varphi_Q-\varphi_P)=q_0\varphi_{QP} \tag{3.24}$$

式中 φ_P 和 φ_Q 分别为标量场 φ 在 P 和 Q 两点的值。我们说 φ_P 和 φ_Q 分别为点 P 和 Q 相对于某参考点的电位。φ_{QP} 称为 Q 点相对于 P 点的电位(这称为两点之间的电位差)。

如果做功为正,则 Q 点电位高于 P 点电位。换句话说,当外力使正电荷逆着电场的方向运动时,电荷的位能增加。这也就是式(3.22)中有负号的原因。可以这样说,移动电场中的正电荷所做的功恒等于电荷位能的增量。

在考虑电场中任意一点 a 的电位为

$$\varphi(a)=\int_a^P \boldsymbol{E}\cdot \mathrm{d}\boldsymbol{l}+\varphi(P) \tag{3.25}$$

当 P 点为电位零点,即电位参考点时,$\varphi(P)=0$,有

$$\varphi(a)=\int_a^P \boldsymbol{E}\cdot \mathrm{d}\boldsymbol{l} \tag{3.26}$$

同一电场,选取不同的电位参考点,电位不同。设对于电场 $\boldsymbol{E}$,当取 P 点为电位参考点时,电位为 φ;而当取 Q 点为电位参考点时,电位为 ψ,则对于电场中任一点 a,有

$$\varphi(a)=\int_a^P \boldsymbol{E}\cdot \mathrm{d}\boldsymbol{l}=\int_a^Q \boldsymbol{E}\cdot \mathrm{d}\boldsymbol{l}+\int_Q^P \boldsymbol{E}\cdot \mathrm{d}\boldsymbol{l}=\psi(a)+c \tag{3.27}$$

其中

$$c=\int_Q^P \boldsymbol{E}\cdot \mathrm{d}\boldsymbol{l} \tag{3.28}$$

对于给定的电场和固定的两点 P 和 Q,c 为常数,上式表明,对同一电场,选取不同的电位参考点时,其电位仅相差一个与两参考点有关的常数,即

$$\varphi(\boldsymbol{r})=\psi(\boldsymbol{r})+c \tag{3.29}$$

可见,选取不同的电位参考点并不影响所要计算的电压和对应的电场强度,因此,在需要选取电位参考点时,就可根据情况视其方便而定。在电荷分布在有限区域的情况下,一般选取无限远处作为电位的参考点;而在电荷分布延伸到无限远的情况下,必须选取有限区域中的点作为电位的参考点;在工程上,由于大地电位相对稳定,因此,一般取大地为电位参考点。将 $\boldsymbol{E}=-\nabla\varphi$ 代入 $\nabla\cdot\boldsymbol{E}=\dfrac{\rho}{\varepsilon}$,得电位满足的方程为

$$\nabla^2\varphi=-\frac{\rho}{\varepsilon} \tag{3.30}$$

上式称为泊松(Poisson)方程。在无电荷分布的区域,电位满足拉普拉斯(Laplace)方程

$$\nabla^2\varphi=0 \tag{3.31}$$

当已知电荷分布时,解以上偏微分方程就可求出电位。

在第 2 章中已知电位分布可以用等位面形象地描述。在电位较强处，等位面间距较近；在电场较弱处，等位面间距大。根据电场与电位的关系，电场方向总是与等位面法线方向一致，并指向电位减少一侧，即电场总与等位面处处垂直。当电荷在某等位面上移动时，由于位移方向与电场方向垂直，电场不做功。

例 3.5 真空中有一个半径为 a 的带电球，电荷密度为 $\rho = r/a$，求带电球内外的电位。

解 由例 3.2 可知带电球内外的电场为

$$E_r = \begin{cases} \dfrac{r^2}{4\varepsilon_0 a}, r < a \\ \dfrac{a^3}{4\varepsilon_0 r^2}, r \geqslant a \end{cases}$$

由于电荷分布在有限区域，选无限远为电位参考点，

在 $r \geqslant a$ 时 $$\varphi(r) = \int_r^\infty \boldsymbol{E} \cdot \mathrm{d}\boldsymbol{l} = \int_r^\infty \frac{a^3 \mathrm{d}r}{4\varepsilon_0 r^2} = \frac{a^3}{4\varepsilon_0 r}$$

在 $r < a$ 时

$$\varphi(r) = \int_r^\infty \boldsymbol{E} \cdot \mathrm{d}\boldsymbol{l} = \int_r^a \frac{r^2 \mathrm{d}r}{4\varepsilon_0 a} + \int_a^\infty \frac{a^3 \mathrm{d}r}{4\varepsilon_0 r^2} = -\frac{r^3}{12\varepsilon_0 a} + \frac{a^2}{3\varepsilon_0}$$

例 3.6 求(1) 点电荷(2) 体电荷、面电荷和线电荷产生的电场中的电位分布。

解 (1) 单个点电荷 q 的电场中任一点的电位：

取 P 点(距离 R_P)为参考点，则

$$\begin{aligned} \varphi(r) &= \int_r^{R_P} \boldsymbol{E} \cdot \mathrm{d}\boldsymbol{l} = \int_r^{R_P} \frac{q}{4\pi\varepsilon_0 R^2} \boldsymbol{e}_r \cdot \mathrm{d}\boldsymbol{l} \\ &= \frac{q}{4\pi\varepsilon_0} \int_r^{R_P} \frac{\mathrm{d}R}{R^2} \\ &= \frac{q}{4\pi\varepsilon_0 r} - \frac{q}{4\pi\varepsilon_0 R_P} \end{aligned}$$

若令 $R_P \to \infty$，则

$$\varphi(r) = \frac{q}{4\pi\varepsilon_0 r}$$

应用叠加定理，n 个点电荷电场中的电位为

$$\varphi = \sum_{i=1}^{n} \frac{q_i}{4\pi\varepsilon_0 r_i}$$

(2) 同样应用叠加定理

体电荷：$\varphi = \int_V \dfrac{\rho_V}{4\pi\varepsilon_0 r} \mathrm{d}V$

面电荷：$\varphi=\int_S \frac{\rho_S}{4\pi\varepsilon_0 r}\mathrm{d}S$

线电荷：$\varphi=\int_l \frac{\rho_l}{4\pi\varepsilon_0 r}\mathrm{d}l$

例 3.7 求电量为 q，相距为 l 的一对正负点电荷组成的电偶极子的电场。

解 电量为 q，相距 l 的一对正负电荷组成电偶极子。其大小与方向用电偶极矩 $\boldsymbol{p}$ 表示：

$$\boldsymbol{p}=q\boldsymbol{l} \tag{3.32}$$

由于电荷分布具有轴对称性，电位与电场强度也就具有轴对称性。为计算方便，选用球坐标系，并取轴线在 z 轴，中点在原点，如图 3.2 所示。设正电荷到场点的距离为 $\boldsymbol{r}_+$，负电荷到场点的距离为 $\boldsymbol{r}_-$，则场点的电位为

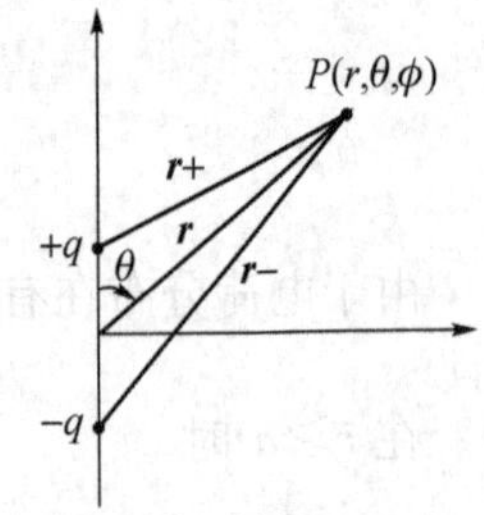

图 3.2 （例 3.7 图）

$$\varphi(r)=\frac{q}{4\pi\varepsilon_0 r_+}-\frac{q}{4\pi\varepsilon_0 r_-}=\frac{q}{4\pi\varepsilon_0}\frac{r_- - r_+}{r_- r_+}$$

$$=\frac{ql\cos\theta}{4\pi\varepsilon_0 r^2}=\frac{\boldsymbol{p}\cdot\boldsymbol{e}_r}{4\pi\varepsilon_0 r^2}$$

当 $r\gg l$，$\boldsymbol{r}$，$\boldsymbol{r}_+$，$\boldsymbol{r}_-$ 可近似看成平行，可作如下近似：

$$r_+\approx r-\frac{l}{2}\cos\theta$$

$$r_-\approx r+\frac{l}{2}\cos\theta$$

$$r_- r_+\approx r^2$$

代入后可得电偶极子的电位为

$$\varphi(\boldsymbol{r})=\frac{ql\cos\theta}{4\pi\varepsilon_0 r^2}=\frac{\boldsymbol{p}\cdot\boldsymbol{e}_r}{4\pi\varepsilon_0 r^2}$$

电偶极子的电场为

$$\boldsymbol{E}=-\left(\frac{\partial\varphi}{\partial r}\boldsymbol{e}_r+\frac{1}{r}\frac{\partial\varphi}{\partial\theta}\boldsymbol{e}_\theta+\frac{1}{r\sin\theta}\frac{\partial\varphi}{\partial\phi}\boldsymbol{e}_\phi\right)=\frac{p\cos\theta}{2\pi\varepsilon_0 r^3}\boldsymbol{e}_r+\frac{p\sin\theta}{4\pi\varepsilon_0 r^3}\boldsymbol{e}_\theta$$

以上结果表明，电偶极子产生的电位与距离的平方成反比，而电荷产生的电位仅与距离成反比。电偶极子产生的电场与距离的三次方成反比，而电荷产生的电场仅与距离平方成反比。此外，电偶极子的电位和电场强度还与方位角有关。

3.4 静电场中导体的性质

全部空间区域为真空，没有实体物质的理想情况在电磁学中称为自由空间。现在

我们讨论电场中的实体物质(在电磁学中一般称为媒质)。

媒质分为导体(导电媒质)和电介质。

导体(Conductor)中有可自由运动的电荷或者是带电离子,前者是金属类导体,而后者是碱、酸和盐溶液等电解液。本节中研究金属导体。在电场中,导电媒质中自由电荷在电场力的作用下运动形成电流。电介质中没有可自由运动的电荷,或者自由电荷非常少以至于可以忽略。电介质中的电子,只能在原子核周围有很小的位移,被束缚在原子核周围,称为束缚电荷,因此一般情况下电介质不导电,也叫绝缘体。

对于导体来说,每个原子都有 1~3 个价电子。因为热扰动,这些自由电子随机移动。在孤立导体中,没有任何定向漂移,当导体内有外部维持电场时,正是这些电子产生电流。在实际应用中,我们一般用电导率(σ)来描述导体而不是用自由电子的数目。一般价电子增多,电导率减少。

电导率是表征材料导电特性的一个物理量,电导率的倒数称为电阻率。如果电导率是一个比例常数,则这种导电媒质称为线性媒质;如果导电媒质的电导率是均匀不变的,它不是空间的函数,则这种导电媒质称为均匀媒质;如果导电媒质的性质和场矢量的方向无关,则这种导电媒质称为各向同性媒质。电导率和材料本身的性质(如材料中自由电子密度、平均自由时间)有关,也和环境温度有关。对金属导体材料,在给定的场强下,温度升高,金属结晶点阵振动加剧,对电子运动的阻尼作用也增大,使电子漂移速度降低,电子迁移率变小,结果使金属电导率变小,电阻率增大。金属电导率和绝对温度近似成反比关系,或者说电阻率和绝对温度近似成线性关系。利用导电材料的电导率不同,可以制作各种电阻元件。某些金属导体在低温条件下电阻率趋向于零,可变成超导体,如铝在 1.2 K 时,就呈现超导状态。电导率是表征材料电磁特性的 3 个主要参量之一,不同材料的电导率差别很大。

当导体放入电场中,导体中的自由电荷就会在电场的作用下移动。正电荷沿电场方向移动,负电荷逆电场方向移动,使正负电荷分别聚集到导体的两侧表面附近,它们在导体中产生的电场 $\boldsymbol{E}'$ 与原来的电场 $\boldsymbol{E}$ 相反,使导体内的电场逐渐削弱,如图 3.3 所示。进行到使电荷在导体表面达到一定的分布状态,导体中的净电荷为零,导体中的电场为零为止。这就是静电平衡。静电平衡的建立过程是极其短暂的,例如铜达到静电平衡的时间在 10^{-14} s 这个数量级。在静电场中的导体已达到静电平衡后,导体内没有电流,没有电场,也没有净电荷,电荷分布在导体表面附近的薄层里,可看成是面电荷,称作感应电荷。导体表面上的感应电荷的分布使得它产生的电场与外加电场在导体中互相抵消,从而使导体中的电场为零,导体外区域的电场发生改变。因为导体内部电场处处为零,所以导体是等位体,导体表面是等位面,导体表面上的电场与表面垂直。

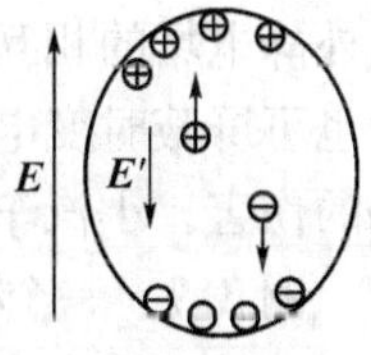

图 3.3

静电场有很多应用。例如人们最熟悉的自然界中的闪电即是一种静电放电现象。闪电可以发生在云层之间或云层与地球之间,结果使空气受热膨胀,产生雷声。闪电之前形成的电压可以高达 $10^8 \sim 10^9$ V，闪电时在 0.8 s 以内释放的电荷量约为 100 C 左右，产生的电流超过 50 000 A。闪电区域的长度可至 10 km，在 1 km 区域内聚集的能量约为 100 GW，相当于美国当前的发电量。闪电区域的温度可达 30 000 ℃。

静电场可以造福人类，但是同时也具有一定危害性。例如，静电场会影响植物的同化和异化作用，以及细胞的生长和染色体的畸变。由于静电感应作用，造成高压输电线对于电话线的干扰。当人体穿上绝缘鞋底，在高绝缘地面上行走时可以感应产生数千伏高电压，危及生命安全。

例 3.8 在静电场中的导体内部电场为零，如果导体中有一空腔，空腔内部无电荷，那么，空腔中的电场是否为零？导体表面上有无面电荷分布呢？

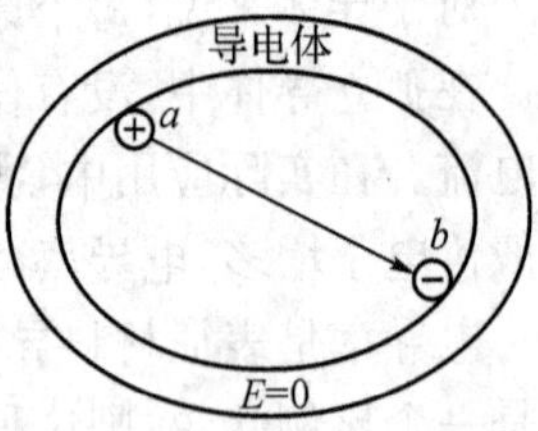

图 3.4 （例 3.8 图）

解 如果导体内空腔中有电场，该电场就一定是腔壁上的电荷产生的，总能在腔中找一条电力线，如图所示，从 a 到 b。沿该电力线对电场作线积分，其结果应等于 a 与 b 两点的电位差，由于这两点都在同一等位面上，其电位差为零，即

$$\int_a^b \boldsymbol{E} \cdot \mathrm{d}\boldsymbol{l} = \varphi(a) - \varphi(b) = 0$$

要使沿电力线对电场的线积分为零，电场必须为零，也就是说，空腔中电场强度也为零，所以腔壁上就没有面电荷分布。这说明，不论导体外的电场有多大，导体壳内的电场总为零，因此导体壳可以起到静电屏蔽的作用。

封闭的导体腔可以阻断外界静电场的影响称为静电屏蔽。当这种导体腔接地后，还可阻止内部静电场对于外界的影响。实用的静电屏蔽体通常用金属或金属网制成。

例如高电压实验室以及微波暗室通常应具备接地良好的金属网状屏蔽墙，以阻断内外静电场的相互影响。通信电缆及光缆通常具有很好的屏蔽铠装。这些屏蔽措施同时也可屏蔽时变电磁场。通常，某些电路板及敏感电子器件应放入导电袋中，以防止电场的伤害。小汽车的金属外壳可以避免雷击。

例 3.9 一个内半径为 b，外半径为 c 的孤立导体球壳，内部同心放置一个有电荷均匀分布半径为 a 的球，如图所示。试求空间各处的电场强度。

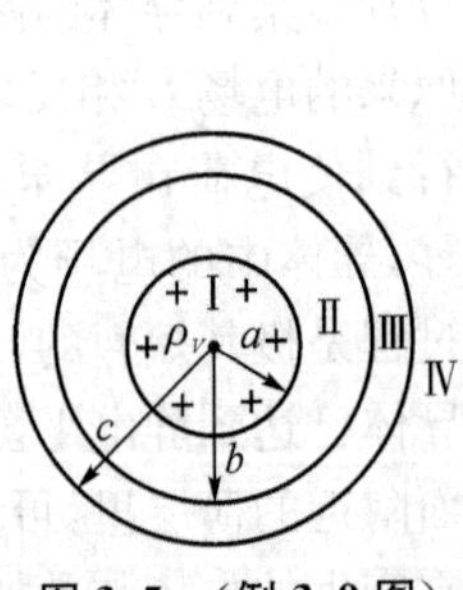

图 3.5 （例 3.9 图）

解 如图所示，把空间分为 4 个区域。

(1) 区域Ⅰ，$r < a$。球面包围的总电荷为

$$q = \frac{4\pi}{3} r^3 \rho_V$$

因为电荷均匀分布，$\boldsymbol{E}$ 场不仅是沿半径方向，并且在球面上为常数，由

$$\oint_s \boldsymbol{E} \cdot \mathrm{d}\boldsymbol{S} = 4\pi r^2 \boldsymbol{E}_r$$

得
$$E=\frac{r}{3\varepsilon_0}\rho_V e_r (0<r<a)$$

(2) 区域Ⅱ, $a\leqslant r<b$。球面包围的总电荷为

$$q=\frac{4\pi}{3}a^3\rho_V$$

由高斯定律得

$$E=\frac{a^3}{3\varepsilon_0 r^2}\rho_V e_r (a\leqslant r<b)$$

(3) 区域Ⅲ, $b\leqslant r\leqslant c$。因为导体内的 E 必须是零,在半径 $r=b$ 的球面上一定拥有与所围总电荷等量的负电荷。若 ρ_{sb} 为面电荷密度,则表面电荷总量为 $-4\pi b^2\rho_{sb}$,因而

$$\rho_{sb}=-\frac{a^3}{3b^2}\rho_V$$

(4) 区域Ⅳ, $r\geqslant c$。如果孤立导体球壳的内表面获得负电荷,则 $r=c$ 的外表面必须获得与之等量的正电荷,若 ρ_{sc} 为外表面的面电荷密度,则

$$\rho_{sc}=-\frac{a^3}{3c^2}\rho_V$$

在此区域的电场强度为

$$E=\frac{a^3}{3\varepsilon_0 r^2}\rho_V e_r$$

3.5 导体的电容

导体电容分为孤立导体电容、双导体电容及多个导体组成的多导体系统的电容来研究。

3.5.1 孤立导体电容

在线性介质中,一个孤立导体的电位(电位参考点在无限远处)与导体所带的电量成正比。导体所带的电量为 q 与其电位 φ 的比值定义为孤立导体的电容,记为 C,即

$$C=\frac{q}{\varphi} \tag{3.33}$$

电容的单位为 F(法拉)。孤立导体的电容与导体的几何形状、尺寸以及周围介质的特性有关。而与导体的带电量无关。

3.5.2 双导体电容

平行双导线、同轴线等是常见的双导体系统。导体上的带电量与两导体之间的电位差之比定义为两导体系统的电容，即

$$C=\frac{q}{|\varphi_1-\varphi_2|} \tag{3.34}$$

两导体系统的电容与两个导体的几何形状、尺寸和间距以及周围介质的特性有关，而与导体的带电量无关。如果把两导体之一移至无限远处，则两导体间的电位差就是另一导体的电位。这时电容就是某导体的带电量与其电位之比，即式(3.33)。

电容的概念不仅适用于电容器，而且适用于任意两个导体之间，以及导体和地之间。例如，两导线之间就有电容，一根导线与地之间也有电容。电容的概念，不仅仅表示两个导体在一定的电压下，存储电荷和电能的大小，它还表示两个导体的电场互相影响，或者说电耦合的程度。

3.5.3 多导体系统的电容

对于两个以上导体组成的多导体系统，由于其中任一个导体上的电位都要受到其余多个导体上电荷的影响，情况要比两导体复杂，两两之间的相互影响不同于仅有两个导体的情况，因此，将它们之间的电耦合用部分电容表示。例如大地与架空三相输电线之间的影响，如图 3.6 所示。在电子设备的电路板上，导线或引线之间以及它们与接地板之间都存在部分电容。不同回路的导体之间的部分电容可以造成不同回路的电耦合，使得回路之间相互影响，可能造成不希望的干扰。

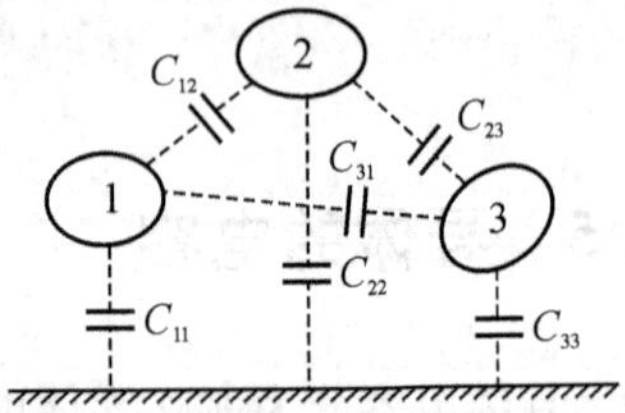

图 3.6

设线性介质中有 $n+1$ 个带电导体，它们的电位仅取决于它们中每个导体所带的电量，而与它们之外的带电体无关，且它们的总电量为零，这样的带电导体系统称为孤立带电系统。对于多导体组成的孤立带电系统中的每一个导体，其电位与系统中每个导体上的电量成线性关系，例如第一个导体上的电位可用各导体的电量表示为

$$\varphi_1=\gamma_{11}q_1+\gamma_{12}q_2+\cdots+\gamma_{1n+1}q_{n+1} \tag{3.35}$$

考虑到孤立带电系统中

$$q_1+q_2+q_3+\cdots+q_{n+1}=0 \tag{3.36}$$

令第 $n+1$ 个导体电位为零，将它的电量用其余导体的电量表示

$$q_{n+1}=-(q_1+q_2+\cdots+q_n) \tag{3.37}$$

将上式代入式(3.35)，并将系统中各导体的电位都用电量表示，形成线性方程组

$$\begin{cases}\varphi_1=a_{11}q_1+a_{12}q_2+\cdots+a_{1n}q_n\\ \varphi_2=a_{21}q_1+a_{22}q_2+\cdots+a_{2n}q_n\\ \cdots\\ \varphi_n=a_{n1}q_1+a_{n2}q_2+\cdots+a_{nn}q_n\end{cases}\tag{3.38}$$

此方程组经求解变换后，也可以写成：

$$\begin{cases}q_1=\beta_{11}\varphi_1+\beta_{12}\varphi_2+\cdots+\beta_{1i}\varphi_i+\cdots+\beta_{1n}\varphi_n\\ \cdots\\ q_k=\beta_{k1}\varphi_1+\beta_{k2}\varphi_2+\cdots+\beta_{ki}\varphi_i+\cdots+\beta_{kn}\varphi_n\\ \cdots\\ q_n=\beta_{n1}\varphi_1+\beta_{n2}\varphi_2+\cdots+\beta_{ni}\varphi_i+\cdots+\beta_{nn}\varphi_n\end{cases}\tag{3.39}$$

令

$$U_{ii}=\varphi_i\tag{3.40}$$

$$U_{ki}=\varphi_k-\varphi_i\tag{3.41}$$

式(3.39)经整理可写成以下形式：

$$\begin{cases}q_1=C_{11}U_{11}+C_{12}U_{12}+\cdots+C_{1i}U_{1i}+\cdots+C_{1n}U_{1n}\\ \cdots\\ q_k=C_{k1}U_{k1}+C_{k2}U_{k2}+\cdots+C_{ki}U_{ki}+\cdots+C_{kn}U_{kn}\\ \cdots\\ q_n=C_{n1}U_{n1}+C_{n2}U_{n2}+\cdots+C_{ni}U_{ni}+\cdots+C_{nn}U_{nn}\end{cases}\tag{3.42}$$

上式表示各导体上的电量与导电系统中两两导体之间的电压的关系，式中各系数称为部分电容，其中，C_{ii} 称为第 i 个导体的固有部分电容：

$$C_{ii}=\frac{q_i}{\varphi_i}\bigg|_{\varphi_k=\varphi_i(k=1,2,\cdots,n)}$$

它表示当使 n 个导体电位相同时，第 i 个导体与地之间的电容；C_{ki} 表示第 k 个导体与第 i 个导体之间的互有部分电容：

$$C_{ki}=\frac{q_k}{\varphi_k-\varphi_i}\bigg|_{\varphi_k=0,(k=1,2,\cdots,n)}$$

部分电容仅与导体系统的几何结构及介质有关，与导体的带电状态无关。

例 3.10 两相距为 d 每块面积为 S 的平行导电板构成的平板电容器，上面板的电荷为 $+Q$，下面板为 $-Q$，忽略边缘效应，问电容是多少？

解 选用直角坐标系，下面板放到 xy 面，即 $z=0$ 平面，上表面放到 $z=d$ 平面，导体间的电场强度为

$$\boldsymbol{E}=-\frac{\rho_s}{\varepsilon}\boldsymbol{e}_z$$

$$\rho_s=\frac{Q}{S}$$

式中，Q 为处于 $z=d$ 的上面板的电荷，S 为每块板的面积，ε 为媒质的介电常数。

上面板相对于下面板的电位为

$$V=-\int_0^{\mathrm{d}}\boldsymbol{E}\cdot\mathrm{d}\boldsymbol{l}=\frac{\rho_s}{\varepsilon}\int_0^{\mathrm{d}}\mathrm{d}z=\frac{\rho_s d}{\varepsilon}=\frac{Qd}{\varepsilon S}$$

因此，平板电容器的电容为

$$C=\frac{Q}{V}=\frac{\varepsilon S}{d}$$

例 3.11 圆柱电容器由半径为 a 的一段直导线和套在它外面的同轴导体圆筒构成，圆筒的内半径为 b，导线与圆筒间是空气，导线和圆筒的长度为 L。略去边缘效应。试求这电容器的电容。

解 设在导线与圆筒间加上电压 U，导线单位长度上的电荷量为 ρ_l，则由对称性和高斯定律得

$$\oint_s\boldsymbol{E}\cdot\mathrm{d}\boldsymbol{S}=E\cdot 2\pi rL=\frac{\rho_l L}{\varepsilon_0}$$

所以

$$E=\frac{\rho_l}{2\pi\varepsilon_0 r}$$

电位差为

$$U=\int_a^b\boldsymbol{E}\cdot\mathrm{d}\boldsymbol{l}=\int_a^b E\mathrm{d}r=\frac{\rho_l}{2\pi\varepsilon_0}\int_a^b\frac{\mathrm{d}r}{r}=\frac{\rho_l}{2\pi\varepsilon_0}\ln\frac{b}{a}$$

于是所求电容为

$$C=\frac{Q}{U}=\frac{\rho_l L}{U}=\frac{2\pi\varepsilon_0 L}{\ln(b/a)}$$

例 3.12 一球形电容器由两个同心的薄金属球壳构成，两壳的半径分别为 R_1 和 R_2，两壳间充满 ε 的均匀介质，内壳带有电荷量 Q，试求球形电容器的电容。

解 由高斯定律得,介质内的电场强度为

$$\boldsymbol{E}=\frac{Q}{4\pi\varepsilon r^2}\boldsymbol{e}_r$$

式中 $\boldsymbol{e}_r=\frac{\boldsymbol{r}}{r}$,$\boldsymbol{r}$ 是球心到场点的位矢,$r=|\boldsymbol{r}|$,两壳的电势差为

$$U=\int_{R_1}^{R_2}\boldsymbol{E}\cdot \mathrm{d}\boldsymbol{r}=\frac{Q}{4\pi\varepsilon}\int_{R_1}^{R_2}\frac{\boldsymbol{e}_r.\mathrm{d}\boldsymbol{r}}{r^2}=\frac{Q}{4\pi\varepsilon}\left(\frac{1}{R_1}-\frac{1}{R_2}\right)$$

所求的电容为

$$C=\frac{Q}{U}=\frac{4\pi\varepsilon R_1R_2}{R_2-R_1}$$

3.6 静电场的边界条件

静电场是一般时变场在令各类场量均不随时间而变化条件下的特例情况。在静电场分析中,经常遇到不同电介质分界面和理想导体与电介质分界面的情况。其边界条件可以从第 2 章 2.5 节的时变场边界条件直接得出。

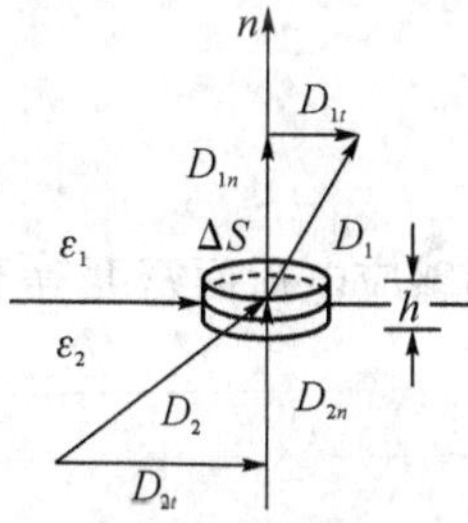

图 3.7 D 的边界条件

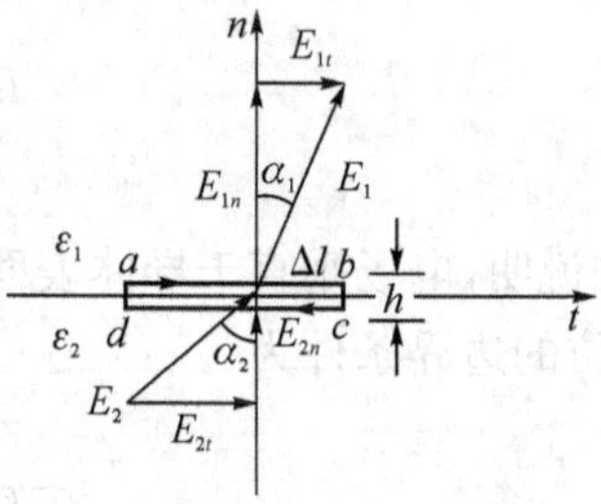

图 3.8 E 的边界条件

(1) 不同介质边界的边界条件

在两种不同介质的分界面上,没有自由电荷,即 $\rho_s=0$,由时变场边界条件得,两种不同介质界面上的边界条件为

$$D_{1n}=D_{2n} \tag{3.43}$$

$$E_{1t}=E_{2t} \tag{3.44}$$

$$\boldsymbol{e}_n\cdot(\boldsymbol{D}_1-\boldsymbol{D}_2)=\rho_s \tag{3.45}$$

$$\boldsymbol{e}_n\times\boldsymbol{E}_1=\boldsymbol{e}_n\times\boldsymbol{E}_2 \tag{3.46}$$

也就是说,在两种不同介质的界面上,电位移矢量的法线分量连续,电场强度的切线方向连续。将 $\boldsymbol{D}=\varepsilon\boldsymbol{E}$ 代入

$$\varepsilon_1 E_{1n} = \varepsilon_2 E_{2n} \tag{3.47}$$

根据 $\boldsymbol{E} = -\nabla\varphi$ 可得到电位在两种不同介质界面上的边界条件

$$\frac{\partial\varphi_1}{\partial t} = \frac{\partial\varphi_2}{\partial t}$$

$$\varepsilon_1 \frac{\partial\varphi_1}{\partial n} = \varepsilon_2 \frac{\partial\varphi_2}{\partial n}$$

由(3.47)可见,电场强度在介质分界面上不连续,使界面两边的电场不但大小不同,方向也不同。由式(3.44)和(3.47)得界面两边电场强度方向与法线的夹角的关系为

$$\frac{1}{\varepsilon_1}\tan\alpha_1 = \frac{1}{\varepsilon_2}\tan\alpha_2$$

α 为场强与法线之间的夹角。

界面上电场不连续是由于界面上有束缚电荷。界面上的束缚电荷面密度为

$$\rho_s{}' = \varepsilon_0(E_{1n} - E_{2n}) \tag{3.48}$$

(2) 导体表面的边界条件

由于在导体中电场为零,表面上存在感应的自由电荷,根据式(3.43)和式(3.44),在导体面上

$$D_n = \rho_s$$

$$E_t = 0$$

以上两式说明,电场垂直于导体表面,且表面上的感应电荷面密度等于表面上的电位移矢量,电位的边界条件为

$$-\varepsilon\frac{\partial\varphi}{\partial n} = \rho_s$$

$$\varphi = 常数$$

上式说明,导体表面是等位面。

例 3.13 电荷 Q 均匀分布在半径为 R 的金属球表面,试确定球表面的电场强度 $\boldsymbol{E}$。

解 面电荷密度 $\rho_s = \dfrac{Q}{4\pi R^2}$

在导体表面只有 $\boldsymbol{D}$ 的法向分量存在,所以 $\boldsymbol{D} = D_r\boldsymbol{e}_r$。

由边界条件 $D_r = \rho_s$

所以
$$D_r = \frac{Q}{4\pi R^2}$$

$$E_r = \frac{Q}{4\pi\varepsilon R^2}$$

例 3.14 平面 $z=0$ 是介于自由空间与相对介电常数为 40 的电介质之间的边界，分界面上自由空间一侧的电场强度 $\boldsymbol{E}$ 为 $\boldsymbol{E}_2=13\boldsymbol{e}_x+40\boldsymbol{e}_y+50\boldsymbol{e}_z$ (V/m)，试确定分界面另一侧的电场强度 $\boldsymbol{E}_1$。

解 根据边界条件 $E_{1t}=E_{2t}$，$\varepsilon_1 E_{1n}=\varepsilon_2 E_{2n}$ 得

$$\begin{cases} E_{1x}=E_{2x}=13 \\ E_{1y}=E_{2y}=40 \end{cases}$$

又因为法线方向与 z 轴一致，$\varepsilon_1 E_{1n}=\varepsilon_2 E_{2n}$ 可写成 $\varepsilon_1 E_{1z}=\varepsilon_2 E_{2z}$

所以

$$40\varepsilon_0 E_{1z}=50\varepsilon_0$$

得

$$E_{1z}=1.25$$

所以分界面另一侧 $\boldsymbol{E}_1=13\boldsymbol{e}_x+40\boldsymbol{e}_y+1.25\boldsymbol{e}_z$ (V/m)

例 3.15 两块导电平板平行放置，之间填充厚度分别为 d_1，d_2 的两层介质。如图 3.9 所示。两导体板间的电压为 V，忽略边缘效应，求它们之间的电场及电荷分布。

解 忽略边缘效应，导电板上的电荷均匀分布，在导电板之间，电力线为平行的直线，即介质的电场分布是均匀的。

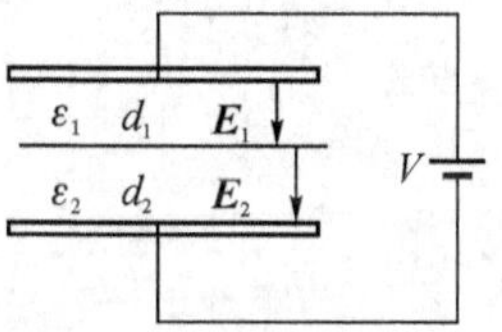

图 3.9 （例 3.15 图）

设两介质中的电场强度分别为 $\boldsymbol{E}_1$，$\boldsymbol{E}_2$ 是常矢量，那么由两介质界面的边界条件以及电场与电压的关系得

$$\varepsilon_1\boldsymbol{E}_1=\varepsilon_2\boldsymbol{E}_2$$
$$\boldsymbol{E}_1 d_1+\boldsymbol{E}_2 d_2=V$$

对以上两式联立求解，得

$$\boldsymbol{E}_1=\frac{\varepsilon_2 V}{\varepsilon_1 d_2+\varepsilon_2 d_1}$$
$$\boldsymbol{E}_2=\frac{\varepsilon_1 V}{\varepsilon_1 d_2+\varepsilon_2 d_1}$$

正负极板上的电荷面密度分别为

$$\rho_{s1}=D_{1n}=\varepsilon_1 E_{1n}=\frac{\varepsilon_1\varepsilon_2 V}{\varepsilon_1 d_2+\varepsilon_2 d_1}$$
$$\rho_{s2}=D_{2n}=\varepsilon_2 E_{2n}=\frac{\varepsilon_1\varepsilon_2 V}{\varepsilon_1 d_2+\varepsilon_2 d_1}$$

由式(3.48)两介质界面的束缚电荷面密度为

$$\rho_{s'}=\frac{\varepsilon_0 V}{\varepsilon_1 d_2+\varepsilon_2 d_1}(\varepsilon_1-\varepsilon_2)$$

3.7 镜像法

至今为止，我们一直假设电荷是独立存在的，并且所讨论的区域内没有任何东西可

以影响它们的场，然而，更为常见的情况是，电荷(或电荷分布)靠近导体表面时，由于导体表面上出现感应电荷，必然会对实际电荷的场产生影响。例如，地球对架空传输线所产生电场的影响就不可忽略。类似的，发送和接收天线的场分布会因支撑它们的金属导电体的出现而显著地改变。镜像法就是解决这些问题的一种方法。所谓镜像法，就是暂时忽略导电平面的存在，并在平面后面放置镜像电荷。镜像法就是一种寻找等效问题的方法，它遵循两个原则：第一，在相同的区域 V 中有同样的电荷分布。第二，在相同的边界 S 有同样的边界条件。

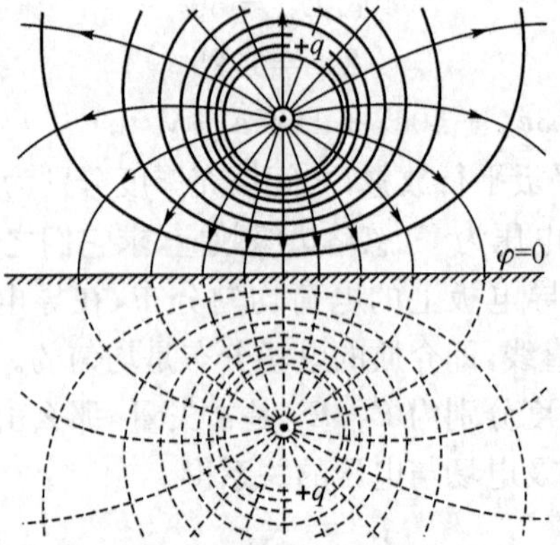

图 3.10

3.7.1 导电平面上方点电荷的电场

在无限大的导电平板上方 h 处有一个点电荷 q，求导电板上方空间的电位分布。

导电平板上场区的电位是由点电荷以及导电平面上的感应电荷产生的，但感应电荷是未知的，无法直接利用感应电荷进行计算。

现在考虑另一种情况，空间中有两个点电荷 q 和 $-q$，分别位于 $(0,0,d)$ 和点 $(0,0,-d)$，使得 xy 面的电位为 0。这种情况，对于 $z>0$ 的空间区域。电荷分布与边界条件都与前一种情况相同。根据惟一性定理，这两种情况 $z>0$ 区域的电位是相同的，也就是说，可以通过后一种情况的两个点电荷来计算前一种问题的待求场。对比两种情况，对于 $z>0$ 区域的场来说，后一种情况位于 $(0,0,-d)$ 的点电荷与前一种情况导电平面上感应电荷是等效的。由于这个等效的点电荷与待求场区的点电荷相对于边界面是镜像对称的。所以这个等效的点电荷称为镜像电荷。这种通过场区之内的电荷与其在待求区域之外的镜像电荷来进行电场计算的方法称为镜像法。需要强调的是，镜像法只是对待定的区域才有效，镜像电荷一定位于有效的场区之外。

因此
$$V=\frac{q}{4\pi\varepsilon}\left[\frac{1}{R_1}-\frac{1}{R_2}\right]$$

式中
$$R_1=\left[x^2+y^2+(z-d)^2\right]^{\frac{1}{2}}$$

$$R_2=[x^2+y^2+(z+d)^2]^{\frac{1}{2}}$$

在导电平面上，$R_1=R_2$，$V=0$。P 点的电场强度为

$$\boldsymbol{E}=-\nabla V=-\frac{q}{4\pi\varepsilon}\left[\left(\frac{x}{R_2^3}-\frac{x}{R_1^3}\right)\boldsymbol{e}_x+\left(\frac{y}{R_2^3}-\frac{y}{R_1^3}\right)\boldsymbol{e}_y+\left(\frac{z+d}{R_2^3}-\frac{z-d}{R_1^3}\right)\boldsymbol{e}_z\right]$$

在导电平面上，电场强度简化为

$$\boldsymbol{E}=-\frac{2qd}{4\pi\varepsilon R^3}\boldsymbol{e}_z$$

$$R=[x^2+y^2+d^2]^{\frac{1}{2}}$$

$\boldsymbol{D}$ 的法向分量等于导体表面($z=0$)的电荷密度，故有

$$\rho_s=-\frac{2qd}{4\pi R^3}$$

因此无穷大导电平面表面感生的总电荷为

$$Q=\int_s\rho_s\,\mathrm{d}s=\int_s-\frac{2qd}{4\pi R^3}\mathrm{d}s=-\frac{2qd}{4\pi}\int_0^\infty\frac{\rho\,\mathrm{d}\rho}{(\rho^2+d^2)^{3/2}}\int_0^{2\pi}\mathrm{d}\varphi=-q$$

即导体表面的总电荷为$-q$。

例 3.16 用无限大的导电平面折成一直角区域，直角区域有一点电荷 q，求直角区域中的电位。

解 建立直角坐标系，使直角导电面与坐标平面相合，并使点电荷位于 xy 平面，设其坐标为$(a,b,0)$。现在，待求场区为 $x>0$，$y>0$ 区，边界面为 $x=0$ 面与 $y=0$ 面，在边界面上电位为零。容易看出，对于如图所示的空间有相对坐标面对称分布的四个点电荷的情况，在坐标的第一象限与原问题有相同的电荷分布和边界条件。因此，可通过这四个点电荷求解待求场区的场，即

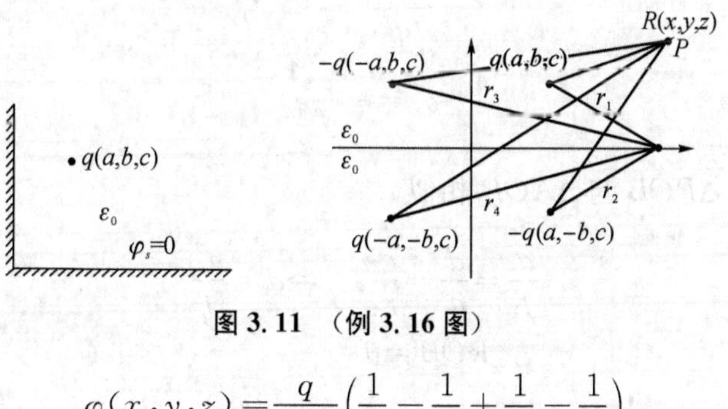

图 3.11 (例 3.16 图)

$$\varphi(x,y,z)=\frac{q}{4\pi\varepsilon_0}\left(\frac{1}{r_1}-\frac{1}{r_2}+\frac{1}{r_3}-\frac{1}{r_4}\right)$$

式中

$$r_1=\sqrt{(x-a)^2+(y-b)^2+z^2}$$

$$r_2=\sqrt{(x+a)^2+(y-b)^2+z^2}$$

$$r_3 = \sqrt{(x+a)^2 + (y+b)^2 + z^2}$$

$$r_4 = \sqrt{(x-a)^2 + (y+b)^2 + z^2}$$

镜像法不仅可用于以上介绍的导电平面和直角形导电面的情况，也可用于导电平面折成的角度为 $\alpha = \dfrac{\pi}{n}$（n 为正整数）的角形区域，其电场可用原来的电荷与 $2n-1$ 个镜像电荷计算。

3.7.2 导体球附近点电荷的电场

在点电荷位于导体球附近的场合，也可以用镜像法计算电场，考虑半径为 a、接地的导体球附近距离球心为 f 的 B 点处有一点电荷 q，计算导电球外的电场。

用镜像法，设镜像电荷 q' 位于球面内点电荷与球心的连线上距球心为 d 的 A 点处，如图 3.12 所示，那么，为保证与原问题有相同的边界条件，球外的点电荷 q 与去掉导体球后的镜像电荷 q' 在半径为 a 球面边界上任一点 P 处产生的电位应为零，即

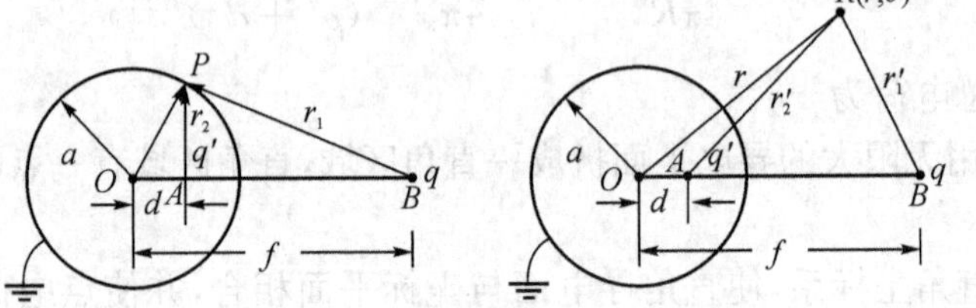

图 3.12

$$\frac{q}{4\pi\varepsilon_0}\frac{1}{r_1} + \frac{q'}{4\pi\varepsilon_0}\frac{1}{r_2} = 0$$

$$\frac{-q'}{q} = \frac{r_2}{r_1}$$

$$q' = -\frac{a}{f}q$$

选择 d 值使 ΔPOB 与 ΔAOP 相似

$$\frac{a}{f} = \frac{d}{a} = \frac{r_2}{r_1} \quad \Rightarrow d = \frac{a^2}{f}$$

$$\angle ROB = \theta$$

$$\varphi(r) = \frac{1}{4\pi\varepsilon_0}\left(\frac{q}{r'_1} + \frac{q'}{r'_2}\right)$$

$$r'_1 = \sqrt{f^2 + r^2 - 2rf\cos\theta}$$

$$r'_2 = \sqrt{d^2 + r^2 - 2rd\cos\theta}$$

例 3.17 半径为 a，电位为 V 的导体球附近距离球心 f 处有一点电荷 q，计算导体球外的电位。

解 由于导体球电位不为 0，所以导体球外任一点的电位可分解为一个电位为 V 的导体球产生的电位 $\varphi_2(r)$ 与电位为零的导体球外放置一点电荷 ε 所产生的电位 $\varphi_1(r)$之和。

$$\varphi(r)=\varphi_1(r)+\varphi_2(r)$$

$$\varphi_1(r)=\frac{1}{4\pi\varepsilon_0}\left(\frac{q}{r_1}+\frac{q'}{r_2}\right)$$

$$r_1=\sqrt{f^2+r^2-2rf\cos\theta}$$

$$r_2=\sqrt{d^2+r^2-2r\mathrm{d}\cos\theta}$$

$$q'=-\frac{a}{f}q$$

$$d=\frac{a^2}{f}$$

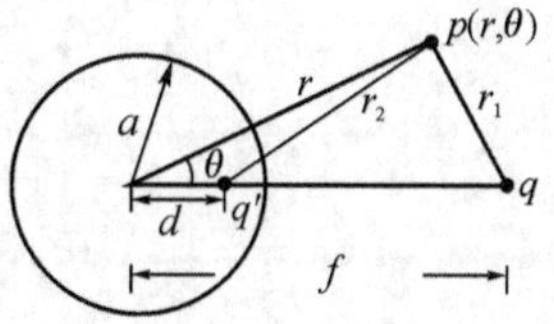

图 3.13 （例 3.17 图）

孤立导体在空间产生的电位

$$\varphi_2(r)=\frac{q}{4\pi\varepsilon_0 r}$$

设导体带电量为 q，则其在 p 点产生的电位为

$$\varphi_2(a)=\frac{q}{4\pi\varepsilon_0 a}=V$$

$$\Rightarrow\varphi_2(r)=\frac{a}{r}V$$

所以

$$\varphi(r)=\varphi_1(r)+\varphi_2(r)=\frac{q}{4\pi\varepsilon_0}\left(\frac{1}{\sqrt{f^2+r^2-2rf\cos\theta}}-\frac{a}{f\sqrt{\mathrm{d}^2+r^2-2rd\cos\theta}}\right)+\frac{a}{r}V$$ 导体球壳内有点电荷时，球壳内任一点的电场也可以用类似的方法计算。

3.7.3 无限大介质平面上点电荷的电场

镜像法不但适合于计算上述的几种导体边界的情形，也可用于如图 3.14(a)所示介质平面边界的情形，图中两种不同介质中的电场是由点电荷 q 和介质分界面上的束缚电荷产生的。利用镜像法，计算介质 1 中的电位 φ_1 时，可将界面上的束缚电荷用放在点电荷镜像位置的镜像电荷 q' 来等效，如图 3.14(b)所示；计算介质 2 中的电位 φ_2 时，可将界面上的束缚电荷和点电荷用放在点电荷 q 位置的点电荷 q'' 来等效，如图 3.14(c)，则电位为

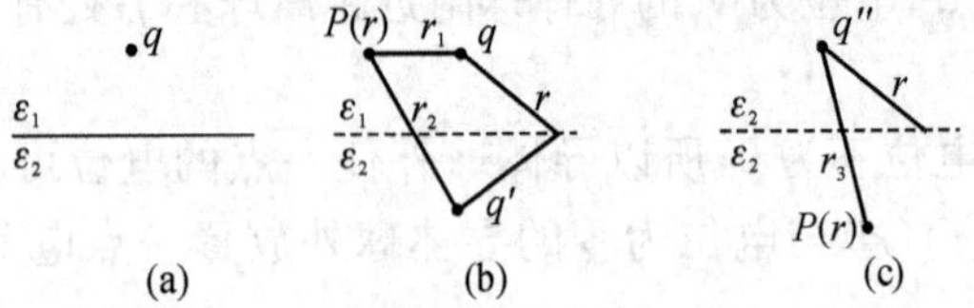

图 3.14　介质界面上方的点电荷的镜像

$$\varphi_1(r)=\frac{1}{4\pi\varepsilon_1}\left(\frac{q}{r_1}+\frac{q'}{r_2}\right)$$

$$\varphi_2(r)=\frac{q''}{4\pi\varepsilon_2 r_3}$$

等效电荷 q' 和 q'' 的值应使两种介质中的电场在介质分界面满足边界条件，即在边界上有

$$\varphi_{1S}=\varphi_{2S} \tag{1}$$

$$\varepsilon_1\frac{\partial\varphi_{1S}}{\partial n}=\varepsilon_2\frac{\partial\varphi_{2S}}{\partial n} \tag{2}$$

将 φ_1 和 φ_2 代入边界条件，考虑到在边界上任一点，r_1,r_2,r_3 相等，可以用 r 表示，得

$$\frac{1}{4\pi\varepsilon_1}\left(\frac{q}{r}+\frac{q'}{r}\right)=\frac{1}{4\pi\varepsilon_2}\frac{q''}{r}$$

$$\Rightarrow\frac{1}{\varepsilon_1}(q+q')=\frac{1}{\varepsilon_2}q'' \tag{3}$$

$$\varepsilon_1\frac{\partial\varphi_{1S}}{\partial n}=\varepsilon_2\frac{\partial\varphi_{2S}}{\partial n}\quad\Rightarrow\varepsilon_1E_{n1}=\varepsilon_2E_{n2} \tag{4}$$

其中

$$E_{n1}=\frac{1}{4\pi\varepsilon_1}\left(\frac{q}{r^2}-\frac{q'}{r^2}\right)\cos\theta\ ;\quad E_{n2}=\frac{1}{4\pi\varepsilon_2}\frac{q''}{r^2}\cos\theta$$

代入式(4)得

$$\frac{1}{4\pi}\left(\frac{q}{r^2}-\frac{q'}{r^2}\right)\cos\theta=\frac{1}{4\pi}\frac{q''}{r^2}\cos\theta\quad\Rightarrow q-q'=q'' \tag{5}$$

由式(3)和式(5)得出

$$q'=\frac{\varepsilon_1-\varepsilon_2}{\varepsilon_1+\varepsilon_2}q;\quad q''=\frac{2\varepsilon_2}{\varepsilon_1+\varepsilon_2}q$$

3.8　恒定电场

恒定电流空间存在的电场，称为恒定电场。恒定电流是不随时间变化的电流。虽

然恒定电流场中的自由电荷是运动电荷，但由于电流不随时间变化，电荷分布也一定不随时间变化。恒定电流场中的电场是恒定电流场中的电荷产生的，也不随时间变化。

3.8.1 恒定电流场方程

由电荷守恒定律，在任一封闭面中流出的电流等于该封闭面中电量在单位时间内的减少，即

$$\oint_S \boldsymbol{J} \cdot \mathrm{d}\boldsymbol{S} = -\frac{\partial q}{\partial t} \tag{3.49}$$

设封闭面中的电荷密度为 ρ，则

$$q = \int_V \rho \mathrm{d}V$$

代入式(3.49)得

$$\oint_S \boldsymbol{J} \cdot \mathrm{d}\boldsymbol{S} = -\int_V \frac{\partial \rho}{\partial t} \mathrm{d}V \tag{3.50}$$

利用高斯定律，可得到上式的微分形式：

$$\nabla \cdot \boldsymbol{J} = -\frac{\partial \rho}{\partial t} \tag{3.51}$$

式(3.49)和(3.51)分别称为电荷守恒定律的积分形式和微分形式。

由于恒定电流场中，运动电荷的分布不随时间变化，因此式(3.49)和(3.51)变为

$$\begin{cases} \oint_S \boldsymbol{J} \cdot \mathrm{d}\boldsymbol{S} = 0 \\ \nabla \cdot \boldsymbol{J} = 0 \end{cases} \tag{3.52}$$

上式表明，在恒定电流场中，从任一封闭面或点流出的电流的代数和为零，或流进的电流等于流出的电流，也就是说电流是连续的，因此，以上两式称为电流连续性原理。

恒定电场与静电场一样，也是保守场。即

$$\oint_l \boldsymbol{E} \cdot \mathrm{d}\boldsymbol{l} = 0$$

其微分形式为

$$\nabla \times \boldsymbol{E} = 0$$

也就是说，恒定电流场也是无旋场。

3.8.2 恒定电流场的边界条件

由恒定电流场方程的积分形式

$$\oint_S \boldsymbol{J} \cdot \mathrm{d}\boldsymbol{S} = 0$$

可知，分别取跨界面高度趋于零的圆柱面和宽度趋于零的矩形回路，如图 3.15 所示。

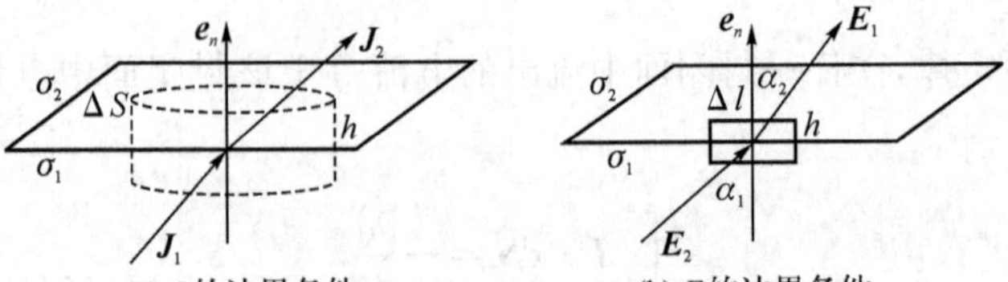

(a) J_n的边界条件　　(b) E_t的边界条件

图 3.15　恒定电流场的边界条件

由以下各式：

$$\oint_S \boldsymbol{J} \cdot \mathrm{d}\boldsymbol{S} = 0$$

$$\oint_{\Delta S_2} \boldsymbol{J}_2 \cdot \boldsymbol{e}_n \mathrm{d}\boldsymbol{S} - \oint_{\Delta S_1} \boldsymbol{J}_1 \cdot \boldsymbol{e}_n \mathrm{d}\boldsymbol{S} = 0$$

$$J_{2n} \Delta S - J_{1n} \Delta S = 0$$

$$\oint_l \boldsymbol{E} \cdot \mathrm{d}\boldsymbol{l} = 0$$

$$\int_{\Delta l_1} \boldsymbol{E}_1 \cdot \boldsymbol{e}_{l_1} \mathrm{d}\boldsymbol{l} + \int_{\Delta l_2} \boldsymbol{E}_2 \cdot \boldsymbol{e}_{l_2} \mathrm{d}\boldsymbol{l} = 0$$

$$\boldsymbol{E}_{1t} \Delta l - \boldsymbol{E}_{2t} \Delta l = 0$$

于是可导出恒定电流场的边界条件为

$$J_{1n} = J_{2n} \tag{3.53}$$

$$E_{1t} = E_{2t} \tag{3.54}$$

例 3.18　圆柱形电容器，长为 L，内外导体均理想，半径分别为 a 和 b，中间填充电导率为 σ 的导体，如图 3.16 所示，计算内外导体间的电阻。

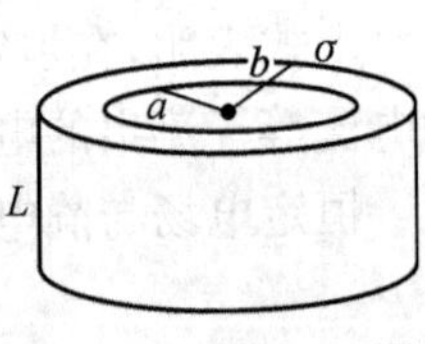

图 3.16　（例 3.18 图）

解　设内外导体间电流为 I，作一半径为 r 的圆柱面，则

$$J_r = \frac{I}{2\pi r L}$$

$$\boldsymbol{E}_r = \frac{\boldsymbol{J}}{\sigma} = \frac{I}{2\pi r \sigma L} \boldsymbol{e}_r$$

$$U = \int_a^b \boldsymbol{E} \mathrm{d}r = \frac{I}{2\pi \sigma L} \ln \frac{b}{a}$$

$$R = \frac{U}{I} = \frac{1}{2\pi \sigma L} \ln \frac{b}{a}$$

3.9 分离变量法

分离变量法是求解电位的拉普拉斯方程的一个重要方法。它要求所给区域的边界面与采用的坐标系中的坐标面一致,电位可分解成3个函数的乘积,而每一函数分别仅是一个坐标变量的函数。这样,偏微分方程就可分解为3个常微分方程来求解。根据给定的边界条件,确定待定系数。由惟一性定理可知,所得解是惟一的。

下面通过在直角和圆柱坐标系中的两个例子介绍求解电位边值问题的分离变量法。

3.9.1 直角坐标系中的分离变量法

在直角坐标系中,位函数 φ 的拉普拉斯方程为

$$\nabla^2\varphi=\frac{\partial^2\varphi}{\partial x^2}+\frac{\partial^2\varphi}{\partial y^2}+\frac{\partial^2\varphi}{\partial z^2}=0$$

对于二维问题,位函数 φ 只是 x 和 y 的函数,而与变量 z 无关,上式化为

$$\frac{\partial^2\varphi}{\partial x^2}+\frac{\partial^2\varphi}{\partial y^2}=0 \tag{3.55}$$

设其解为

$$\varphi=X(x)Y(y) \tag{3.56}$$

代入式(3.55)并对两边同除以 XY,得

$$\frac{1}{X}\frac{\mathrm{d}^2X}{\mathrm{d}x^2}+\frac{1}{Y}\frac{\mathrm{d}^2Y}{\mathrm{d}y^2}=0$$

上式第一项只是 x 的函数,第二项只是 y 的函数,因此上式对 x 求导,则第二项为零,结果第一项对 x 的导数为零,说明第一项等于常数。同理,第二项也等于常数。令此二常数分别为 $-k_x^2$ 和 $-k_y^2$,得两个常微分方程:

$$\frac{\mathrm{d}^2X}{\mathrm{d}x^2}+k_x^2X=0 \tag{3.57a}$$

$$\frac{\mathrm{d}^2Y}{\mathrm{d}y^2}+k_y^2Y=0 \tag{3.57b}$$

k_x、k_y 称为分离常数。它们并不都是独立的:

$$k_x^2+k_y^2=0 \tag{3.58}$$

可见 k_x^2、k_y^2 二者中一个为正值,则另一个为负值,因而 k_x、k_y 中一个为实数,另一个将为虚数。当它们取值不同时,方程的解也有不同的形式,下面进行介绍。

(1) $k_x^2=k_y^2=0$：此时方程的解为

$$X(x)=A_0x+B_0 \tag{3.59}$$

$$Y(y)=C_0y+D_0 \tag{3.60}$$

(2) $k_x^2>0$，$k_y^2=-k_x^2<0$：方程(3.57a)的特征方程有一对共轭虚根$\pm jk_x$，方程(3.57b)的特征方程有一对反号实根$\pm k_y$，故解的形式分别为

$$X(x)=Ae^{-jk_xx}+Be^{jk_xx}=A_1\cos k_xx+B_1\sin k_xx \tag{3.61}$$

$$Y(y)=Ce^{-jk_xy}+De^{jk_xy}=C_1\text{ch}\,k_xy+D_1\text{sh}\,k_xy \tag{3.62}$$

(3) $k_y^2>0$，$k_x^2=-k_y^2<0$：与上同理，可得解的形式为

$$X(x)=Ae^{-k_yx}+Be^{k_yx}=A_1\text{ch}\,k_yx+B_1\text{sh}\,k_yx \tag{3.63}$$

$$Y(y)=Ce^{-jk_yy}+De^{jk_yy}=C_1\cos k_yy+D_1\sin k_yy \tag{3.64}$$

方程(3.57a)和方程(3.57b)都是线性的，其解的组合仍是方程的解，因此式(3.61)～(3.64)各式中都写了两种解的形式，这里利用了下列公式：

$$\sin\alpha=\frac{e^{j\alpha}-e^{-j\alpha}}{2j},\cos\alpha=\frac{e^{j\alpha}+e^{-j\alpha}}{2}$$

$$\text{sh}\,\alpha=\frac{e^{\alpha}-e^{-\alpha}}{2},\text{ch}\,\alpha=\frac{e^{\alpha}+e^{-\alpha}}{2}$$

正确选择解的形式可方便地根据边界条件得出特解。一般地说，指数形式适合于无限区域的问题，而三角函数或双曲函数则对应于有限区域的情形。分离常数值主要与边界条件是否有周期特性有关。

例 3.19 两个无限大接地导体平面，间距d，一端接电位为V的导体面，求中间区域电位。

解 按图所示选取直角坐标系，使边界面与坐标面重合，由于两平行的导电平板很大，可近似认为沿x正方向，正负z方向都是无限的，因此电位与坐标变量z无关，那么，在3块导电板之间，电位所满足的拉普拉斯方程为

$$\frac{\partial^2\varphi}{\partial x^2}+\frac{\partial^2\varphi}{\partial y^2}=0 \tag{1}$$

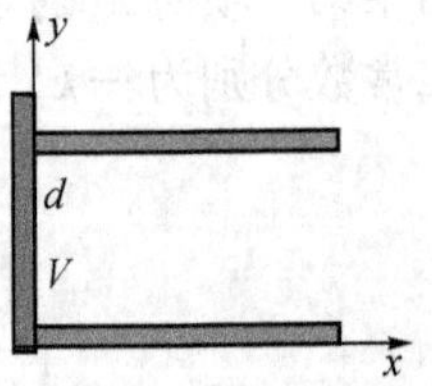

图 3.17 (例 3.19 图)

在边界上的边界条件为

$$\varphi(0,y)=V \tag{2}$$

$$\varphi(\infty,y)=0 \tag{3}$$

$$\varphi(x,0)=0 \tag{4}$$

$$\varphi(x, d) = 0 \tag{5}$$

将 φ 表示成两个一元函数 $X(x)$,$Y(y)$ 的乘积,即

$$\varphi = X(x)Y(y)$$

代入(1)式,经整理得

$$Y(y)\frac{d^2X}{dx^2} + X(x)\frac{d^2Y}{dy^2} = 0 \Rightarrow \frac{1}{X}\frac{d^2X}{dx^2} + \frac{1}{Y}\frac{d^2Y}{dy^2} = 0$$

上式第一项仅为 x 的函数,第二项仅为 y 的函数,对于任何 x,y 要使上式成立,每一项必须为常数。令第一项等于常数 $-k_x^2$,第二项等于常数 $-k_y^2$,那么,上式分离为两个常微分方程

$$\frac{1}{X}\frac{d^2X}{dx^2} = -k_x^2; \quad \frac{1}{Y}\frac{d^2Y}{dy^2} = -k_y^2$$

也可将上面两式写成如下形式:

$$\begin{cases} X'' + k_x^2 X = 0 \\ Y'' + k_y^2 Y = 0 \end{cases}$$

两个常数应满足

$$k_x^2 + k_y^2 = 0$$

常微分方程的通解为

$$X(x) = Ae^{-jk_x x} + Be^{jk_x x}$$
$$Y(y) = Ce^{-jk_y y} + De^{jk_y y}$$

式中 A,B,C,D 分别为待定系数。根据边界条件,电位沿 y 方向可写成三角函数形式,k_y 为实数,则 k_x 为虚数,因此通解可进一步写成:

$$X(x) = Ae^{k_x x} + Be^{-k_x x}$$
$$Y(y) = C\sin k_y y + D\cos k_y y$$

电位的通解为

$$\varphi_k(x, y) = (Ae^{k_x x} + Be^{-k_x x})(C\sin k_y y + D\cos k_y y)$$

将上式代入边界条件(4),要使对于任意的 x 都成立,必须有 $D=0$;将上式代入边界条件(5)式,要使对于任意的 x 都成立,必须有 $\sin(k_y d) = 0$,从而得

$$k_y = \frac{m\pi}{d} \qquad (m = 1, 2, \cdots)$$

要使边界条件 $\varphi(\infty, y) = 0$ 成立,系数 A 必须为零。将以上已求得的系数代入通解,考虑到对于 m 的所有值都是电位的解,因此,它们的线性组合也是电位的解:

$$\varphi(x,y)=\sum_{m=1}^{\infty}C_m e^{-\frac{m\pi}{d}x}\sin\frac{m\pi}{d}y$$

将上式代入边界条件(2)得到系数 C_m 所满足的关系为

$$V=\sum_{m=1}^{\infty}C_m\sin\frac{m\pi}{d}y$$

这是常数 V 的正弦函数级数展开，C_m 是展开系数。容易求出，当 m 为偶数时，$C_m=0$，当 m 是奇数时，$C_m=\dfrac{4V}{m\pi}$。代入上式得

$$\varphi(x,y)=\frac{4V}{\pi}\sum_{m=1}^{\infty}\frac{1}{2m+1}e^{-\frac{2m+1}{d}\pi x}\sin\frac{2m+1}{d}\pi y$$

3.9.2　圆柱坐标系中的分离变量法

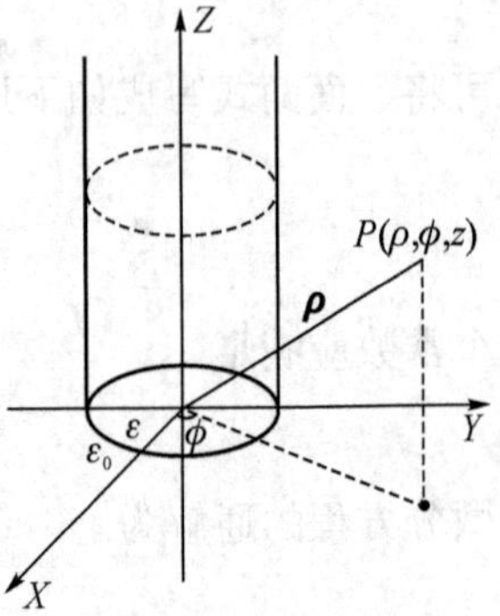

图 3.18　(例 3.20 图)

例 3.20　一无限长、半径为 a，介电常数为 ε 的介质圆柱，放入原来 $\boldsymbol{E}_0=E_0\boldsymbol{e}_x$ 的均匀电场中，介质圆柱轴沿 z 轴放置。求介质柱内外的电位。

解　电场和介质柱都沿 z 方向是均匀的，因此，电位与 z 无关。由于 $\nabla\cdot\boldsymbol{E}_0=0$，所以场域是无源区。采用圆柱坐标系，电位满足的拉氏方程为

$$\nabla^2\varphi(\rho,\phi)=\frac{1}{\rho}\frac{\partial}{\partial\rho}\left(\rho\frac{\partial\varphi}{\partial\rho}\right)+\frac{1}{\rho^2}\frac{\partial^2\varphi}{\partial\phi^2}=0 \qquad (1)$$

边界条件为

在 $\rho=0$ 处，设电位为零；在 $\rho\to\infty$ 处，介质圆柱对电位的影响可忽略，即

$$\varphi(\infty,\phi)=\varphi_0=-E_0x=-E_0\rho\cos\phi$$

在 $\rho=a$ 处电位满足边界条件

$$\varphi_1=\varphi_2$$

$$\varepsilon\frac{\partial\varphi_1}{\partial\rho}=\varepsilon_0\frac{\partial\varphi_2}{\partial\rho}$$

式中 φ_1 和 φ_2 分别表示介质圆柱内外的电位。

将 $\varphi(\rho,\phi)$ 表示为两个一元函数的乘积，即

$$\varphi(\rho,\phi)=R(\rho)\psi(\phi) \qquad (2)$$

代入(1)式，可得

$$\frac{\rho}{R}\frac{\mathrm{d}}{\mathrm{d}\rho}\left(\rho\frac{\mathrm{d}R}{\mathrm{d}\rho}\right)+\frac{1}{\varphi}\frac{\mathrm{d}^2\psi}{\mathrm{d}\phi^2}=0 \qquad (3)$$

上式第一项仅为 ρ 的函数,对于任何 ρ,φ 要使上式成立,每一项必须为常数,令第一项等于常数 $-k_\rho^2$,第二项等于常数 $-k_\phi^2$,那么,(3)式分离为两个常微分方程:

$$\rho\frac{\mathrm{d}}{\mathrm{d}\rho}\left(\rho\frac{\mathrm{d}R}{\mathrm{d}\rho}\right)+k_\rho^2R=0 \tag{4}$$

$$\psi''+k_\phi^2\psi=0$$

而两常数满足以下关系:

$$k_\rho^2+k_\phi^2=0 \tag{5}$$

由于在圆柱坐标系中,电位是关于 ϕ 以 2π 为周期的函数,因此 k_ϕ 为整数,ψ 的通解为

$$\psi_m=A_m\sin(m\phi)+B_m\cos(m\phi) \tag{6}$$

即取 $k_\phi=m \qquad (m=0,1,2,3,\cdots)$ (7)

将式(7)和式(5)代入后,式(4)的通解为

$$R(\rho)=c_0\ln\rho+d_0,\quad m=0 \tag{8}$$

$$R(\rho)=c_m\ln\rho^m+d_m\rho^{-m},\quad m>0 \tag{9}$$

将式(8)、(9)及(6)代入式(2),并考虑到所有的 m 值都是方程解,由此可得电位的通解为

$$\varphi_1(\rho,\phi)=d_0+c_0\ln\rho+\sum_{m=1}^{\infty}(c_m\rho^m+d_m\rho^{-m})(a_m\sin m\phi+b_m\cos m\phi) \tag{10}$$

$$\varphi_2(\rho,\phi)=D_0+C_0\ln\rho+\sum_{m=1}^{\infty}(C_m\rho^m+D_m\rho^{-m})(A_m\sin m\phi+B_m\cos m\phi) \tag{11}$$

下面利用边界条件求出上式中的待定系数

(1) 在 $\rho=0$ 处,$\varphi_1=0$,因此

$$d_0=0$$

$$c_0=0$$

$$d_m=0\quad (m=1,2,\cdots)$$

(2) 在 $\rho\to\infty$ 时,$\varphi=-E_0\rho\cos\phi$,因此

$$D_0=0$$

$$C_0=0$$

$$C_1=-E_0$$

$$B_1=1$$

$$A_m=0\quad (m=1,2,\cdots)$$

$$B_m=C_m=0\quad (m=2,3,\cdots)$$

将以上已确定的系数代入式(10)、(11)得

$$\varphi_1(\rho,\phi)=\sum_{m=1}^{\infty}c_m\rho^m(a_m\sin m\phi+b_m\cos m\phi)$$

$$\varphi_2(\rho,\phi)=-E_0\rho\cos\phi+\sum_{m=1}^{\infty}D_m\rho^{-m}B_m\cos m\phi$$

(3) 由在 $\rho=a$ 的边界条件,记 $a'_m=c_m a_m, b'_m=c_m b_m$,得

$$\sum_{m=1}^{\infty}a^m(a'_m\sin m\phi+b'_m\cos m\phi)=-E_0 a\cos\phi+\sum_{m=1}^{\infty}B'_m a^{-m}\cos m\phi$$

$$\varepsilon\sum_{m=1}^{\infty}ma^{m-1}(a'_m\sin m\phi+b'_m\cos m\phi)=-\varepsilon_0 E_0\cos\phi-\sum_{m=1}^{\infty}B'_m ma^{-m-1}\cos m\phi$$

求解以上联立方程,利用方程两边两次三角函数前系数相等,可解得

$$b'_1=c_1 b_1=-\frac{2\varepsilon_0 E_0}{\varepsilon+\varepsilon_0}$$

$$B'_1=B_1 D_1=\frac{\varepsilon-\varepsilon_0}{\varepsilon+\varepsilon_0}a^2 E_0$$

其余系数为零。故

$$\varphi=\begin{cases}-\dfrac{2\varepsilon_0 E_0}{\varepsilon+\varepsilon_0}\rho\cos\phi & \rho>a\\ -\left(\rho+\dfrac{\varepsilon_0-\varepsilon}{\varepsilon+\varepsilon_0}\dfrac{a^2}{\rho}\right)E_0\cos\phi & \rho\geqslant a\end{cases}$$

3.10 电场能量

3.10.1 静电场的能量

当电荷放入电场中,电场就会做功使电荷产生位移,这说明电场中具有能量。电场越强,对电荷的作用力就越大,做功的能力就越强,说明电场具有的能量就越大。外力做功将电荷从很远处移动到某空间区域中,在该空间区域建立起电场,从而也使该区域具有了电场能量。根据能量守恒定律,电场能量等于在建立起电场的过程中,外力移动电荷使电荷达到一定的分布所做的功。

设一带电体电荷体密度为 $\rho(\boldsymbol{r})$,电位分布为 $\varphi(\boldsymbol{r})$。则电场能量为

$$W_e=\frac{1}{2}\int_V\varphi(\boldsymbol{r})\rho(\boldsymbol{r})\mathrm{d}V \tag{3.65}$$

这个带电体可以是由多个小的带电体组成的。换句话说,式(3.65)适合于计算各

种已知电荷分布和电位分布的带电系统的电场能量。

单个带电导体的电场能量为

$$W_e = \frac{1}{2}\varphi q = \frac{1}{2}C\varphi^2 = \frac{1}{2}\frac{q^2}{C} \tag{3.66}$$

电容为 C，带等量异号电荷电量为 q 和 $-q$ 的双导体的电场能量为

$$W_e = \frac{1}{2}(\varphi_1 q_1 + \varphi_2 q_2) = \frac{1}{2}q(\varphi_1 - \varphi_2) = \frac{1}{2}CU^2 \tag{3.67}$$

电场能量是分布在电场中的，与电场强度的关系为

$$W_e = \frac{1}{2}\int_V \boldsymbol{D} \cdot \boldsymbol{E}\,\mathrm{d}V \tag{3.68}$$

电场能量在空间的分布用电场能量密度 w_e 表示，电场中某一点的电场能量密度 w_e 为该点为中心的很小的区域内单位体积的电场能量，可表示为

$$w_e = \frac{1}{2}\boldsymbol{D} \cdot \boldsymbol{E} = \frac{1}{2}\varepsilon E^2 \tag{3.69}$$

此式表明，在各向同性的线性介质中，电场能量密度与电场强度的平方成正比，即电场能量不服从叠加性。

3.10.2 恒定电流场的能量损耗

在恒定电流场中，电荷受电场力作用而运动，形成电流，电场对电荷作了功，但电子的动能与势能并没有增加，说明电子在运动的过程中有能量损耗。这种能量损耗是由于电子在导电媒质中移动时，与原子晶格发生碰撞，产生了热能，这是一种不可逆转的能量转换。

在恒定电流场中，沿电流方向取一长度为 $\mathrm{d}l$，端面为 $\mathrm{d}S$ 的小圆柱体。该圆柱体的两个端面分别为两个等位面。若在电场作用下，$\mathrm{d}t$ 时间内有 $\mathrm{d}q$ 电荷自圆柱体左端面移至右端面，电场力做的功为

$$\mathrm{d}W = \mathrm{d}q\boldsymbol{E} \cdot \mathrm{d}\boldsymbol{l} = \mathrm{d}qE\,\mathrm{d}l$$

电场损失的功率 P 为

$$P = \frac{\mathrm{d}W}{\mathrm{d}t} = \frac{\mathrm{d}q}{\mathrm{d}t}E\,\mathrm{d}l = IE\,\mathrm{d}l = EJ\,\mathrm{d}S\,\mathrm{d}l = EJ\,\mathrm{d}V \tag{3.70}$$

单位体积内的功率损耗为

$$p = EJ = \sigma E^2 = \frac{J^2}{\sigma} \tag{3.71}$$

单位体积内的功率损耗又称为功率损耗密度，可写为一般的形式：

$$p = \boldsymbol{E} \cdot \boldsymbol{J} \tag{3.72}$$

设圆柱体两端的电压为U，则$E=U/\mathrm{d}l$，又知$J=I/\mathrm{d}S$，那么，该圆柱体的损耗功率为

$$P = EJ\,\mathrm{d}V = EJ\,\mathrm{d}l\,\mathrm{d}S = (E\,\mathrm{d}l)(J\,\mathrm{d}S) = UI \tag{3.73}$$

这就是电路中的焦耳定律。可以看出，在导电媒质中，当将电场与电流看成均匀分布时，就可直接从式(3.73)得到焦耳定律，因此，式(3.73)称为焦耳定律的微分形式。

本章提要

1. 静电场方程

积分形式：

$$\oint_s \boldsymbol{D} \cdot \mathrm{d}\boldsymbol{S} = \oint_V \rho_V \mathrm{d}V \quad \text{静电场高斯定律}$$

$$\oint_l \boldsymbol{E} \cdot \mathrm{d}\boldsymbol{l} = 0 \quad \text{静电场是保守场}$$

微分形式：

$$\nabla \cdot \boldsymbol{D} = \rho_V$$

$$\nabla \times \boldsymbol{E} = 0 \quad \text{静电场是有散无旋场}$$

介质结构方程：

$$\boldsymbol{D} = \varepsilon \boldsymbol{E}$$

2. 电位

静电场是无旋场，因此可以用标量场(电位)的梯度表示：

$$\boldsymbol{E} = -\nabla \varphi$$

电场强度是从力的角度描述电场，而电位是从能量(做功的能力)的角度描述电场。电场中一点a的电位等于电场强度从该点到电位参考点p(电位零点)的线积分

$$\varphi(a) = \int_a^P \boldsymbol{E} \cdot \mathrm{d}\boldsymbol{l}$$

在均匀介质中，电位方程为

$$\nabla^2 \varphi = -\frac{\rho}{\varepsilon}$$

3. 导体

电导率是表征材料导电特性的一个物理量。

导电体放在静电场中，导体中的电荷在电场的作用下运动，达到静电平衡后，导体

内的电场强度为零,电荷密度为零,电荷仅分布在导体表面上。

由于导体中的静电场强度为零,因此封闭的导电体壳具有静电屏蔽作用。

孤立导体的电容:

$$C=\frac{q}{\varphi}$$

孤立导体的电容与导体的几何形状、尺寸以及周围介质的特性有关,而与导体的带电量无关。两导体之间的电容

$$C=\frac{q}{|\varphi_1-\varphi_2|}$$

电容不仅仅表示两个导体在一定的电压下存储电荷或电能的大小,而且反映了两个导体中的一个导体对另一个导体电场的影响,或者说反映了两个导体电耦合的程度。

多个导体的电容:

C_{ii} 称为第 i 个导体的固有部分电容。

$$C_{ii}=\frac{q_i}{\varphi_i}\bigg|_{\varphi_k=\varphi_i(k=1,2,\cdots,n)}$$

它表示当使 n 个导体电位相同时,第 i 个导体与地之间的电容; C_{ki} 表示第 k 个导体与第 i 个导体之间的互有部分电容。

$$C_{ki}=\frac{q_k}{\varphi_k-\varphi_i}\bigg|_{\varphi_k=0,(k=1,2,\cdots,n)}$$

部分电容仅与导体系统的几何结构及介质有关,与导体的带电状态无关。

4. 边界条件

$$D_{1n}-D_{2n}=\rho_s$$
$$E_{1t}=E_{2t}$$

不同介质边界的边界条件:

$$D_{1n}=D_{2n}$$
$$E_{1t}=E_{2t}$$

导体表面的边界条件:

$$D_n=\rho_s$$
$$E_t=0$$

5. 恒定电场

恒定电流场方程积分形式：

$$\oint_S \boldsymbol{J} \cdot \mathrm{d}\boldsymbol{S} = 0 \quad \text{电流连续性定理}$$

$$\oint_l \boldsymbol{E} \cdot \mathrm{d}\boldsymbol{l} = 0$$

微分形式：

$$\nabla \cdot \boldsymbol{J} = 0$$
$$\nabla \times \boldsymbol{E} = 0$$

恒定电流场是无旋场。

恒定电流场的边界条件：

$$J_{1n} = J_{2n}$$
$$E_{1t} = E_{2t}$$

6. 静电场的求解方法

(1) 在真空中或无限大均匀介质中,已知点电荷分布时,可直接计算;

$$E_r = \frac{q}{4\pi\varepsilon_0 R^2}$$

(2) 通过电位计算电场

$$\boldsymbol{E} = -\nabla \varphi$$

(3) 当电荷和介质分布具有球对称或轴对称等特殊对称性时,可采用高斯定律计算电场。

$$\oint_s \boldsymbol{D} \cdot \mathrm{d}\boldsymbol{S} = \oint_V \rho_V \mathrm{d}V$$

(4) 镜像法

(5) 分离变量法

思考题

3.1 电位移矢量的物理意义是什么?

3.2 静电场有什么性质? 静电场方程的物理意义是什么?

3.3 在某区域内无电荷分布,但有静电场存在,那么在该区域内的静电场是无散场吗? 为什么?

3.4 在哪些情况下可以使用静电场高斯定律计算电场?

3.5 高斯定律表达式中为什么左边的 $\boldsymbol{E}$ 是高斯面 S 内外所有电荷产生的电场强度，而右边的 q 却只是 S 内的电荷而不包括 S 外的电荷呢？

3.6 有人认为(1) 如果高斯面上处处 $\boldsymbol{E}$ 为零，则该面内必无电荷；(2) 如果高斯面内无电荷，则高斯面上处处 $\boldsymbol{E}$ 为零；(3) 如果高斯面上处处 $\boldsymbol{E}$ 不为零，则高斯面内必有电荷；(4) 如果高斯面内有电荷，则高斯面上处处 $\boldsymbol{E}$ 不为零。你认为以上观点是否正确？

3.7 电位的参考点如何选取？选取不同的电位参考点分别对电位和电场强度有什么影响？

3.8 试回答下列问题：(1) 电位高的地方电场强度是否大？电场强度大的地方电位是否高？(2) 电场强度为零的地方，电势是否为零？电势为零的地方，电场强度是否为零？(3) 电场强度大小相等的地方，电势是否相等？电势大小相等的地方，电场强度是否相等？(4) 电位为零的物体是否不带电？带正电的物体其电位是否是正的？

3.9 电位的物理意义是什么？电位和电场强度有什么关系？

3.10 导体放在静电场中，达到静电平衡后电场和电荷分布有什么特点？

3.11 为什么说导体壳有静电屏蔽作用？如果在导体壳内放一电荷，对外有没有静电屏蔽作用？

3.12 引起分界面两侧电位移矢量和电场强度法向分量不连续的原因各是什么？

3.13 分界面上任一点的电场和源之间有什么关系？这种关系能否用电场的散度和旋度的形式来表示？为什么？

3.14 在镜像法中，为什么用镜像电荷可以等效感应电荷？

3.15 镜像电荷产生的场和等效的感应电荷产生的场完全相同吗？

3.16 镜像电荷可以放在要计算场的区域吗？为什么？

3.17 恒定电流场是无散无旋场吗？为什么？

3.18 在什么情况下，传导电流是连续的？

3.19 恒定电流场中，电位的边界条件是什么？

3.20 恒定电流场中，两种媒质的分界面上，电场强度的法向分量连续吗？为什么？

习 题

3.1 两点电荷 $q_1=8\ \text{C}$，位于 z 轴上 $z=4$ 处，$q_2=4\ \text{C}$，位于 y 轴上 $y=4$ 处，求 $(4,0,0)$ 处的电场强度。

3.2 求均匀带电的无限大带电平面产生的电场。

3.3 在圆柱坐标系中电荷分布为

$$\rho=\begin{cases}\dfrac{r}{a} & r\leqslant a\\ 0 & r>a\end{cases}$$

r 为场点到 z 轴的距离，a 为常数，求电场强度。

3.4 均匀带电导体球的半径为 a，电量为 q，求球内外的电场及电位分布。

3.5 如图所示，计算方形均匀线电荷在轴线上的电位。

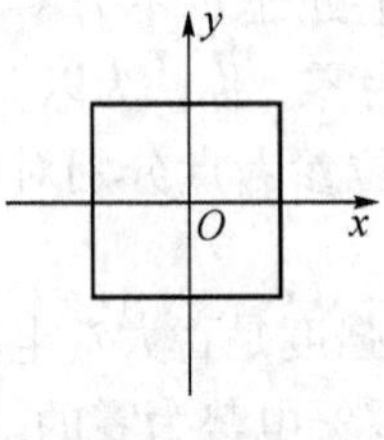

题 3.5 图

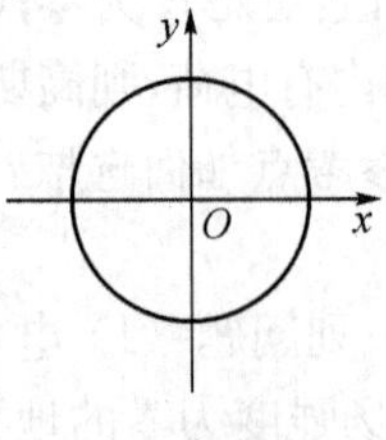

题 3.6 图

3.6 计算圆形均匀线电荷在轴线上的电位。

3.7 已知空气填充的平板电容器内的电位分布为 $\phi = ax^2 + b$，求与之相应的电场。

3.8 已知电场强度为 $\boldsymbol{E} = 3\boldsymbol{e}_x - 3\boldsymbol{e}_y - 5\boldsymbol{e}_z$，试求点(0,0,0)与点(1,2,1)之间的电压。

3.9 已知在球坐标中电场强度为 $\boldsymbol{E} = \dfrac{3}{r^2}\boldsymbol{e}_r$，试求点 (a,θ_1,ϕ_1) 与点 (b,θ_2,ϕ_2) 之间的电压。

3.10 已知半径为 a 的球内外电场分布为

$$\boldsymbol{E} = \begin{cases} E_0\left(\dfrac{a}{r}\right)^2 \boldsymbol{e}_r & r > a \\ E_0\left(\dfrac{a}{r}\right) \boldsymbol{e}_r & r < a \end{cases}$$

求电荷密度。

3.11 一个半径为 a 的导体球表面套一层厚度为 $b-a$ 的电介质，电介质的介电常数为 ε。假设导体球带电 q，求任意点的电位。

3.12 两同心导体球壳半径分别为 a，b，两导体之间介电常数 ε，内外导体球壳电位为 V，0。求两导体球壳之间的电场和球壳上的电荷面密度。

3.13 由无限大的导电平板折成45°的角形区，在该角形区某一点 (x_0,y_0,z_0) 有一点电荷 q，用镜像法求电位分布。

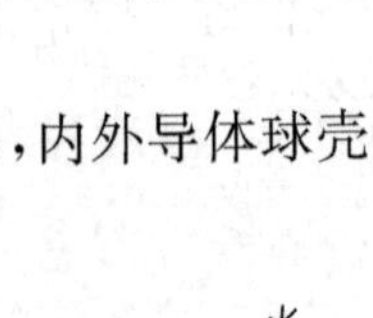

题 3.13 图

3.14 内外半径分别为 a、b 的导电球壳内距球心为 d($d<a$)处有一点电荷 q，当

(1) 导电球壳电位为 0；

(2) 导电球壳电位为 V；

(3) 导电球壳上的总电量为 Q 时，分别求导电球壳内外的电位分布。

3.15　接地无限大导体平板上有一个半径为 a 的半球形突起，在点 $(0,0,d)$ 处有一个点电荷 q，求导体上方的电位。

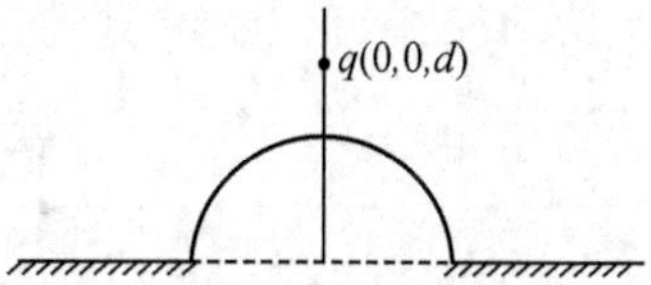

题 3.15 图

3.16　同轴电缆内导体半径为 10 cm，外导体半径为 40 cm，内外导体之间有两层媒质，内层从 10 cm 到 20 cm，媒质的参数为 $\sigma_1=50\ (\mu S/m)$，$\varepsilon_{r1}=2$；外层从 20 cm 到 40 cm，媒质参数为 $\sigma_2=100\ (\mu S/m)$，$\varepsilon_{r2}=4$，求(1) 每区域单位长度的电导；(2) 单位长度的总电导。

3.17　在上题中，当同轴电缆长度为 100 m，内外导体之间的电压为 10 V 时，利用边界条件求界面上的电荷面密度。

3.18　平板电容器两导体板之间为 3 层非理想介质，厚度分别为 d_1,d_2,d_3，介电常数分别为 $\varepsilon_1,\varepsilon_2,\varepsilon_3$，平板面积为 S，如果给平板电容器加电压 V，求平板之间的电场。

3.19　圆球形电容器内导体半径为 a，外导体半径为 c，内外导体之间填充两层介电常数分别为 ε_1，ε_2、电导分别为 σ_1，σ_2 的非理想介质，两层非理想介质分界面半径为 b，如果内外导体间的电压为 V，求电容器中的电场及界面上的电荷密度。

3.20　将半径为 a 的半个导电球刚好埋入电导率为 σ 的大地中，如图所示，求接地电阻。

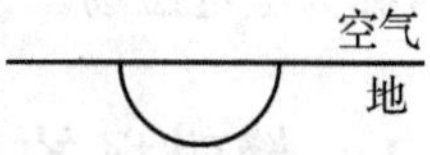

题 3.20 图

3.21　求截面为矩形的无限长区域 $(0<x<a, 0<y<b)$ 的电位，其四壁的电位为

$$\varphi(x,0)=\varphi(x,b)=0$$

$$\varphi(0,y)=0$$

$$\varphi(a,y)=\begin{cases}\dfrac{U_0 y}{b} & 0<y\leqslant \dfrac{b}{2}\\ U_0\left(1-\dfrac{y}{b}\right) & \dfrac{b}{2}<y<b\end{cases}$$

3.22　一个截面如图所示的长槽，向 y 方向无限延伸，两侧的电位是零，槽内 $y\to\infty$，$\varphi\to 0$，底部的电位为 $\varphi(x,0)=U_0$，求槽内的电位。

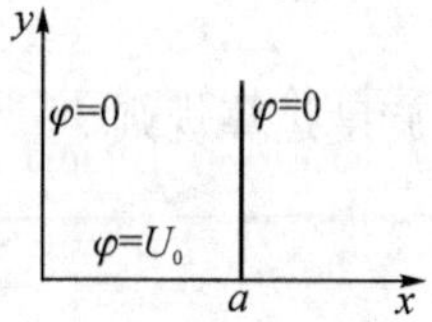

题 3.22 图

3.23　若上题的底部的电位为 $\varphi(x,0)=U_0\sin\dfrac{3\pi x}{a}$，重新求槽内的电位。

3.24　半径为无穷长的圆柱面上，有密度为 $\rho_s=\rho_{s0}\cos\phi$ 的面电荷，求圆柱面内外的电位。

4 恒定电流的磁场

在第 3 章讨论了静止电荷产生的静电场以及运动电荷形成的恒定电场。运动电荷可以产生电场,还可以产生不同于电场的另一种场——磁场。电场表现为对电荷有作用力,不管电荷是静止还是运动的;而磁场表现为对电流或运动电荷有作用力,如果电流分布是不随时间变化的,即恒定电流,那么在它周围产生的磁场也是不随时间变化的,称为恒定磁场。

4.1 静磁场的基本方程

由毕奥-萨伐定律中已知体电流密度,则由式(2.65)知磁感应强度为

$$\boldsymbol{B}=\frac{\mu_0}{4\pi}\int_V \frac{\boldsymbol{J}(\boldsymbol{r}')\times \boldsymbol{e}_R}{R^2}\mathrm{d}V' \tag{4.1}$$

因为

$$\nabla\frac{1}{R}=-\frac{\boldsymbol{e}_R}{R^2}$$

故

$$\boldsymbol{B}=-\frac{\mu_0}{4\pi}\int_V \boldsymbol{J}(\boldsymbol{r}')\times\nabla\frac{1}{R}\mathrm{d}V'$$

由旋度运算规则

$$\nabla\times\left(\frac{\boldsymbol{J}(\boldsymbol{r}')}{R}\right)=\frac{1}{R}\nabla\times\boldsymbol{J}(\boldsymbol{r}')+\nabla\frac{1}{R}\times\boldsymbol{J}(\boldsymbol{r}') \tag{4.2}$$

又因为 $\boldsymbol{J}(\boldsymbol{r}')$ 的变量是 x',y',z'(源点),而微分运算是对场点 x,y,z 进行的,所以有

$$\nabla\times\boldsymbol{J}(\boldsymbol{r}')=0$$

$$\boldsymbol{B}=\frac{\mu_0}{4\pi}\int_V \nabla\times\frac{\boldsymbol{J}(\boldsymbol{r}')}{R}\mathrm{d}V'$$

由于上式积分与微分分别是对源点和场点进行的,可交换次序

$$\boldsymbol{B}=\nabla\times\left(\frac{\mu_0}{4\pi}\int_V \frac{\boldsymbol{J}(\boldsymbol{r}')}{R}\mathrm{d}V'\right) \tag{4.3}$$

假设

$$\boldsymbol{A}(\boldsymbol{r})=\frac{\mu_0}{4\pi}\int_V \frac{\boldsymbol{J}(\boldsymbol{r}')}{R}\mathrm{d}V' \tag{4.4}$$

那么式(4.3)可写成

$$\boldsymbol{B}=\nabla\times\boldsymbol{A}(\boldsymbol{r}) \tag{4.5}$$

$\boldsymbol{A}(\boldsymbol{r})$称为矢量磁位，单位 Wb/m。

式(4.5)表明，磁感应强度可以表示为另一矢量场——矢量磁位的旋度。而任何矢量场的旋度的散度恒为零，即

$$\nabla\cdot\nabla\times\boldsymbol{A}=0 \tag{4.6}$$

所以

$$\nabla\cdot\boldsymbol{B}=0 \tag{4.7}$$

由式(4.7)可以看出，磁场是无散场。

下面分析磁感应强度的旋度，对式(4.5)两边同取旋度，并利用矢量恒等式得

$$\nabla\times\boldsymbol{B}=\nabla\times\nabla\times\boldsymbol{A}=\nabla\nabla\cdot\boldsymbol{A}-\nabla^2\boldsymbol{A} \tag{4.8}$$

为得到磁感应强度的旋度，对式(4.4)两边同取散度，得

$$\nabla\cdot\boldsymbol{A}=\nabla\cdot\left(\frac{\mu_0}{4\pi}\int_V \frac{\boldsymbol{J}(\boldsymbol{r}')}{R}\mathrm{d}V'\right)$$

交换求散度与求积分的次序，并利用矢量恒等式

$$\nabla\cdot(f\boldsymbol{A})=f\,\nabla\cdot\boldsymbol{A}+\boldsymbol{A}\cdot\nabla f \tag{4.9}$$

得

$$\begin{aligned}\nabla\cdot\boldsymbol{A}&=\frac{\mu_0}{4\pi}\left(\int_V \nabla\cdot\frac{\boldsymbol{J}(\boldsymbol{r}')}{R}\mathrm{d}V'\right)\\&=\frac{\mu_0}{4\pi}\int_V\left(\nabla\cdot\frac{\boldsymbol{J}(\boldsymbol{r}')}{R}+\boldsymbol{J}(\boldsymbol{r}')\cdot\nabla\frac{1}{R}\right)\mathrm{d}V'\end{aligned}$$

考虑到对恒定电流

$$\nabla'\cdot\boldsymbol{J}(\boldsymbol{r}')=0=\nabla\cdot\boldsymbol{J}(\boldsymbol{r}')\text{及}\nabla\frac{1}{R}=-\nabla'\frac{1}{R}$$

上式又可写成

$$\nabla\cdot\boldsymbol{A}=\frac{\mu_0}{4\pi}\int_V\left(-\frac{\nabla'\cdot\boldsymbol{J}(\boldsymbol{r}')}{R}-\boldsymbol{J}(\boldsymbol{r}')\cdot\nabla'\frac{1}{R}\right)\mathrm{d}V'$$

利用矢量恒等式(4.9)，上式可简化成

$$\nabla \cdot \boldsymbol{A} = -\frac{\mu_0}{4\pi}\int_V \left(\nabla' \cdot \frac{\boldsymbol{J}(\boldsymbol{r}')}{R}\right) \mathrm{d}V'$$

由高斯定律，上式右边的体积分可化为封闭面积分，即

$$\nabla \cdot \boldsymbol{A} = -\frac{\mu_0}{4\pi}\oint_S \frac{\boldsymbol{J}(\boldsymbol{r}') \cdot \mathrm{d}\boldsymbol{S}}{R} \tag{4.10}$$

式中 S 为包围体积 V 的封闭面。在式(4.10)的积分中，积分体积可以刚好是电流分布的有限区域，也可以是包含电流分布区域但比该区域大的任何体积。那么我们这样取积分体积，使得电流在该体积中，而该体积的边界上电流密度为零。显然，对于这样的积分体积，上式右边的面积分为零，因为在积分面上，被积函数为零，所以

$$\nabla \cdot \boldsymbol{A} = 0 \tag{4.11}$$

即矢量磁位的散度为零。那么式(4.8)最右边的第一项为零。其第二项为

$$\nabla^2 \boldsymbol{A} = \nabla^2 A_x \boldsymbol{e}_x + \nabla^2 A_y \boldsymbol{e}_y + \nabla^2 A_z \boldsymbol{e}_z$$

根据式(4.4)，即 x 分量为

$$\nabla^2 A_x = \frac{\mu_0}{4\pi}\int_V \nabla^2 \frac{J'_x}{R} \mathrm{d}V' = \frac{\mu_0}{4\pi}\int_V J'_x \nabla^2 \frac{1}{R} \mathrm{d}V'$$

将 $\nabla^2 \frac{1}{R} = -4\pi\delta(\boldsymbol{r}-\boldsymbol{r}')$ 代入上式，得

$$\nabla^2 A_x = \frac{\mu_0}{4\pi}\int_V J'_x(\boldsymbol{r}')\{-4\pi\delta(\boldsymbol{r}-\boldsymbol{r}')\}\mathrm{d}V'$$

根据 δ 函数的性质，得 $\quad \nabla^2 A_x = -\mu_0 J_x(\boldsymbol{r})$

同理

$$\nabla^2 A_y = -\mu_0 J_y(\boldsymbol{r})$$

$$\nabla^2 A_z = -\mu_0 J_z(\boldsymbol{r})$$

合并三坐标分量，得矢量磁位所满足的方程为

$$\nabla^2 \boldsymbol{A} = -\mu_0 \boldsymbol{J}(\boldsymbol{r}) \tag{4.12}$$

将上式代入式(4.8)，得磁感应强度的旋度为

$$\nabla \times \boldsymbol{B} = -\nabla^2 \boldsymbol{A} = \mu_0 \boldsymbol{J} \tag{4.13}$$

由此可见，恒定磁场是无散有旋场，磁场的旋度源为电流密度。利用斯托克斯定理，将左边的面积分化为闭合线积分，得

$$\oint_l \boldsymbol{B} \cdot \mathrm{d}\boldsymbol{l} = \mu_0 I \tag{4.14}$$

此式为式(4.13)的积分形式，称为安培环路定律。它说明磁场不是保守场，电流是涡旋

分布的磁场的源。

式(4.7)两边同时对任意体积进行体积分，并利用高斯定律得

$$\oint_S \boldsymbol{B} \cdot d\boldsymbol{S} = 0 \tag{4.15}$$

它为式(4.7)的积分形式，它说明进入任一封闭面的磁场(磁力线)等于由该封闭面出来的磁场(磁力线)，也就是说，磁力线无头无尾。因此，此式称为磁通连续性原理。

以上我们从毕奥-萨伐定律出发，得到了真空中磁场方程如下：

$$\oint_l \boldsymbol{B} \cdot d\boldsymbol{l} = \mu_0 I \quad \nabla \times \boldsymbol{B} = \mu_0 \boldsymbol{J}$$

$$\oint_S \boldsymbol{B} \cdot d\boldsymbol{S} = 0 \quad \nabla \cdot \boldsymbol{B} = 0$$

由于在媒质中有 $\boldsymbol{B} = \mu \boldsymbol{H}$

所以

$$\oint_l \boldsymbol{H} \cdot d\boldsymbol{l} = I \tag{4.16}$$

$$\nabla \times \boldsymbol{H} = \boldsymbol{J} \tag{4.17}$$

式(4.16)也称为媒质中的安培环路定律。

4.2 安培环路定律的应用

安培环路定律阐明了沿一闭合路径的磁场强度的线积分等于它所包围的电流，即

$$\oint_l \boldsymbol{H} \cdot d\boldsymbol{l} = I$$

此处 I 为闭合路径所包围面积内的净电流。这个电流可以是任意形状导体所载的电流，或者是电荷的流动(真空管中的电子束)。

在静电学中，为了计算某一区域内充分对称的电荷分布的电场，我们利用了高斯定律。在静磁学中，用安培环路定律可以简捷地求出磁场，而无需用毕奥-萨伐定律繁复的积分过程。

下面的例子说明，如何用安培环路定律求磁场。

例 4.1 一根细而长的导线沿 z 轴放置，载有电流 I。求出自由空间任一点的磁场强度。

解 由于对称，磁力线必然是同心圆。沿每个圆的磁场强度是恒定值，因此对于任意半径 ρ，有

$$\oint_c \boldsymbol{H} \cdot d\boldsymbol{l} = \int_0^{2\pi} H_\phi \rho \, d\phi = 2\pi\rho H_\phi$$

由于闭合路径所包围的电流为 I，安培定律给出

$$\boldsymbol{H}=\frac{I}{2\pi\rho}\boldsymbol{e}_{\phi}$$

可见由安培定律与由毕奥-萨伐定律所得的结果是一样的。

例 4.2 一根极长的沿 z 轴放置的空心导体，其外径为 b，内径为 a，载有沿 z 轴方向的电流 I，如图所示。若电流是均匀分布的，试求在空间任一点的磁场强度。

解 由于电流为均匀分布，因而可用体电流密度表示为

$$\boldsymbol{J}_V=\frac{I}{\pi(b^2-a^2)}\boldsymbol{e}_z$$

磁力线是同心圆，磁场强度应在 ϕ 方向，$\boldsymbol{H}_\phi$ 沿每一圆环为一常数。此处有 3 个区域，我们分别对每一区域求磁场强度。

(1) 区域 1，$\rho\leqslant a$：对于任何闭合环路来说，所包围的电流为零，即 $\boldsymbol{H}=0$。

(2) 区域 2，$a\leqslant\rho\leqslant b$：半径为 ρ 的闭合圆环所包围的净电流为

$$I'=\int_s \boldsymbol{J}_V\cdot \mathrm{d}S=\frac{I}{\pi(b^2-a^2)}\int_a^\rho \rho\,\mathrm{d}\rho\int_0^{2\pi}\mathrm{d}\phi=\frac{I(\rho^2-a^2)}{b^2-a^2}$$

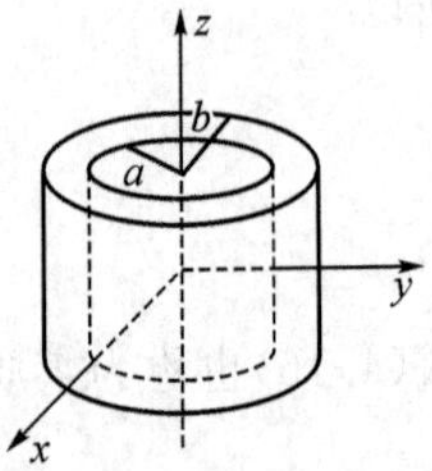

图 4.1 （例 4.2 图）

另一方面

$$\oint_c H\cdot \mathrm{d}\boldsymbol{l}=2\pi\rho H_\phi$$

因此由安培环路定律可得

$$\boldsymbol{H}=\frac{I}{2\pi\rho}\left[\frac{\rho^2-a^2}{b^2-a^2}\right]\boldsymbol{e}_\phi \qquad a\leqslant\rho\leqslant b$$

(3) 区域 3，$\rho\geqslant b$；观测点在导体之外。因此包围的净电流为 I。在此区域的磁场强度为

$$\boldsymbol{H}=\frac{I}{2\pi\rho}\boldsymbol{e}_\phi$$

4.3 导体的自感和互感

由法拉第电磁感应定律可知，一载有时变电流的导线回路产生的变化磁场，可在该导线回路和附近的另一导线回路中产生感应电压。我们称前一种现象为自感应，后一种为互感应。为了定量分析这种效应，考虑由细导线分别密绕 N_1 圈和 N_2 圈形成的

两个导线线圈回路，如图 4.2 所示。设两个导线线圈回路中分别载有时变电流 I_1 和 I_2，则由于时变电流分别在两个导线回路产生时变的磁通，从而在两个回路上会出现感应电压。

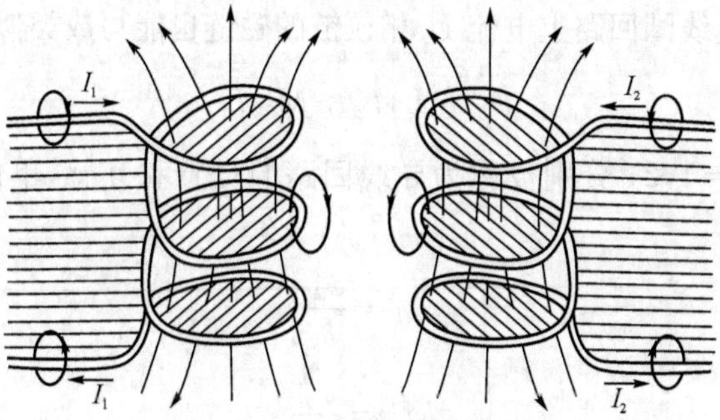

图 4.2　互感应现象

对于导线线圈回路 l_1，应用法拉第电磁感应定律得到

$$\oint_l \boldsymbol{E} \cdot \mathrm{d}\boldsymbol{l} = -\frac{\mathrm{d}}{\mathrm{d}t}\oint_{S_1} \boldsymbol{B} \cdot \mathrm{d}\boldsymbol{S} \tag{4.18}$$

式中 S_1 是以导线线圈回路路径为边界的曲面。右端的积分表示和线圈电流回路相铰链的磁通，称为磁通链，用 ψ^m 表示，即

$$\psi^m = \oint_{S_1} \boldsymbol{B} \cdot \mathrm{d}\boldsymbol{S} \tag{4.19}$$

设通过该线圈截面的磁通为 ϕ_1^m，因为 l_1 有 N_1 圈，又是密绕，因此与导线线圈回路 l_1 中电流铰链的磁通链为

$$\psi_1^m = \oint_{S_1} \boldsymbol{B} \cdot \mathrm{d}\boldsymbol{S} = N_1 \phi_1^m \tag{4.20}$$

与导线线圈回路 l_1 中电流铰链是由两个电流回路的磁场贡献的，因此磁链 ψ^m 可以分为两部分

$$\psi_1^m = \psi_{11}^m + \psi_{21}^m \tag{4.21}$$

其中

$$\psi_{11}^m = \oint_{S_1} \boldsymbol{B}_1 \cdot \mathrm{d}\boldsymbol{S}$$

为第一电流回路的作用，而

$$\psi_{12}^m = \oint_{S_1} \boldsymbol{B}_2 \cdot \mathrm{d}\boldsymbol{S}$$

为第二电流回路的作用。如果空间的媒质是线性的，则磁链 ψ_1^m 分别与电流 I_1 和 I_2 成正比，可写成如下形式：

$$\psi_1^m = L_1 I_1 + M_{21} I_2 \tag{4.22}$$

同理，与第二个导线线圈回路上电流 I_2 相铰链的磁链也能写成类似的形式：

$$\psi_2^m = L_2 I_2 + M_{12} I_1 \tag{4.23}$$

式中 L_k、M_{jk}($j,k=1,2$) 分别被称为导线回路的自感和互感，单位为 H(亨利，简称亨)，定义为

$$L_k = \frac{\psi_{kk}^m}{I_k} \tag{4.24}$$

$$M_{jk} = \frac{\psi_{jk}^m}{I_j} \tag{4.25}$$

ψ_{kk}^m 为第 k 个电流回路的电流 I_k 在自己回路产生的磁链，L_k 为第 k 个电流回路的自感，ψ_{jk}^m 为第 j 个电流回路的电流 I_j 在第 k 回路产生的磁链，M_{jk} 为第 j 个电流回路对第 k 回路的互感。当系统仅有一个导线回路时，只有自感，也称为电感。

在线性媒质中，导线回路系统自感和互感的大小取决于导线回路的形状、匝数、媒质等，而与导线回路中的电流无关。

当磁感应强度与曲面的法向一致时，磁通大于零，而当磁感应强度与曲面的法向不一致时，磁通小于零。由于载流回路所围成的曲面的法向与回路电流的方向符合右手螺旋关系，因此，载流回路在它所围成的曲面上的磁场方向与该曲面的法向一致，所以 ψ_{11}^m 与 ψ_{22}^m 均大于零，也就是说自感始终是正值。但对于互感，一个回路的电流在另一个回路中产生的磁通值的正负与两回路中的电流的取向有关，也就是说，如果不限定电流的方向，互感可正可负，取决于电流的取向。当在回路曲面上互磁场与原磁场方向一致时，互感为正，否则互感为负。

以上在讨论电感时，认为导线是细线，也就是说磁链是在电流的外面，忽略了导线内电流的磁链。在有些情况下，回路导线不是很细，这时就要计及导线中电流分布内的磁链。为此，将磁链 ψ^m 分为外磁链 ψ_{ext}^m 和内磁链 ψ_{int}^m 两部分。

$$\psi_m = \psi_{ext}^m + \psi_{int}^m \tag{4.26}$$

外磁链 ψ_{ext}^m 就是导线以外与电流相铰链的磁链，所包含的每根磁力线都与导线回路总电流相铰链；内磁链 ψ_{int}^m 就是导线中电流分布内的磁链，内磁链所包含的磁力线不是与导线回路的总电流相铰链，而仅与总电流的一部分相铰链。内磁链对应的电感称为内电感，外磁链对应的电感称为外电感，即

$$L = L_{ext} + L_{int} \tag{4.27}$$

在很多情况下，和外电感相比，内电感很小，可以忽略。例如，在导线很细，或在高

频时由于趋肤效应，电流仅分布在导线表面很薄的一层，导线中的磁链几乎为零等情况下，就可忽略内电感。

在工程技术和日常生活中，自感现象有广泛的应用。无线电技术和电工中常用的扼流圈，日光灯上用的镇流器等，都是利用自感原理控制回路中电流变化的。在许多情况下，自感现象也会带来危害，在实际应用中应采取措施予以防止。如当无轨电车在路面不平的道路上行驶时，由于车身颠簸，车顶上的受电弓有时会短时间脱离电网而使电路突然断开。这时由于自感而产生的自感电动势，在电网和受电弓之间形成较高电压，导致空气隙“击穿”产生电弧造成电网的损坏。人们可针对这种情况，采取一些措施避免电网出现故障。电机和强力电磁铁，在电路中都相当于自感很大的线圈，在起动和断开电路时，往往因自感在电路形成瞬时的过大电流，有时会造成事故。为减少这种危险，电机采用降压启动，断路时，增加电阻使电流减小，然后再断开电路。大电流电力系统中的开关，还附加有“灭弧”装置，如油开关及其稳压装置等。

互感在电工和电子技术中应用很广泛。通过互感线圈可以使能量或信号由一个线圈方便地传递到另一个线圈；利用互感现象的原理可制成变压器、感应圈等。但在有些情况中，互感也有害处。例如，有线电话往往由于两路电话线之间的互感而有可能造成串音；收录机、电视机及电子设备中也会由于导线或部件间的互感而妨碍正常工作。这些互感的干扰都要设法尽量避免。

例 4.3 计算位于真空中的一无限长直导线与位于同一平面、边长为 $a \times b$、相距为 D 的矩形导线回路之间的互感。

解 由于无限长的直导线电流产生的磁场容易计算，因此利用直线电流在矩形回路中的磁通计算互感。选坐标系，使两导线位于 xy 面，长直导线在 y 轴上，如图所示。长直导线在矩形回路中产生的磁场为

$$\oint_l \boldsymbol{H} \cdot \mathrm{d}\boldsymbol{l} = I_1$$

$$\boldsymbol{H} = \frac{I_1}{2\pi x}\boldsymbol{e}_\phi$$

$$\boldsymbol{B} = \frac{\mu_0 I_1}{2\pi x}\boldsymbol{e}_\phi$$

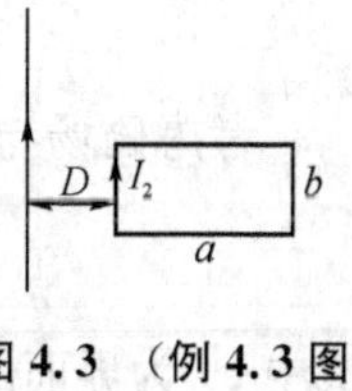

图 4.3 （例 4.3 图）

此磁场在矩形回路中的磁链为

$$\psi_{12}^m = \oint_S \boldsymbol{B} \cdot \mathrm{d}\boldsymbol{S} = \frac{\mu_0 I_1 b}{2\pi}\ln\frac{D+a}{D}$$

互感为 $$M_{12} = \frac{\psi_{12}^m}{I_1} = \frac{\mu_0 b}{2\pi}\ln\frac{D+a}{D}$$

4.4 恒定磁场的边界条件

在两种不同媒质的分界面上，磁场不连续，分界面两侧磁场的关系由边界条件确定。恒定磁场的边界条件可以从第二章 2.5 节所述时变电磁场边界条件直接得出。

设磁导率分别为 μ_1 和 μ_2 的两种媒质分界面如图 4.4 所示。为了得到磁场强度的边界条件，应用安培环路定律

$$\oint_l \boldsymbol{H} \cdot \mathrm{d}\boldsymbol{l} = I$$

取小闭合回路 l，使分别位于两媒质中长为 Δl 的两对边与边界面平行，且无限靠近，则穿过该回路的体电流为零，得

$$H_{1t}\Delta l - H_{2t}\Delta l = J_s \Delta l$$

两边同除 Δl，得磁场强度的边界条件

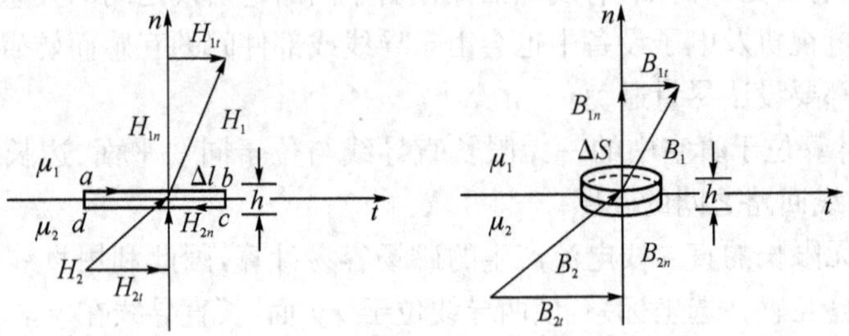

图 4.4

$$H_{1t} - H_{2t} = J_s \tag{4.28}$$

考虑磁场与电流的方向关系，上式又可写为

$$\boldsymbol{e}_n \times (\boldsymbol{H}_1 - \boldsymbol{H}_2) = \boldsymbol{J}_s \tag{4.29}$$

式中 $\boldsymbol{e}_n$ 为界面的法向单位矢量，指向媒质 1 区。$\boldsymbol{J}_s$ 为分界面上的传导电流面密度。一般情况下，两种媒质分界面上的传导电流面密度为零，因此，在两种媒质分界面上，磁场强度的切向分量连续，即

$$H_{1t} = H_{2t} \tag{4.30}$$

应用磁通量连续性原理

$$\oint_S \boldsymbol{B} \cdot \mathrm{d}\boldsymbol{S} = 0$$

在分界面上取圆柱面，可得磁感应强度得边界条件

$$B_{1n}=B_{2n} \tag{4.31}$$

即在两种媒质分界面上，磁感应强度的法向分量连续。

在两种媒质分界面上磁场不连续是由于边界上媒质突变使界面上出现了磁化电流。磁导率为无限大的媒质称为理想导磁体。由于磁感应强度不可能为无限大，因此，根据 $\boldsymbol{B}=\mu\boldsymbol{H}$，在理想导磁体中，磁场强度 $\boldsymbol{H}$ 为零。那么在理想导磁体界面上，由式(4.30)，$H_{1t}=H_{2t}=0$，即磁场强度仅有法向分量，也就是说，磁场与理想导磁体表面垂直。理想导磁体是一种理想的媒质模型，实际中不存在磁导率为无限大的媒质，但是，在一些场合，将磁导率很高的铁磁物质近似为理想导磁体可以使复杂的问题得以简化。

例 4.4 已知磁导率为 μ、带气隙的环形磁芯的气隙宽度为 d，比圆形磁芯材料截面半径小得多，磁芯上密绕了 N 匝线圈，如图所示。当线圈中的电流为 I 时，求气隙中的磁感应强度。

解 忽略磁芯外的漏磁通，磁芯中的磁力线也是与磁芯表面同轴的圆环。在磁芯的气隙表面，磁场近似为界面的法向，根据边界条件，气隙中的磁感应强度与磁芯中的磁感应强度相等。对磁芯中半径为 r 的磁力线圆环，磁场强度满足

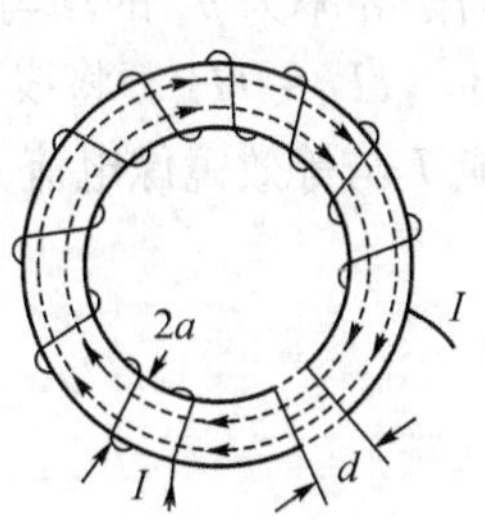

图 4.5 (例 4.4 图)

$$\oint_l \boldsymbol{H}\cdot \mathrm{d}\boldsymbol{l}=NI$$

在圆环的磁芯部分，可认为磁场强度相同，为$\dfrac{B}{\mu}$；在气隙部分磁场强度为$\dfrac{B}{\mu_0}$，代入上式得

$$\frac{B}{\mu}(2\pi r-d)+\frac{B}{\mu_0}d=NI$$

由上式得

$$B=\frac{\mu\mu_0 NI}{\mu d+\mu_0(2\pi r-d)}$$

如果将磁芯截面上的磁场近似看成是均匀的，圆环半径用平均半径 r_0 代替，则

$$B=\frac{\mu\mu_0 NI}{\mu d+\mu_0(2\pi r_0-d)}$$

如果将磁芯看成理想导磁体，则

$$B=\frac{\mu_0 NI}{d}$$

例 4.5 一根无限长线电流为 I 的导线，平行放于磁导率分别为 μ_1 和 μ_2 的两种媒质的平面边界附近，如图所示，求两种媒质中的磁场。

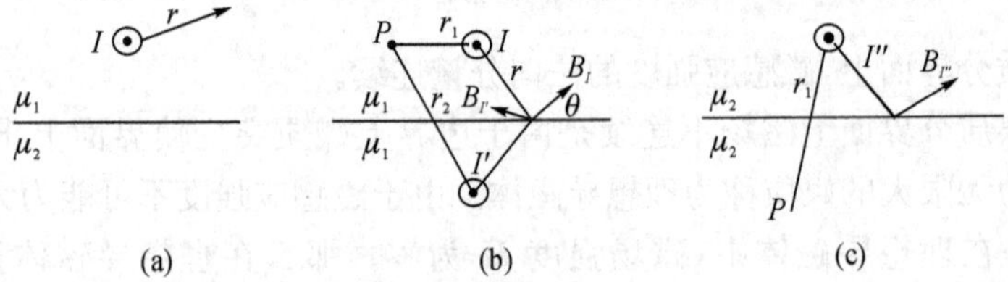

图 4.6 (例 4.5 图)

解 空间各点的磁场由线电流和边界面上的磁化电流产生。采用镜像法求解,求解上半空间的场 $\boldsymbol{H}_1,\boldsymbol{B}_1$ 时,将边界上的磁化电流用在镜像位置的等效线电流 I'代替,整个空间变为磁导率为 μ_1 的均匀介质,如图(b)所示。计算下半空间中的场 $\boldsymbol{H}_2,\boldsymbol{B}_2$ 时,将边界上的磁化电流和线电流用在线电流位置的等效线电流 I''代替,整个空间变为磁导率为 μ_2 的均匀介质,如图(c)所示。这样计算的磁场应满足边界条件,即 $B_{1n}=B_{2n},H_{1t}=H_{2t}$。将线电流在边界上任一点产生的磁场的关系代入边界条件,得到线电流 I 与等效镜像电流 I'和 I''的关系为

$$H_{1t}=H_{2t}\Rightarrow B_{1t}/\mu_1=B_{2t}/\mu_2$$

$$B_{1n}=\frac{\mu_1}{2\pi r}(I\sin\theta+I'\sin\theta)$$

$$B_{2n}=\frac{\mu_2}{2\pi r}I''\sin\theta\Rightarrow\mu_1(I+I')=\mu_2 I''$$

$$B_{1t}=\frac{\mu_1}{2\pi r}(I\cos\theta-I'\cos\theta)$$

$$B_{2t}=\frac{\mu_2}{2\pi r}I''\cos\theta\Rightarrow I-I'=I''$$

$$\begin{cases}\mu_1(I+I')=\mu_2 I''\\ I-I'=I''\end{cases}$$

解此方程组得

$$I'=\frac{\mu_2-\mu_1}{\mu_2+\mu_1}I$$

$$I''=\frac{2\mu_1}{\mu_2+\mu_1}I$$

媒质 μ_1 和 μ_2 中的磁感应强度分别为

$$\boldsymbol{B}_1=\frac{\mu_1}{2\pi}\boldsymbol{e}_i\times\left(\frac{I\boldsymbol{e}_{r_1}}{r_1}+\frac{I'\boldsymbol{e}_{r_2}}{r_2}\right)$$

$$\boldsymbol{B}_2=\frac{\mu_2}{2\pi}\boldsymbol{e}_i\times\frac{I''\boldsymbol{e}_{r_1}}{r_1}$$

式中 $\boldsymbol{e}_i$ 为线电流方向的单位矢量；r_1 和 $\boldsymbol{e}_{r_1}$ 分别为从线电流 I 到场点的距离和单位矢量；r_2 和 $\boldsymbol{e}_{r_2}$ 分别为从镜像线电流到场点的距离和单位矢量。将 I'和 I''的值代入得

$$\boldsymbol{B}_1=\frac{\mu_1 I}{2\pi(\mu_2+\mu_1)}\boldsymbol{e}_i\times\left[\frac{(\mu_2+\mu_1)\boldsymbol{e}_{r_1}}{r_1}+\frac{(\mu_2-\mu_1)\boldsymbol{e}_{r_2}}{r_2}\right]$$

$$\boldsymbol{B}_2=\frac{\mu_2\mu_1 I}{\pi(\mu_2+\mu_1)}\boldsymbol{e}_i\times\frac{\boldsymbol{e}_{r_1}}{r_1}$$

当媒质 μ_2 为理想导磁体时，其中得磁感应强度为

$$\boldsymbol{B}_2=\frac{\mu_1 I}{\pi}\boldsymbol{e}_i\times\frac{\boldsymbol{e}_{r_1}}{r_1}$$

4.5 静磁场的能量

磁场与电场一样也具有能量。载流回路中的电流与其磁场的建立过程中，外源做功，根据能量守恒定律，外源做的功转化为电流回路的磁场能量。下面通过载流回路建立过程中外源做功计算磁场能量。

先考虑一个电感为 L 的导线回路中的电流 i 从 0 增加到 I 的过程中外源的做功情况。设在电流增加过程中的某时刻 t，导线回路的电流为 i。如果在从 t 到 $t+\mathrm{d}t$ 时间内使电流增加到 $\mathrm{d}i$，导线回路的磁链就增加 $\mathrm{d}\psi^m=L\mathrm{d}i$。由于回路的磁链变化，回路产生磁感应电动势 $\mathscr{E}=-\frac{\mathrm{d}\psi^m}{\mathrm{d}t}=-L\frac{\mathrm{d}i}{\mathrm{d}t}$，感应电动势企图阻碍电流增加，因此要使回路在 $\mathrm{d}t$ 时间内的电流增加 $\mathrm{d}i$，必须在回路中施加电压 $U=-\mathscr{E}=L\frac{\mathrm{d}i}{\mathrm{d}t}$，以抵消感应电动势，反抗电流增加。那么，在 $\mathrm{d}t$ 时间内外源就要对导线回路做功

$$\mathrm{d}W=Ui\mathrm{d}t=(-\mathscr{E})i\mathrm{d}i=L\frac{\mathrm{d}i}{\mathrm{d}t}i\mathrm{d}t=Li\mathrm{d}i$$

那么电流 i 从 0 增加到 I 的过程中，外源对电路做功为

$$W=\int\mathrm{d}W=\int_0^I Li\mathrm{d}i=\frac{1}{2}LI^2$$

由于在做功的过程中没有其他能量损耗，外源做的功全部转化为磁场能量，也就是说，电感为 L，电流为 I 的载流回路的磁场能量为

$$W_m=\frac{1}{2}LI^2 \tag{4.32}$$

由于 $\psi^m=LI$，单导线回路的磁场能量也可用回路的磁链与电流表示为

$$W_m = \frac{1}{2}\psi^m I \tag{4.33}$$

下面再通过电流建立过程分析两个载流回路的磁场能量。设两载流回路 l_1、l_2 的自感分别为 L_1、L_2，互感为 M，电流分别为 I_1、I_2。我们分两步建立电流及其磁场：第一步，使回路 l_1 的电流 i_1 从 0 增加到 I_1，而维持回路 l_2 的电流为零；第二步，使回路 l_2 的电流 i_2 从 0 增加到 I_2，而维持回路 l_1 的电流为 I_1。在第一步，由于回路 l_2 的电流为零，外源对回路 l_2 不做功，仅对回路 l_1 做功，这与以上分析的一个载流回路电流的建立过程外源所做的功相同，即第一步外源做功为

$$W_1 = \frac{1}{2}L_1 I^2$$

在第二步，设回路 l_2 的电流 i_2 从 0 增加到 I_2，而维持回路 l_1 的电流为 I_1 的过程中的某一时刻 t，回路 l_2 的电流为 i_2。如果在从 t 到 $t+\mathrm{d}t$ 时间内使电流增加 $\mathrm{d}i_2$，通过两回路的磁链就会发生变化，从而使两导线回路中产生感应电动势：

$$\mathscr{E}_1 = -\frac{\mathrm{d}\psi_1^m}{\mathrm{d}t} = -M\frac{\mathrm{d}i_2}{\mathrm{d}t}$$

$$\mathscr{E}_2 = -\frac{\mathrm{d}\psi_2^m}{\mathrm{d}t} = -L_2\frac{\mathrm{d}i_2}{\mathrm{d}t}$$

由于感应电动势总是企图阻碍磁场的变化，因此外源必须向两回路施加电压以抵消感应电动势的作用，所以在 $\mathrm{d}t$ 时间内，回路 l_2 的电流增加 $\mathrm{d}i_2$ 过程中外源所作的功为

$$\mathrm{d}W_2 = U_1 I_1 \mathrm{d}t + U_2 i_2 \mathrm{d}t = (-\mathscr{E}_1)I_1\mathrm{d}t + (-\mathscr{E}_2)i_2\mathrm{d}t = M_{12}I_1\mathrm{d}i_2 + L_2 i_2 \mathrm{d}i_2$$

那么使回路 l_2 的电流 i_2 从 0 增加到 I_2 的过程中，外源对电路做功为

$$W_2 = \int \mathrm{d}W_2 = \int_0^{I_2} MI_1\mathrm{d}i_2 + \int_0^{I_2} L_2 i_2 \mathrm{d}i_2 = MI_1I_2 + \frac{1}{2}L_2I_2^2$$

两个载流回路的磁场能量就等于以上两步外源所做功之和：

$$W_m = W_1 + W_2 = \frac{1}{2}L_1I_1^2 + MI_1I_2 + \frac{1}{2}L_2I_2^2$$

我们还可以把上式改写成

$$\begin{aligned} W_m &= \frac{1}{2}L_1I_1^2 + \frac{1}{2}MI_1I_2 + \frac{1}{2}MI_1I_2 + \frac{1}{2}L_2I_2^2 \\ &= \frac{1}{2}(L_1I_1 + MI_2)I_1 + \frac{1}{2}(L_2I_2 + MI_1)I_2 \\ &= \frac{1}{2}\psi_1^m I_1 + \frac{1}{2}\psi_2^m I_2 \end{aligned}$$

$$=\sum_{k=1}^{2}\frac{1}{2}\psi_k^m I_k$$

对于 N 个电流回路的情况，可以证明磁场能量应为

$$W_m=\sum_{k=1}^{N}\frac{1}{2}\psi_k^m I_k \tag{4.34}$$

若已知各回路的电流和磁通链，由上式就可以计算这些电流回路的磁场能量。磁场能量是分布在磁场中的，定义磁场能量体密度

$$w_m=\lim_{\Delta V\to 0}\frac{\Delta W_m}{\Delta V} \tag{4.35}$$

则体积 V 中的磁场能量为

$$W_m=\int_V w_m \mathrm{d}V \tag{4.36}$$

我们还可以证明出磁场能量与磁场强度的关系：

$$W_m=\frac{1}{2}\int_V \boldsymbol{H}\cdot\boldsymbol{B}\mathrm{d}V \tag{4.37}$$

那么磁场能量体密度为

$$w_m=\frac{1}{2}\boldsymbol{H}\cdot\boldsymbol{B} \tag{4.38}$$

由 $\boldsymbol{B}=\mu\boldsymbol{H}$，磁场能量体密度也可写成

$$w_m=\frac{1}{2}\mu H^2 \tag{4.39}$$

利用磁场能量体密度，可求出磁场中某一局部区域中的磁场能量。

例 4.6 计算内外导体半径分别为 a，b 的同轴电缆单位长度的电感。

解 如果已知电流，求出磁场能量，则

$$L=\frac{2W_m}{I^2}$$

为此，设同轴电缆中的电流为 I，如果电流在导线截面上均匀分布，则利用安培环路定律可以计算出同轴电缆中的磁场分布为

$$H=\begin{cases} e_\phi \dfrac{I\rho}{2\pi a^2} & \rho<a \\ e_\phi \dfrac{I}{2\pi\rho} & \rho>a \end{cases}$$

单位长度的同轴线中的磁场能量为

$$W_m=\int_V\frac{1}{2}\mu H^2\mathrm{d}V=\frac{1}{2}\mu_0\int_0^a\left(\frac{I\rho}{2\pi a^2}\right)^2 2\pi\rho\,\mathrm{d}\rho+\frac{1}{2}\mu\int_a^b\left(\frac{I}{2\pi\rho}\right)^2 2\pi\rho\,\mathrm{d}\rho=\frac{\mu_0 I^2}{16\pi}+\frac{\mu I^2}{4\pi}\ln\frac{b}{a}$$

上式中第一项为内导体中的磁场能量，第二项为内外导体之间的磁场能量。单位长度的同轴线电感为

$$L=\frac{2W_m}{I^2}=\frac{\mu_0}{8\pi}+\frac{\mu}{2\pi}\ln\frac{b}{a}$$

本章提要

1. 恒定磁场方程

恒定磁场方程积分形式：

$$\oint_l \boldsymbol{H}\cdot\mathrm{d}\boldsymbol{l}=\boldsymbol{I}\qquad\text{安培环路定律}$$

$$\oint_S \boldsymbol{B}\cdot\mathrm{d}\boldsymbol{S}=0\qquad\text{磁通连续性定律}$$

微分形式：

$$\nabla\times\boldsymbol{H}=\boldsymbol{J}$$
$$\nabla\cdot\boldsymbol{B}=0$$

媒质的磁性方程：

$$\boldsymbol{B}=\mu\boldsymbol{H}$$

2. 导体的自感和互感

导线回路的自感和互感：

$$L_k=\frac{\psi_{kk}^m}{I_k}$$

$$M_{jk}=\frac{\psi_{jk}^m}{I_j}$$

3. 恒定磁场的边界条件

$$H_{1t}=H_{2t}$$
$$B_{1n}=B_{2n}$$

思 考 题

4.1　磁感应强度是怎样定义的？电流元在空间一点产生的磁感应强度与电流、电

流的方向以及距离各有什么关系？

4.2 安培环路定律及磁通量连续性原理各有什么意义？

4.3 恒定磁场有什么性质？

4.4 为什么磁力线是无头无尾的？

4.5 什么情况下可以用安培环路定律计算磁场？

4.6 自感是大于零的，互感也是大于零的吗？为什么？

4.7 电感的物理意义是什么？

4.8 如何计算自感和互感？

4.9 怎样才能保证互感大于零？

4.10 媒质边界两边的磁场强度满足什么关系？磁感应强度满足什么关系？

4.11 为什么媒质边界两边磁感应强度的切向分量不连续？

4.12 理想导磁体表面的边界条件是什么？

习 题

4.1 真空中半径为 a 的无限长导电圆筒上的电流均匀分布，电流面密度为 $\boldsymbol{J}_s$，沿轴向流动，求圆筒内外的磁场。

4.2 真空中，圆柱坐标系下电流分布为

$$\boldsymbol{J}=0 \qquad (0<\rho<a)$$

$$\boldsymbol{J}=\frac{\rho}{b}\boldsymbol{e}_z \qquad (a<\rho<b)$$

$$\boldsymbol{J}_s=J_0\boldsymbol{e}_z \qquad (\rho=b)$$

$$\boldsymbol{J}=0 \qquad (\rho>b)$$

求磁感应强度，其中 ρ 为圆柱坐标变量，不需说明。

4.3 已知无限长导体圆柱半径为 a，其内部有一圆柱形空腔半径为 b，导体圆柱的轴线与圆柱形空腔的轴线相距为 c，如图所示。若导体中均匀分布的电流密度为 $\boldsymbol{J}=J_0\boldsymbol{e}_z$，试求空腔中的磁感应强度。

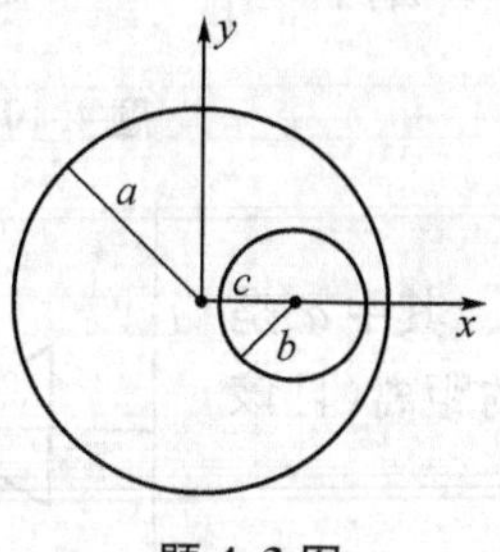

题 4.3 图

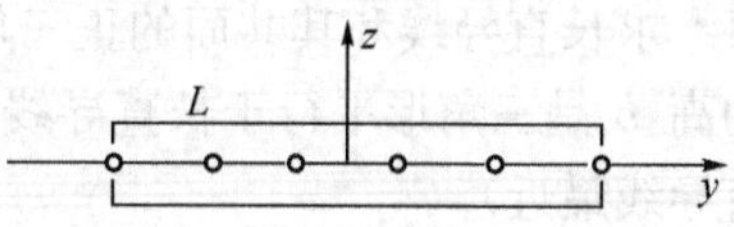

题 4.4 图

4.4 已知真空中位于 xy 平面的表面电流为 $\boldsymbol{J}_s=J_0\boldsymbol{e}_x$，如图所示，求磁感应强度。

4.5　一个无限长的直导线与直角三角形导线框在同一平面内，导线框的一个直角边与直导线平行，如图所示。求直导线与导线框间的互感。

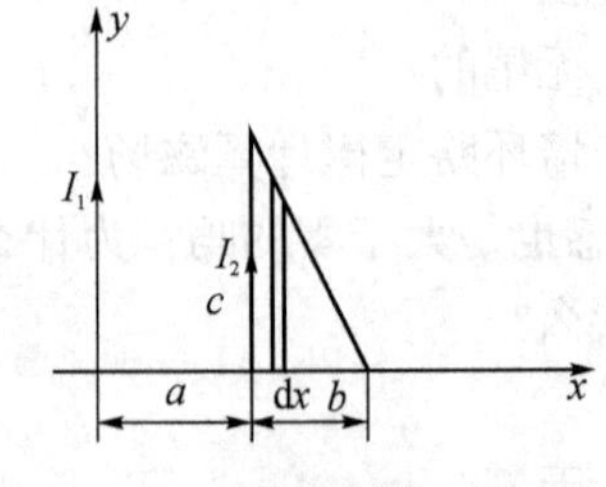

题 4.5 图

4.6　$z=0$ 的两种媒质的分界面上有面电流，其电流面密度为 $\boldsymbol{J}_s=12\boldsymbol{e}_y$ (kA/m)。在 $z>0$ 时，$\mu_r=200$，$\boldsymbol{H}_1=40\boldsymbol{e}_x+50\boldsymbol{e}_y+12\boldsymbol{e}_z$ (kA/m)，求在 $z<0$，$\mu_r=1\,000$ 中的磁场强度。

4.7　计算环形螺线管上绕 N 匝线圈的自感。已知螺线管的内半径为 R_1，外半径为 R_2，相对磁导率为 μ_r。

4.8　计算真空中放置的一对平行传输线单位长度的外自感。已知导线半径为 a，中心间距为 D，如图所示。

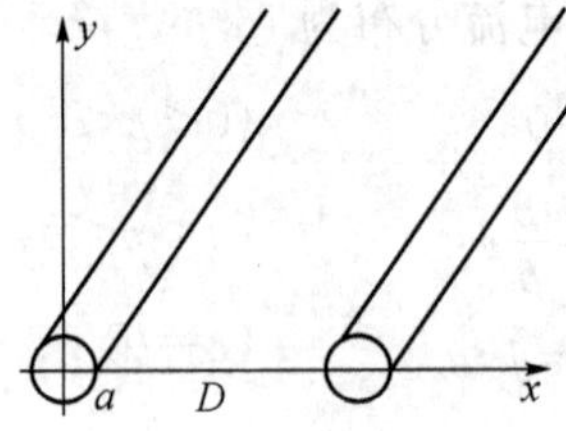

题 4.8 图

4.9　在截面为正方形 $a\times a$ 半径为 $R(R\gg a)$ 的磁环上，密绕了两个线圈，一个线圈为 m 匝，另一个线圈为 n 匝。磁芯的相对磁导率为 100，分别近似计算两线圈的自感和互感。

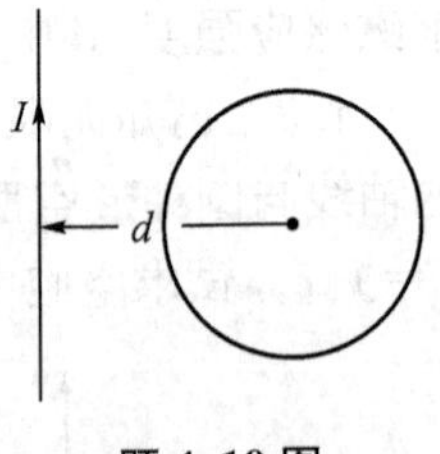

题 4.10 图

4.10　一个长直导线和一个圆环(半径为 a)在同一平面内，圆心与导线的距离为 d，证明它们之间的互感为

$$M=\mu_0(d-\sqrt{d^2-a^2})$$

4.11　求长直导线和其共面的正三角形之间的互感。其中 a 是三角形的高，b 是三角形平行于长直导线的边至直导线的距离(且该边距离直导线最近)。

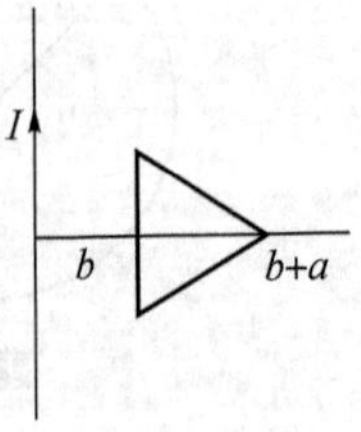

题 4.11 图

5 时变电磁场

麦克斯韦方程组已经预言了电磁波的存在,即时变电场与时变磁场能够相互转化,两者不可分割,它们构成统一的时变电磁场。

随时间变化的电磁场称为时变电磁场。时变电磁场比静态电磁场要复杂得多,主要表现在:(1) 时变电磁场之间相互激励而具有的波动特性,波动使时变电磁场的叠加不仅要考虑矢量的方向,同时还要考虑波相位对叠加的影响;(2) 电磁场的大小和方向随时间而变化,将导致介质的极化和磁化特性随时而变,使介质呈现色散特性等。

本章由麦克斯韦方程组进行适当变化得到电磁场的波动方程,本章还讨论电磁场的能量问题及时谐电磁场。

5.1 时变电磁场的波动性

时变电磁场具有波动性,这是麦克斯韦方程揭示的客观事实。电磁场的运动满足的微分方程与常见的微分方程有相似的形式,这说明电磁场的波动与其他波动形式具有相似之处,这是波动方程的共性。另一方面,电磁场的波动又具有个性,即它必须满足麦克斯韦方程。下面建立无源空间中电磁场的波动方程。

在无源空间中,电流密度和电荷密度处处为零,即 $\boldsymbol{J}=0$、$\rho=0$。在线性、各向同性的均匀媒质中,$\boldsymbol{E}$ 和 $\boldsymbol{H}$ 满足的麦克斯韦方程为

$$\nabla\times\boldsymbol{E}=-\mu\frac{\partial\boldsymbol{H}}{\partial t}\tag{5.1}$$

$$\nabla\times\boldsymbol{H}=\varepsilon\frac{\partial\boldsymbol{E}}{\partial t}\tag{5.2}$$

$$\nabla\cdot\boldsymbol{E}=0\tag{5.3}$$

$$\nabla\cdot\boldsymbol{H}=0\tag{5.4}$$

对式(5.1)两边取旋度,有

$$\nabla\times(\nabla\times\boldsymbol{E})=-\mu\frac{\partial}{\partial t}(\nabla\times\boldsymbol{H})$$

将式(5.2)代入上式,得

$$\nabla\times(\nabla\times\boldsymbol{E})+\mu\varepsilon\frac{\partial^2\boldsymbol{E}}{\partial t^2}=0$$

利用矢量恒等式$\nabla\times(\nabla\times\boldsymbol{E})=\nabla(\nabla\cdot\boldsymbol{E})-\nabla^2\boldsymbol{E}$ 和式(5.3)得

$$\nabla^2\boldsymbol{E}-\mu\varepsilon\frac{\partial^2\boldsymbol{E}}{\partial t^2}=0 \tag{5.5}$$

该式为无源区域中电场强度矢量 $\boldsymbol{E}$ 满足的波动方程。

同理可得到无源区域中磁场强度矢量 $\boldsymbol{H}$ 满足的波动方程为

$$\nabla^2\boldsymbol{H}-\mu\varepsilon\frac{\partial^2\boldsymbol{H}}{\partial t^2}=0 \tag{5.6}$$

无源区域中的 $\boldsymbol{E}$ 和 $\boldsymbol{H}$ 可以通过求解式(5.5)和(5.6)的波动方程得到。

在不同的坐标系中,波动方程可以分解为 3 个标量方程,每个方程中只含有一个场分量。如在直角坐标系中(5.5)可分解为

$$\frac{\partial^2 E_x}{\partial x^2}+\frac{\partial^2 E_x}{\partial y^2}+\frac{\partial^2 E_x}{\partial z^2}-\mu\varepsilon\frac{\partial^2 E_x}{\partial t^2}=0 \tag{5.7}$$

$$\frac{\partial^2 E_y}{\partial x^2}+\frac{\partial^2 E_y}{\partial y^2}+\frac{\partial^2 E_y}{\partial z^2}-\mu\varepsilon\frac{\partial^2 E_y}{\partial t^2}=0 \tag{5.8}$$

$$\frac{\partial^2 E_z}{\partial x^2}+\frac{\partial^2 E_z}{\partial y^2}+\frac{\partial^2 E_z}{\partial z^2}-\mu\varepsilon\frac{\partial^2 E_z}{\partial t^2}=0 \tag{5.9}$$

波动方程的解是在空间中沿一个特定方向传播的电磁波。

5.2 电磁场的能量守恒——坡印廷定理

能量守恒定律是自然界普遍适用的规律,电磁场虽是一种特殊的物质,但它与一般物质一样,也具有能量,并能与一般物质进行能量转换,且满足能量守恒定律。我们也正是通过电磁场与带电物体之间相互作用的过程及电磁场的能量与带电物体的运动机械能的相互转换,来认识和求得电磁场能量的表达式的。

电场和磁场都具有能量,在线性各向同性的媒质中,电场能量密度(Energy Density)w_e 与磁场能量密度 w_m 分别为

$$w_e=\frac{1}{2}\boldsymbol{E}\cdot\boldsymbol{D}=\frac{1}{2}\varepsilon E^2$$

$$w_m=\frac{1}{2}\boldsymbol{H}\cdot\boldsymbol{B}=\frac{1}{2}\mu H^2$$

在时变电磁场中,电磁场能量密度 w 等于电场能量密度 w_e 与磁场能量密度 w_m

之和，即

$$w = w_e + w_m = \frac{1}{2}\boldsymbol{E}\cdot\boldsymbol{D} + \frac{1}{2}\boldsymbol{H}\cdot\boldsymbol{B} = \frac{1}{2}\varepsilon E^2 + \frac{1}{2}\mu H^2 \tag{5.10}$$

当场随时间变化时，空间各点的电磁能量密度也随时间改变，从而引起电磁能量流动。为了描述能量的流动状况，引入能流密度(Energy Flow Density)矢量，其方向表示能量的流动方向，其大小表示单位时间内穿过与能量流动方向相垂直的单位面积的能量，或者说，垂直穿过单位面积的功率。所以能流密度矢量又称为功率流动密度矢量，也称为坡印廷(Poynting)矢量，用 $\boldsymbol{S}$ 表示，其单位为 W/m^2(瓦/米^2)

电磁能量服从能量守恒原理。下面介绍表征电磁场能量守恒关系的坡印廷定理以及描述电磁能量流动的坡印廷矢量的表达式。

坡印廷定理可由麦克斯韦方程组推导出来。假设闭合面 S 包围的体积 V 中无外加电源，媒质是线性和各向同性的，且参数不随时间变化。则该区域中的电磁场满足的麦克斯韦方程为

$$\nabla\times\boldsymbol{H} = \sigma\boldsymbol{E} + \varepsilon\frac{\partial\boldsymbol{E}}{\partial t}$$

$$\nabla\times\boldsymbol{E} = -\mu\frac{\partial\boldsymbol{H}}{\partial t}$$

$$\nabla\cdot(\mu\boldsymbol{H}) = 0$$

$$\nabla\cdot(\varepsilon\boldsymbol{E}) = 0$$

利用矢量恒等式$\nabla\cdot(\boldsymbol{E}\times\boldsymbol{H}) = \boldsymbol{H}\cdot\nabla\times\boldsymbol{E} - \boldsymbol{E}\cdot\nabla\times\boldsymbol{H}$，将上式代入，整理得

$$\nabla\cdot(\boldsymbol{E}\times\boldsymbol{H}) = -\frac{\partial}{\partial t}\left(\frac{\mu H^2}{2}\right) - \frac{\partial}{\partial t}\left(\frac{\varepsilon E^2}{2}\right) - \sigma E^2$$

将上式两边对区域 V 求积分，得

$$\int_V \nabla\cdot(\boldsymbol{E}\times\boldsymbol{H})\,\mathrm{d}V = -\frac{\partial}{\partial t}\int_V \frac{1}{2}(\varepsilon E^2 + \mu H^2)\,\mathrm{d}V - \int_V \sigma E^2\,\mathrm{d}V$$

已知$\int_V \nabla\cdot(\boldsymbol{E}\times\boldsymbol{H})\mathrm{d}V = \oint_S (\boldsymbol{E}\times\boldsymbol{H})\cdot\mathrm{d}\boldsymbol{S}$ 代入上式，得

$$\oint_S (\boldsymbol{E}\times\boldsymbol{H})\cdot\mathrm{d}\boldsymbol{S} + \int_V \sigma E^2\,\mathrm{d}V = -\frac{\partial}{\partial t}\int_V \frac{1}{2}(\varepsilon E^2 + \mu H^2)\,\mathrm{d}V \tag{5.11}$$

考虑到式(5.10)上式又可写为

$$-\frac{\partial}{\partial t}\int_V w\,\mathrm{d}V = \oint_S (\boldsymbol{E}\times\boldsymbol{H})\cdot\mathrm{d}\boldsymbol{S} + \int_V \sigma E^2\,\mathrm{d}V \tag{5.12}$$

这就是表征电磁能量守恒关系的坡印廷定理。

式(5.12)中各项具有明显的物理意义：左端为体积 V 中单位时间内减少的储能；

右端第一项代表单位时间内穿过闭合面 S 的能量，右端第二项为体积 V 中单位时间内损耗的能量。可见，时变电磁场存在能量流动。因此将 $\boldsymbol{E}\times\boldsymbol{H}$ 定义为坡印廷矢量或电磁能流密度矢量，用 $\boldsymbol{S}$ 表示，即

$$\boldsymbol{S}=\boldsymbol{E}\times\boldsymbol{H} \tag{5.13}$$

这样，已知某点的 $\boldsymbol{E}$ 和 $\boldsymbol{H}$，由式(5.13)即可求出该点的能流密度矢量。

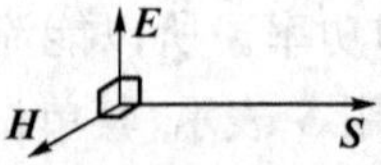

图 5.1　坡印廷矢量(能流密度矢量)

由式(5.13)知，$\boldsymbol{S}$ 既垂直于 $\boldsymbol{E}$，也垂直于 $\boldsymbol{H}$，又由于 $\boldsymbol{E}$ 和 $\boldsymbol{H}$ 相互垂直的，因此，$\boldsymbol{S}$、$\boldsymbol{E}$、$\boldsymbol{H}$ 三者是相互垂直的，且成右旋关系，如图 5.1 所示。由此可知，任一时刻、空间任一点的能流密度矢量的大小为

$$S(\boldsymbol{r},t)=E(\boldsymbol{r},t)H(\boldsymbol{r},t) \tag{5.14}$$

由于式中的 $E(\boldsymbol{r},t)$ 和 $H(\boldsymbol{r},t)$ 都是瞬时值，所以能流密度 $S(\boldsymbol{r},t)$ 也是瞬时值，只有当 $E(\boldsymbol{r},t)$ 和 $H(\boldsymbol{r},t)$ 同时达到最大值时，能流密度 $S(\boldsymbol{r},t)$ 才达到最大。若某一时刻，$E(\boldsymbol{r},t)$ 或 $H(\boldsymbol{r},t)$ 为零，则能流密度 $S(\boldsymbol{r},t)$ 也为零。

例 5.1　一根长度为 l、横截面为 S 的导线两端电位差为 U，导线的电导率为 σ。求当电流流过导线时电场能量的损耗。

解　当导线两端存在电位差时，导线中会产生电场，即

$$E=\frac{U}{l},J=\sigma E=\frac{\sigma U}{l},\text{得}$$

$$\int_V \boldsymbol{J}\cdot\boldsymbol{E}\mathrm{d}V=\sigma\boldsymbol{E}\cdot\boldsymbol{E}Sl=\sigma E^2Sl=U^2\frac{\sigma S}{l}=\frac{U^2}{R}=P$$

这个结果正是电流通过电阻时所消耗的功率。由此可见，电场对电荷做功导致电场能量消耗，即电场能量通过做功转换为光、热、机械能或其他形式的能量。

例 5.2　同轴电缆的内外导体半径分别为 a 和 b，其间为真空，如图所示。导体内通有电流 I，内外导体间电位差为 U，求能流密度 $\boldsymbol{S}$ 和功率 P。

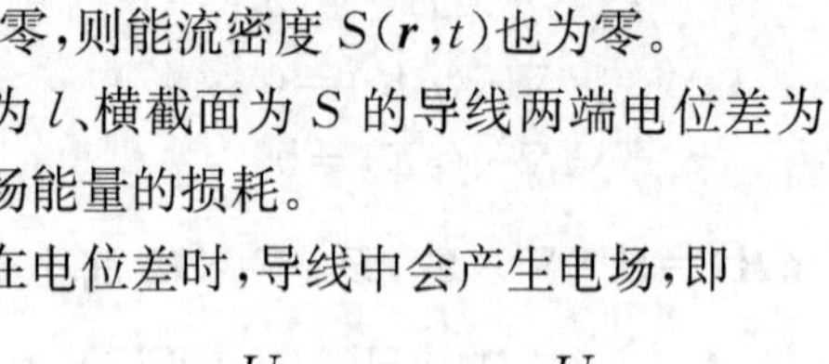

图 5.2　(例 5.2 图)

解 若内外导体均为理想导体，则电场和磁场全部分布在内外导体之间。利用高斯定律和安培环路定律，得

$$E_\rho = \frac{U}{\rho \ln \dfrac{b}{a}}, H_\phi = \frac{I}{2\pi\rho}$$

所以

$$\boldsymbol{S} = \boldsymbol{E} \times \boldsymbol{H} = \frac{UI}{2\pi\rho^2 \ln \dfrac{b}{a}} \boldsymbol{e}_z$$

显然，$\boldsymbol{S}$ 只有 z 分量，即能量是在内外导体间沿 z 方向流动，则单位时间内通过任意横截面的能量(通过任意横截面的功率)为

$$P = \int_\Sigma \boldsymbol{S} \cdot \mathrm{d}\Sigma = \frac{UI}{2\pi \ln \dfrac{b}{a}} \int \frac{2\pi\rho\, \mathrm{d}\rho}{\rho^2} = UI$$

这是一个电路理论中熟知的结果。

如果导体非理想，其电导率为 σ，则导体内存在电场，即 $\boldsymbol{E}_内 = \dfrac{\boldsymbol{J}}{\sigma} = \dfrac{I}{\pi a^2 \sigma} \boldsymbol{e}_z$。显然导体内的电场 $\boldsymbol{E}_内$ 沿 z 方向，即相对于导体的表面电场为切向。根据电场强度切向连续的边界条件，可以求出内导体表面外侧存在电场的切向分量，即 $\boldsymbol{E}_外 = \boldsymbol{E}_内$。由于内外导体间存在电场的切向分量，所以能流密度一定会存在径向分量，在内导体表面外侧有

$$\boldsymbol{S}_{径向}\big|_{r=a} = \boldsymbol{E}_外 \times \boldsymbol{H}\big|_{r=a} = -\frac{I^2}{2\pi^2 \sigma a^3} \boldsymbol{e}_r$$

其中负号表示能量流动是沿径向朝内的方向，即表示有部分能量通过内导体的表面流入内导体。流入长度为 l 的导体段内部的功率为

$$P_r = \oint_\Sigma \boldsymbol{S}_{径向} \cdot \mathrm{d}\Sigma \, \frac{I^2}{2\pi^2 \sigma a^3} 2\pi a l = \frac{I^2}{\pi\sigma a^2} l = I^2 R$$

这正是熟知的电阻 R 的耗散功率，即由于该段导体非理想形成电阻而消耗的功率。

5.3 时变电磁场惟一性定理

麦克斯韦方程描述了时变电磁场随空间及时间的变化规律，因此必须讨论当其初始条件和边界条件给定后，方程的解是否惟一。

时变电磁场的惟一性定理(Uniqueness Theorem)表明：在闭合面 S 包围的区域 V 中，当 $t=0$ 时刻的电场强度 $\boldsymbol{E}$ 及磁场强度 $\boldsymbol{H}$ 的初始值给定时，又在 $t>0$ 的时间内，只要边界 S 上的电场强度切向分量 E_t 或者磁场强度的切向分量 H_t 给定后，那么在 $t>0$

的任意时刻，体积 V 中任一点的电磁场由麦克斯韦方程惟一确定。为了证明这个定理，可以直接利用由麦克斯韦方程导出的能量定理式(5.12)，采用反证法进行证明。

设区域 V 内的解不是惟一的，那么至少存在两组解 E_1、H_1 及 E_2、H_2 均满足麦克斯韦方程，且具有相同的初始条件及边界条件。令

$$E_0 = E_1 - E_2、H_0 = H_1 - H_2$$

则在 $t=0$ 时，在区域 V 内，E_0 和 H_0 的初始值为零；在 $t \geqslant 0$ 时给定边界面 S 上电场强度 $\boldsymbol{E}_0$ 的切向分量为零或磁场强度 $\boldsymbol{H}_0$ 的切向分量为零，且 $\boldsymbol{E}_0$、$\boldsymbol{H}_0$ 满足麦克斯韦方程：

$$\nabla \times \boldsymbol{H}_0 = \sigma \boldsymbol{E}_0 + \varepsilon \frac{\partial \boldsymbol{E}_0}{\partial t}$$

$$\nabla \times \boldsymbol{E}_0 = -\mu \frac{\partial \boldsymbol{H}_0}{\partial t}$$

$$\nabla \cdot (\mu \boldsymbol{H}_0) = 0$$

$$\nabla \cdot (\varepsilon \boldsymbol{E}_0) = 0$$

因此根据坡印廷定理，有

$$-\oint_S (\boldsymbol{E}_0 \times \boldsymbol{H}_0) \cdot \boldsymbol{e}_n \mathrm{d}S = \frac{\mathrm{d}}{\mathrm{d}t}\int_V \frac{1}{2}(\varepsilon |\boldsymbol{E}_0|^2 + \mu |\boldsymbol{H}_0|^2)\,\mathrm{d}V + \int_V \sigma |\boldsymbol{E}_0|^2 \mathrm{d}V \tag{5.15}$$

根据 $\boldsymbol{E}_0$ 或 $\boldsymbol{H}_0$ 的边界条件，上式左端的被积函数为

$$(\boldsymbol{E}_0 \times \boldsymbol{H}_0) \cdot \boldsymbol{e}_n |_S = (\boldsymbol{e}_n \times \boldsymbol{E}_0) \cdot \boldsymbol{H}_0 |_S = (\boldsymbol{H}_0 \times \boldsymbol{e}_n) \cdot \boldsymbol{E}_0 |_S = 0$$

得

$$\frac{\mathrm{d}}{\mathrm{d}t}\int_V \frac{1}{2}(\varepsilon |\boldsymbol{E}_0|^2 + \mu |\boldsymbol{H}_0|^2)\,\mathrm{d}V + \int_V \sigma |\boldsymbol{E}_0|^2 \mathrm{d}V = 0 \tag{5.16}$$

由于 $\boldsymbol{E}_0$ 和 $\boldsymbol{H}_0$ 的初始值为零，将上式两边在 $(0,t)$ 上对 t 积分，可得

$$\int_V \frac{1}{2}(\varepsilon |\boldsymbol{E}_0|^2 + \mu |\boldsymbol{H}_0|^2)\,\mathrm{d}V + \int_0^t \left(\int_V \sigma |\boldsymbol{E}_0|^2 \mathrm{d}V\right) \mathrm{d}t = 0$$

上式中两项积分的被积函数大于或等于零，必有

$$\boldsymbol{E}_0 = 0, \boldsymbol{H}_0 = 0$$

即 $\boldsymbol{E}_1 = \boldsymbol{E}_2$，$\boldsymbol{H}_1 = \boldsymbol{H}_2$。上述定理得到证明。

上述证明中认为介质具有一定的电导率 σ。理想介质可以作为 $\sigma \to 0$ 的极限情况。

时变场的惟一性定理说明，在某区域 V 中，当满足以下 3 个条件时，时变电磁场是惟一的：

(1) 初始条件，即在 $t=0$ 时区域 V 中的电磁场给定；

(2) 边界条件，即在包围区域 V 的边界 S 上，电场强度 $\boldsymbol{E}$ 的切向分量 E_t 或磁场强

度 $\boldsymbol{H}$ 的切向分量 H_t 给定；

(3) 区域 V 中的源给定，时变电磁场满足麦克斯韦方程组。

5.4 正弦电磁场

实际中的电磁问题，绝大多数是时变电磁场问题，而其中最常见的又是随时间按正弦规律(或余弦规律)做简谐变化的电磁场。当电荷或电流是时间的正弦函数时，空间任一点的电场和磁场的每一个分量都是时间的正弦函数，称这类电磁场为时谐电磁场或正弦电磁场。对于这种正弦场，各电磁场量可以很方便地用相量(Phasor)形式表示。可以应用类似于电路理论中的频域方法，将时域中的电磁场量变换为频域中的相量，然后在频域中讨论。例如，广播、电视和通信的载波，都是正弦电磁波。一般情况下，即使电磁场不是正弦场，也可以通过傅立叶变换成为正弦电磁场来研究。所以，研究正弦场具有普遍意义。

设在三维空间中有一时变电场强度 $\boldsymbol{E}$，在直角坐标系中，它可表示为

$$\boldsymbol{E}(x,y,z,t)=E_x(x,y,z,t)\boldsymbol{e}_x+E_y(x,y,z,t)\boldsymbol{e}_y+E_z(x,y,z,t)\boldsymbol{e}_z \tag{5.17}$$

若该电场的 3 个分量均以角频率 ω 随时间作余弦变化，即

$$E_x(x,y,z,t)=E_{xm}(x,y,z)\cos[\omega t+\varphi_x(x,y,z)] \tag{5.18}$$

$$E_y(x,y,z,t)=E_{ym}(x,y,z)\cos[\omega t+\varphi_y(x,y,z)] \tag{5.19}$$

$$E_z(x,y,z,t)=E_{zm}(x,y,z)\cos[\omega t+\varphi_z(x,y,z)] \tag{5.20}$$

在上列各式中，E_{xm}、E_{ym}、E_{zm} 分别表示三个坐标分量的振幅，φ_x、φ_y、φ_z 分别表示 3 个坐标分量的初始相位，它们仅为空间坐标的函数，而与时间变量 t 无关，ω 为角频率，$\omega=2\pi f=\frac{2\pi}{T}$，其中 f 为频率，T 为周期。在时谐电场 $\boldsymbol{E}$ 中，虽然电场强度的 3 个分量 $\boldsymbol{E}_x$、$\boldsymbol{E}_y$、$\boldsymbol{E}_z$ 均随时间作简谐变化，但电场强度的模 $|\boldsymbol{E}|$ 却通常不为时谐函数。只有当 3 个分量的初始相位相等时，即 $\varphi_x=\varphi_y=\varphi_z=\varphi$，模 $|\boldsymbol{E}|$ 才有可能成为时谐函数。这时有

$$|\boldsymbol{E}|=\sqrt{E_x^2+E_y^2+E_z^2}=\sqrt{E_{xm}^2+E_{ym}^2+E_{zm}^2}\cos(\omega t+\varphi) \tag{5.21}$$

对时谐电场而言，可以借用在交流电路中讨论过的复数表示法，引入场量的复数表示式。为了便于将复数与实数加以区别，在这里复数量均用字母上方打“·”来表示。

将电场的 3 个分量表示式(5.18)～(5.20)分别改写为下列复数的实部形式：

$$E_x=\mathrm{Re}(\dot{E}_{xm}e^{j\omega t}) \tag{5.22}$$

$$E_y=\mathrm{Re}(\dot{E}_{ym}e^{j\omega t}) \tag{5.23}$$

$$E_z=\mathrm{Re}(\dot{E}_{zm}e^{j\omega t}) \tag{5.24}$$

式中，Re 表示取复数的实部；$\dot{E}_{xm}$、$\dot{E}_{ym}$、$\dot{E}_{zm}$ 分别称为 3 个电场分量 E_x、E_y、E_z 的相量或复数振幅，它们仅为空间坐标的函数，而与时间变量无关。经比较得

$$\dot{E}_{xm}=E_{xm}e^{j\varphi_x} \tag{5.25}$$

$$\dot{E}_{ym}=E_{ym}e^{j\varphi_y} \tag{5.26}$$

$$\dot{E}_{zm}=E_{zm}e^{j\varphi_z} \tag{5.27}$$

将(5.22)～(5.24)式代入(5.17)，得

$$\begin{aligned}\boldsymbol{E}&=\mathrm{Re}(\dot{E}_{xm}e^{j\omega t}\boldsymbol{e}_x+\dot{E}_{ym}e^{j\omega t}\boldsymbol{e}_y+\dot{E}_{zm}e^{j\omega t}\boldsymbol{e}_z)\\&=\mathrm{Re}(\dot{E}e^{j\omega t})\end{aligned} \tag{5.28}$$

式中

$$\dot{\boldsymbol{E}}=\dot{E}_{xm}\boldsymbol{e}_x+\dot{E}_{ym}\boldsymbol{e}_y+\dot{E}_{zm}\boldsymbol{e}_z \tag{5.29}$$

称为电场 $\boldsymbol{E}$ 的复矢量。

复矢量 $\dot{\boldsymbol{E}}$ 只代表着一个由 3 个复数 $\dot{E}_{xm}$、$\dot{E}_{ym}$、$\dot{E}_{zm}$ 通过空间坐标矢量 $\boldsymbol{e}_x$、$\boldsymbol{e}_y$、$\boldsymbol{e}_z$ 组合而成的复矢量，并不是真实的场矢量，一般没有几何意义。真实的场矢量是它的实部，即场矢量的瞬时表达式。而且，只有频率相同的正弦量之间才能使用复矢量的方法进行运算。

5.4.1 麦克斯韦方程的复矢量形式

由于 $\dot{\boldsymbol{E}}$ 仅为空间坐标的函数，可以看出

$$\frac{\partial \boldsymbol{E}}{\partial x}=\frac{\partial}{\partial x}\mathrm{Re}(\dot{\boldsymbol{E}}e^{j\omega t})=\mathrm{Re}\left(\frac{\partial \dot{\boldsymbol{E}}}{\partial x}e^{j\omega t}\right) \tag{5.30}$$

$$\frac{\partial^2 \boldsymbol{E}}{\partial x^2}=\frac{\partial^2}{\partial x^2}\mathrm{Re}(\dot{\boldsymbol{E}}e^{j\omega t})=\mathrm{Re}\left(\frac{\partial^2 \dot{\boldsymbol{E}}}{\partial x^2}e^{j\omega t}\right) \tag{5.31}$$

$$\int_l \boldsymbol{E}\cdot \mathrm{d}\boldsymbol{l}=\int_l \mathrm{Re}(\dot{\boldsymbol{E}}e^{j\omega t})\cdot \mathrm{d}\boldsymbol{l}=\mathrm{Re}\left[\left(\int_l \dot{\boldsymbol{E}}\cdot \mathrm{d}\boldsymbol{l}\right)e^{j\omega t}\right] \tag{5.32}$$

$$\int_s \boldsymbol{E}\cdot \mathrm{d}\boldsymbol{S}=\int_s \mathrm{Re}(\dot{\boldsymbol{E}}e^{j\omega t})\cdot \mathrm{d}\boldsymbol{S}=\mathrm{Re}\left[\left(\int_s \dot{\boldsymbol{E}}\cdot \mathrm{d}\boldsymbol{S}\right)e^{j\omega t}\right] \tag{5.33}$$

$$\frac{\partial \boldsymbol{E}}{\partial t}=\frac{\partial}{\partial t}\mathrm{Re}(\dot{\boldsymbol{E}}e^{j\omega t})=\mathrm{Re}(j\omega\dot{\boldsymbol{E}}e^{j\omega t}) \tag{5.34}$$

$$\frac{\partial^2 \boldsymbol{E}}{\partial t^2}=\frac{\partial^2}{\partial t^2}\mathrm{Re}(\dot{\boldsymbol{E}}e^{j\omega t})=\mathrm{Re}[(j\omega)^2\dot{\boldsymbol{E}}e^{j\omega t}] \tag{5.35}$$

式(5.30)～(5.35)说明，矢量 $\boldsymbol{E}$ 对空间坐标进行微积分运算以后所对应的复矢量仍然保留着原来的微积分运算形式不变。而对时间变量的导数，情况有所不同，$\frac{\partial \boldsymbol{E}}{\partial t}$ 和 $\frac{\partial^2 \boldsymbol{E}}{\partial t^2}$ 的复矢量分别为 $j\omega\dot{\boldsymbol{E}}$ 和 $-\omega^2\dot{\boldsymbol{E}}$。

将上述运算应用于麦克斯韦方程组的积分形式，得

$$\oint_l \dot{\boldsymbol{H}}\cdot \mathrm{d}\boldsymbol{l}=\int_S (\dot{\boldsymbol{J}}+j\omega\dot{\boldsymbol{D}})\cdot \mathrm{d}\boldsymbol{S} \tag{5.36}$$

$$\oint_l \dot{\boldsymbol{E}} \cdot \mathrm{d}\boldsymbol{l} = -j\omega \int_S \dot{\boldsymbol{B}} \cdot \mathrm{d}\boldsymbol{S} \tag{5.37}$$

$$\oint_S \dot{\boldsymbol{B}} \cdot \mathrm{d}\boldsymbol{S} = 0 \tag{5.38}$$

$$\oint_S \dot{\boldsymbol{D}} \cdot \mathrm{d}\boldsymbol{S} = \int_V \dot{\rho} \mathrm{d}V \tag{5.39}$$

$$\oint_S \dot{\boldsymbol{J}} \cdot \mathrm{d}\boldsymbol{S} = -j\omega \int_V \dot{\rho} \mathrm{d}V \tag{5.40}$$

麦克斯韦方程微分形式的复数形式：

$$\nabla \times \dot{\boldsymbol{H}} = \dot{\boldsymbol{J}} + j\omega \dot{\boldsymbol{D}} \tag{5.41}$$

$$\nabla \times \dot{\boldsymbol{E}} = -j\omega \dot{\boldsymbol{B}} \tag{5.42}$$

$$\nabla \cdot \dot{\boldsymbol{B}} = 0 \tag{5.43}$$

$$\nabla \cdot \dot{\boldsymbol{D}} = \dot{\rho} \tag{5.44}$$

$$\nabla \cdot \dot{J} = -j\omega \dot{\rho} \tag{5.45}$$

同样，电荷守恒定律及介质特性方程也可写成复数形式：

$$\dot{\boldsymbol{D}} = \varepsilon \dot{\boldsymbol{E}} \tag{5.46}$$

$$\dot{\boldsymbol{B}} = \mu \dot{\boldsymbol{H}} \tag{5.47}$$

$$\dot{\boldsymbol{J}} = \sigma \boldsymbol{E} + \dot{\boldsymbol{J}}' \tag{5.48}$$

例 5.3 在空气介质中有两块无限大导电平板，它们相互平行，间距为 d，如图示，若两平行板之间的电场强度复矢量分布为

$$\dot{\boldsymbol{E}} = \dot{E}_0 \sin \frac{\pi x}{d} e^{-jkz} \boldsymbol{e}_y$$

而在两平行板以外空间的电磁场为零。试求两平行板之间的磁场强度复矢量 $\dot{\boldsymbol{H}}$，导体平板上的面电流密度矢量 $\dot{\boldsymbol{J}}_s$ 和面电荷密度 $\dot{\rho}_s$。

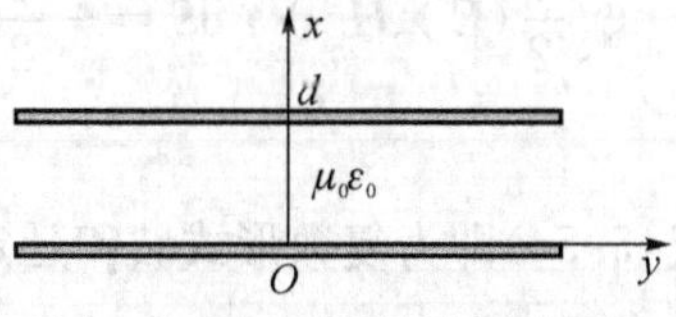

图 5.3 （例 5.3 图）

解 由 $\nabla \times \dot{\boldsymbol{E}} = -j\omega \dot{\boldsymbol{B}}$ 得

$$\dot{\boldsymbol{H}} = -\frac{1}{j\omega\mu_0} \nabla \times \dot{\boldsymbol{E}}$$

$$= -\frac{1}{j\omega\mu_0} \left(\frac{\partial \dot{E}_y}{\partial z} \boldsymbol{e}_x + \frac{\partial \dot{E}_y}{\partial x} \boldsymbol{e}_z \right)$$

$$= -\frac{k}{\omega\mu_0} \dot{E}_0 \sin \frac{\pi x}{d} e^{-jkz} \boldsymbol{e}_x + \frac{j\pi}{\omega\mu_0 d} \dot{E}_0 \cos \frac{\pi x}{d} e^{-jkz} \boldsymbol{e}_z$$

在上导体平板的下侧，有

$$\dot{\boldsymbol{J}}_s = \boldsymbol{e}_n \times \dot{\boldsymbol{H}} |_{x=d} = -\boldsymbol{e}_x \times \boldsymbol{e}_z \frac{j\pi}{\omega\mu_0 d} \dot{E}_0 \cos \frac{\pi d}{d} e^{-jkz} = -\boldsymbol{e}_y \frac{j\pi}{\omega\mu_0 d} \dot{E}_0 e^{-jkz}$$

$$\dot{\rho}_s = -\frac{\nabla_t \cdot \dot{\boldsymbol{J}}_s}{j\omega} = -\frac{1}{j\omega}\left(\frac{\partial \dot{J}_{sy}}{\partial y}\right) = 0$$

在下导体平板的上侧，有

$$\dot{\boldsymbol{J}}_s = \boldsymbol{e}_n \times \dot{\boldsymbol{H}}|_{x=0} = -\boldsymbol{e}_y \frac{j\pi}{\omega\mu_0 d}\dot{E}_0 e^{-jkz}$$

$$\dot{\rho}_s = 0$$

由上述可知，由于复数形式与实数形式的公式之间存在明显的区别，将复数形式的“·”去掉以后并不会引起混淆，所以，以后复数形式可以不再打“·”。

5.4.2 复数形式的坡印廷定理

在时谐电磁场情况下，采取复数形式可以简化分析。

设 $\dot{\boldsymbol{E}}$ 和 $\dot{\boldsymbol{H}}$ 分别为 $\boldsymbol{E}$ 和 $\boldsymbol{H}$ 的复矢量，$\dot{\boldsymbol{E}}^*$ 和 $\dot{\boldsymbol{H}}^*$ 分别为 $\dot{\boldsymbol{E}}$ 和 $\dot{\boldsymbol{H}}$ 的共轭复矢量。在复数形式的麦克斯韦方程中

$$\nabla \times \dot{\boldsymbol{H}} = \sigma\dot{\boldsymbol{E}} + j\omega\varepsilon\dot{\boldsymbol{E}} \tag{5.49}$$

$$\nabla \times \dot{\boldsymbol{E}} = -j\omega\mu\dot{\boldsymbol{H}} \tag{5.50}$$

将式(5.49)两端取复共轭，得

$$\nabla \times \dot{\boldsymbol{H}}^* = \sigma\dot{\boldsymbol{E}}^* - j\omega\dot{\boldsymbol{E}}^* \tag{5.51}$$

将式(5.50)和式(5.51)代入下列恒等式：

$$\nabla \cdot (\dot{\boldsymbol{E}} \times \dot{\boldsymbol{H}}^*) = \dot{\boldsymbol{H}}^* \cdot (\nabla \times \dot{\boldsymbol{E}}) - \dot{\boldsymbol{E}} \cdot (\nabla \times \dot{\boldsymbol{H}}^*) \tag{5.52}$$

得 $$\nabla \cdot (\dot{\boldsymbol{E}} \times \dot{\boldsymbol{H}}^*) = \dot{\boldsymbol{H}}^* \cdot (-j\omega\mu\boldsymbol{H}) - \dot{\boldsymbol{E}} \cdot (\sigma\dot{\boldsymbol{E}}^* - j\omega\varepsilon\dot{\boldsymbol{E}}^*)$$

即 $$\nabla \cdot (\dot{\boldsymbol{E}} \times \dot{\boldsymbol{H}}^*) = j\omega(\varepsilon\dot{\boldsymbol{E}} \cdot \dot{\boldsymbol{E}}^* - \mu\dot{\boldsymbol{H}} \cdot \dot{\boldsymbol{H}}^*) - \sigma\dot{\boldsymbol{E}} \cdot \dot{\boldsymbol{E}}^* \tag{5.53}$$

利用散度定义，得到

$$\oint_S \frac{1}{2}(\dot{\boldsymbol{E}} \times \dot{\boldsymbol{H}}^*) \cdot \mathrm{d}\boldsymbol{S} = -\frac{1}{2}\int_V \sigma\dot{\boldsymbol{E}} \cdot \dot{\boldsymbol{E}}^* \mathrm{d}V + j\omega\int_V \left(\frac{1}{2}\varepsilon\dot{\boldsymbol{E}} \cdot \dot{\boldsymbol{E}}^* - \frac{1}{2}\mu\dot{\boldsymbol{H}} \cdot \dot{\boldsymbol{H}}^*\right)\mathrm{d}V \tag{5.54}$$

式(5.54)即为复数形式坡印廷定理的数学表示式。该式左端的被积函数为复矢量，记为 $\dot{\boldsymbol{S}}$，即

$$\dot{\boldsymbol{S}} = \frac{1}{2}(\dot{\boldsymbol{E}} \times \dot{\boldsymbol{H}}^*) \tag{5.55}$$

称为复坡印廷矢量。

复坡印廷矢量的实部具有明确的物理意义。可以证明，复坡印廷矢量的实部等于一个时间周期内瞬时坡印廷矢量的平均值，记为 $\boldsymbol{S}_{av}$，即

$$\boldsymbol{S}_{av} = \mathrm{Re}(\dot{\boldsymbol{S}}) \tag{5.56}$$

已知，时谐电磁场中 $\boldsymbol{E}$ 和 $\boldsymbol{H}$ 可分别表示为

$$\boldsymbol{E}=\mathrm{Re}(\dot{\boldsymbol{E}}e^{j\omega t})=\frac{1}{2}(\dot{\boldsymbol{E}}e^{j\omega t}+\dot{\boldsymbol{E}}^{*}e^{-j\omega t}) \tag{5.57}$$

$$\boldsymbol{H}=\mathrm{Re}(\dot{\boldsymbol{H}}e^{j\omega t})=\frac{1}{2}(\dot{\boldsymbol{H}}e^{j\omega t}+\dot{\boldsymbol{H}}^{*}e^{-j\omega t}) \tag{5.58}$$

而瞬时坡印廷矢量应为

$$\begin{aligned}\boldsymbol{S}&=\boldsymbol{E}\times\boldsymbol{H}\\&=\frac{1}{4}(\dot{\boldsymbol{E}}\times\dot{\boldsymbol{H}}^{*}+\dot{\boldsymbol{E}}^{*}\times\dot{\boldsymbol{H}})+\frac{1}{4}(\dot{\boldsymbol{E}}\times\dot{\boldsymbol{H}}e^{j2\omega t}+\dot{\boldsymbol{E}}^{*}\times\dot{\boldsymbol{H}}^{*}e^{-j2\omega t})\\&=\frac{1}{2}\mathrm{Re}(\dot{\boldsymbol{E}}\times\dot{\boldsymbol{H}}^{*})+\frac{1}{2}\mathrm{Re}(\dot{\boldsymbol{E}}\times\dot{\boldsymbol{H}}e^{j2\omega t})\end{aligned}$$

对于时谐电磁场，讨论一个周期 T 内的平均坡印廷矢量比讨论每一瞬时坡印廷矢量更有实用意义。平均坡印廷矢量（即平均功率流密度矢量）为

$$\begin{aligned}\boldsymbol{S}_{av}&=\frac{1}{T}\int_{0}^{T}\boldsymbol{S}\mathrm{d}t\\&=\frac{1}{T}\int_{0}^{T}\frac{1}{2}\mathrm{Re}(\dot{\boldsymbol{E}}\times\dot{\boldsymbol{H}}^{*})\mathrm{d}t+\frac{1}{T}\int_{0}^{T}\frac{1}{2}\mathrm{Re}(\dot{\boldsymbol{E}}\times\dot{\boldsymbol{H}}e^{j2\omega t})\mathrm{d}t\end{aligned}$$

在上式中 $\dot{\boldsymbol{E}}$、$\dot{\boldsymbol{E}}^{*}$、$\dot{\boldsymbol{H}}$、$\dot{\boldsymbol{H}}^{*}$ 均为与时间 t 无关的复矢量，而 $\mathrm{Re}(e^{j2\omega t})=\cos 2\omega t$ 在一个时间周期 T 内的积分恒为零，则

$$\boldsymbol{S}_{av}=\frac{1}{2}\mathrm{Re}(\dot{\boldsymbol{E}}\times\dot{\boldsymbol{H}}^{*})=\frac{1}{T}\int_{0}^{T}\boldsymbol{S}\mathrm{d}t$$

例 5.4 已知真空中的某时谐电场瞬时值为

$$\boldsymbol{E}(x,z,t)=\sin 10\pi x\cos(\omega t-k_{z}z)\boldsymbol{e}_{y}$$

试求电场和磁场复矢量表示式和功率流密度矢量的平均值。

解 因为 $\boldsymbol{E}(x,z,t)=\mathrm{Re}(\sin 10\pi x e^{-jk_{z}z}e^{j\omega t})$，则电场强度复矢量为

$$\dot{\boldsymbol{E}}(x,z)=\sin 10\pi x e^{-jk_{z}z}\boldsymbol{e}_{y}$$

依复数形式的麦克斯韦第二方程，得磁场强度复矢量为

$$\begin{aligned}\dot{\boldsymbol{H}}(x,z)&=-\frac{1}{j\omega\mu_{0}}(\nabla\times\dot{\boldsymbol{E}})\\&=-\frac{\boldsymbol{e}_{x}}{j\omega\mu_{0}}\left(\frac{-\partial\dot{E}_{y}}{\partial z}\right)-\frac{\boldsymbol{e}_{z}}{j\omega\mu_{0}}\frac{\partial\dot{E}_{y}}{\partial x}\\&=\left(-\boldsymbol{e}_{x}\frac{k_{z}}{\omega\mu_{0}}\sin 10\pi x-\boldsymbol{e}_{z}\frac{10\pi}{j\omega\mu_{0}}\cos 10\pi x\right)e^{-jk_{z}z}\end{aligned}$$

功率流密度矢量的平均值 $\boldsymbol{S}_{av}$ 等于复坡印廷矢量的实部，它为

$$\begin{aligned}
\boldsymbol{S}_{av} &= \mathrm{Re}(\boldsymbol{S}) = \frac{1}{2}\mathrm{Re}(\dot{\boldsymbol{E}} \times \dot{\boldsymbol{H}}^*) \\
&= \frac{1}{2}\mathrm{Re}[\boldsymbol{e}_x(\dot{E}_y \dot{H}_z^* - \dot{E}_z \dot{H}_y^*) + \boldsymbol{e}_y(\dot{E}_z \dot{H}_x^* - \dot{E}_x \dot{H}_z^*) + \boldsymbol{e}_z(\dot{E}_x \dot{H}_y^* - \dot{E}_y \dot{H}_x^*)] \\
&= \frac{1}{2}\mathrm{Re}(\boldsymbol{e}_x \dot{E}_y \dot{H}_z^* - \boldsymbol{e}_z \dot{E}_y \dot{H}_x^*) \\
&= \frac{1}{2}\mathrm{Re}\left(\boldsymbol{e}_x \frac{5\pi}{j\omega\mu_0}\sin 20\pi x + \boldsymbol{e}_z \frac{k_z}{\omega\mu_0}\sin^2 10\pi x\right) \\
&= \boldsymbol{e}_z \frac{k_z}{2\omega\mu_0}\sin^2 10\pi x
\end{aligned}$$

例 5.5 在例 5.2 中已知条件换为复数形式，试求穿过内外导体之间横截面的复功率。

解 若内外导体均为理想导体，则电场和磁场全部分布在内外导体之间。利用高斯定律和安培环路定律，得

$$\dot{\boldsymbol{E}}_\rho = \frac{\dot{U}}{\rho \ln \frac{b}{a}}, \dot{\boldsymbol{H}}_\phi = \frac{\dot{I}}{2\pi\rho}$$

所以

$$\dot{\boldsymbol{S}} = \frac{1}{2}\dot{\boldsymbol{E}} \times \dot{\boldsymbol{H}}^* = \frac{1}{2}\frac{\dot{U}}{\rho \ln \frac{b}{a}}\frac{\dot{I}^*}{2\pi\rho}\boldsymbol{e}_z = \frac{\dot{U}\dot{I}^*}{4\pi\rho^2 \ln \frac{b}{a}}$$

显然，$\boldsymbol{S}$ 只有 z 分量，即能量是在内外导体间沿 z 方向流动，则单位时间内通过任意横截面的能量（通过任意横截面的功率）为

$$\dot{P} = \int_a^b \frac{\dot{U}\dot{I}^*}{4\pi\rho^2 \ln \frac{b}{a}} \cdot 2\pi\rho \,\mathrm{d}\rho = \frac{\dot{U}\dot{I}^*}{2\ln \frac{b}{a}}\int_a^b \frac{\mathrm{d}\rho}{\rho} = \frac{1}{2}\dot{U}\dot{I}^*$$

本章提要

1. 时变电磁场的波动方程：

$$\nabla^2 \boldsymbol{E} - \mu\varepsilon \frac{\partial^2 \boldsymbol{E}}{\partial t^2} = 0$$

$$\nabla^2 \boldsymbol{H} - \mu\varepsilon \frac{\partial^2 \boldsymbol{H}}{\partial t^2} = 0$$

波动方程的解是在空间中沿一个特定方向传播的电磁波。

2. 电场能量密度 w_e 与磁场能量密度 w_m 分别为

$$w_e = \frac{1}{2}\boldsymbol{E}\cdot\boldsymbol{D} = \frac{1}{2}\varepsilon E^2$$

$$w_m = \frac{1}{2}\boldsymbol{H}\cdot\boldsymbol{B} = \frac{1}{2}\mu H^2$$

3. 坡印廷矢量及坡印廷定理

$$\boldsymbol{S} = \boldsymbol{E}\times\boldsymbol{H}$$

其方向表示能量的流动方向，其大小表示单位时间内穿过与能量流动方向相垂直的单位面积的能量，或者说，垂直穿过单位面积的功率。$\boldsymbol{S}$、$\boldsymbol{E}$、$\boldsymbol{H}$ 三者是相互垂直的，且成右旋关系。

$$-\frac{\partial}{\partial t}\int_V w\,\mathrm{d}V = \oint_S (\boldsymbol{E}\times\boldsymbol{H})\cdot\mathrm{d}\boldsymbol{S} + \int_V \sigma E^2\,\mathrm{d}V$$

式中各项具有明显的物理意义：左端为体积 V 中单位时间内减少的储能；右端第一项代表单位时间内穿过闭合面 S 的能量，右端第二项为体积 V 中单位时间内损耗的能量。可见，时变电磁场存在能量流动。

4. 时变电磁场的惟一性定理：在闭合面 S 包围的区域 V 中，当 $t=0$ 时刻的电场强度 $\boldsymbol{E}$ 及磁场强度 $\boldsymbol{H}$ 的初始值给定时，又在 $t>0$ 的时间内，只要边界 S 上的电场强度切向分量 E_t 或者磁场强度的切向分量 H_t 给定后，那么在 $t>0$ 的任意时刻，体积 V 中任一点的电磁场由麦克斯韦方程惟一确定。

5. 麦克斯韦方程组的复数表示

积分形式：

$$\oint_l \dot{\boldsymbol{H}}\cdot\mathrm{d}\boldsymbol{l} = \int_S (\dot{\boldsymbol{J}} + j\omega\dot{\boldsymbol{D}})\cdot\mathrm{d}\boldsymbol{S}$$

$$\oint_l \dot{\boldsymbol{E}}\cdot\mathrm{d}\boldsymbol{l} = -j\omega\int_S \dot{\boldsymbol{B}}\cdot\mathrm{d}\boldsymbol{S}$$

$$\oint_S \dot{\boldsymbol{B}}\cdot\mathrm{d}\boldsymbol{S} = 0$$

$$\oint_S \dot{\boldsymbol{D}}\cdot\mathrm{d}\boldsymbol{S} = \int_V \dot{\rho}\,\mathrm{d}V$$

$$\oint_S \dot{\boldsymbol{J}}\cdot\mathrm{d}\boldsymbol{S} = -j\omega\int_V \dot{\rho}\,\mathrm{d}V$$

微分形式：

$$\nabla\times\dot{\boldsymbol{H}} = \dot{\boldsymbol{J}} + j\omega\dot{\boldsymbol{D}}$$

$$\nabla\times\dot{\boldsymbol{E}} = -j\omega\dot{\boldsymbol{B}}$$

$$\nabla\cdot\dot{\boldsymbol{B}} = 0$$

$$\nabla\cdot\dot{\boldsymbol{D}} = \dot{\rho}$$

$$\nabla\cdot\boldsymbol{J} = -j\omega\dot{\rho}$$

6. 复数形式的坡印廷定理

$$\oint_S \frac{1}{2}(\dot{\boldsymbol{E}} \times \dot{\boldsymbol{H}}^*) \cdot d\boldsymbol{S} = -\frac{1}{2}\int_V \sigma \dot{\boldsymbol{E}} \cdot \dot{\boldsymbol{E}}^* dV + j\omega \int_V \left(\frac{1}{2}\varepsilon \dot{\boldsymbol{E}} \cdot \dot{\boldsymbol{E}}^* \mu - \dot{\boldsymbol{H}} \cdot \dot{\boldsymbol{H}}^*\right) dV$$

复坡印廷矢量

$$\dot{\boldsymbol{S}} = \frac{1}{2}(\dot{\boldsymbol{E}} \times \dot{\boldsymbol{H}}^*)$$

$$\boldsymbol{S}_{av} = \mathrm{Re}(\dot{\boldsymbol{S}})$$

思考题

5.1 试解释波动方程的场解满足叠加定理。

5.2 时变电磁场的惟一性定理有什么意义？它有哪些条件？

5.3 能量流动的方向与电场和磁场的方向有什么关系？

5.4 如何计算时变电磁场的能量密度？

5.5 能流密度矢量是怎么定义的？如何根据电场及磁场计算能流密度？

5.6 什么是正弦电磁场？

5.7 正弦场的复数形式是怎样定义的？与对应的正弦瞬时形式有什么关系？

5.8 时变电磁场的各个方程和对应的复数形式之间有什么对应关系？

5.9 什么是复能流密度矢量？试述其实部及虚部的意义。

5.10 时谐电磁场的复矢量是真实的场矢量吗？引入复矢量的意义何在？

习 题

5.1 在无损耗的线性、各向同性媒质中，电场强度 $\boldsymbol{E}(\boldsymbol{r})$ 的波动方程为

$$\nabla^2 \boldsymbol{E}(\boldsymbol{r}) + \omega^2 \mu\varepsilon \boldsymbol{E}(\boldsymbol{r}) = 0$$

已知矢量函数 $\boldsymbol{E}(\boldsymbol{r}) = \boldsymbol{E}_0 e^{-j\boldsymbol{k}\cdot\boldsymbol{r}}$，其中 $\boldsymbol{E}_0$ 和 $\boldsymbol{k}$ 是常矢量。试证明 $\boldsymbol{E}(\boldsymbol{r})$ 满足波动方程的条件是 $k^2 = \omega^2 \mu\varepsilon$，这里 $k = |\boldsymbol{k}|$。

5.2 证明：在有电荷密度 ρ 和电流密度 $\boldsymbol{J}$ 的均匀无损耗媒质中，电场强度 $\boldsymbol{E}$ 和磁场强度 $\boldsymbol{H}$ 的波动方程为

$$\nabla^2 \boldsymbol{E} - \mu\varepsilon \frac{\partial^2 \boldsymbol{E}}{\partial t^2} = \mu \frac{\partial \boldsymbol{J}}{\partial t} + \nabla\left(\frac{\rho}{\varepsilon}\right), \nabla^2 \boldsymbol{H} - \mu\varepsilon \frac{\partial^2 \boldsymbol{H}}{\partial t^2} = -\nabla \times \boldsymbol{J}$$

5.3 自由空间的电磁场为

$$\boldsymbol{E}(z,t) = 1\,000\cos(\omega t - kz)\boldsymbol{e}_x \ (\mathrm{V/m})$$

$$\boldsymbol{H}(z,t) = 2.65\cos(\omega t - kz)\boldsymbol{e}_y \ (\mathrm{A/m})$$

式中 $k=\omega\sqrt{\mu_0\varepsilon_0}=0.42(\mathrm{rad/m})$。求(1) 瞬时坡印廷矢量;(2) 平均坡印廷矢量。

5.4 已知某磁场的复矢量为

$$\dot{\boldsymbol{E}}(z)=jE_0\sin(k_0z)\boldsymbol{e}_x\ (\mathrm{V/m})$$

$$\dot{\boldsymbol{H}}(z)=\sqrt{\frac{\varepsilon_0}{\mu_0}}E_0\cos(k_0z)\boldsymbol{e}_y\ (\mathrm{A/m})$$

式中 $k_0=\dfrac{2\pi}{\lambda_0}=\dfrac{\omega}{c}$,$c$ 为真空中的光速,λ_0 是波长。求:(1) $z=0$、$\dfrac{\lambda_0}{8}$、$\dfrac{\lambda_0}{4}$各点处的瞬时坡印廷矢量;(2) 以上各点处的平均坡印廷矢量。

5.5 已知某真空区域中时变电磁场的磁场瞬时值为

$$\boldsymbol{H}(x,y,t)=\sqrt{2}\cos(20x)\sin(\omega t-k_yy)\boldsymbol{e}_x$$

试求电场强度的复矢量、储能密度及能流密度矢量的平均值。

5.6 若真空中正弦电磁场的电场复矢量为

$$\dot{\boldsymbol{E}}(\boldsymbol{r})=(-j\boldsymbol{e}_x-2\boldsymbol{e}_y+j\sqrt{3}\boldsymbol{e}_z)e^{-j0.05\pi(\sqrt{3}x+z)}$$

试求电场强度的瞬时值 $\boldsymbol{E}(\boldsymbol{r},t)$,磁感应强度复矢量 $\dot{\boldsymbol{B}}(\boldsymbol{r})$ 及复能流密度矢量 $\dot{\boldsymbol{S}}_c$。

5.7 在自由空间存在电磁场 $\dot{\boldsymbol{E}}=\dfrac{A}{r}\sin\theta e^{-jkr}\boldsymbol{e}_\theta$,求:(1) 磁场强度复矢量$\dot{\boldsymbol{H}}$;(2) 平均能流密度 $\boldsymbol{S}_{av}$。

5.8 已知无源自由空间的电场

$$\dot{\boldsymbol{E}}(\boldsymbol{r},t)=\boldsymbol{E}_m\sin(\omega t-kz)\boldsymbol{e}_y$$

(1) 由麦克斯韦方程求磁场强度;

(2) 证明 ω/k 等于光速 c;

(3)求坡印廷矢量的平均值。

5.9 假设与 yz 平面平行的两无限大理想导体平板之间电场复矢量为

$$\dot{\boldsymbol{E}}=\boldsymbol{E}_me^{-jkz}$$

(1) 由麦克斯韦方程求磁场强度;

(2) 求导体板上的分布电荷及分布电流的瞬时值。

5.10 若真空中无源区域有时变电场

$$\boldsymbol{E}=E_0\cos(\omega t-kz)\boldsymbol{e}_x$$

(1) 由麦克斯韦方程求时变磁场强度;

(2) 证明 $k=\omega\sqrt{\mu_0\varepsilon_0}$ 以及 $\boldsymbol{E}$ 与 $\boldsymbol{H}$ 的比为$\sqrt{\mu_0/\varepsilon_0}=377\ \Omega$

6 平面电磁波

在上一章中，从麦克斯韦方程出发，得出电场强度 $\boldsymbol{E}$ 和磁场强度 $\boldsymbol{H}$ 应满足的波动方程，并且推论有电磁波存在，即电磁波是传播着的时变电磁场，如图 6.1 所示。电磁波的传播特性与所在媒质是紧密相关的。当媒质的电导率 σ 等于零，这种媒质称为无损耗媒质，通常也称为理想介质；当媒质的电导率 σ 不为零，这种媒质称为有损耗媒质，通常也称为导电媒质。

为了研究电磁波的传播规律和特点，本章首先从最简单的均匀平面波开始，讨论在无界空间理想介质中均匀平面波的传播特性和各项参量的物理意义；其次讨论有损耗媒质以及各向异性媒质中均匀平面波的传播特点；最后讨论当电磁波遇到不同媒质分界面时发生反射与折射的问题。

图 6.1 电磁波的传播

6.1 理想介质中的平面波

6.1.1 均匀平面波的分析

均匀平面波是电磁波传播的一种特殊形式，它是指在与电磁波传播方向相垂直的无限大平面上场强的幅度、相位和方向均相同的电磁波。

时变电磁场在理想介质（ $\sigma=0$，$J=0$ 且 ε，μ 为实常数）区域中，电场矢量 $\boldsymbol{E}$ 的波动方程为(5.5)。选择坐标 $\boldsymbol{E}$ 为 x 轴正方向，即 $\boldsymbol{E}=E_x\boldsymbol{e}_x$，则由式(5.5)有标量波动方程

$$\nabla^2 E_x-\mu\varepsilon\frac{\partial^2 E_x}{\partial t^2}=0 \tag{6.1}$$

设 E_x 仅为坐标 z 和时间 t 的函数，既与坐标 x，y 无关，则

$$\nabla^2 E_x(z,t)=\frac{\partial^2 E_x(z,t)}{\partial x^2}+\frac{\partial^2 E_x(z,t)}{\partial y^2}+\frac{\partial^2 E_x(z,t)}{\partial z^2}=\frac{\partial^2 E_x(z,t)}{\partial z^2}$$

使式(6.1)为

$$\frac{\partial^2 E_x(z,t)}{\partial z^2}-\mu\varepsilon\frac{\partial^2 E_x(z,t)}{\partial t^2}=0 \tag{6.2}$$

对应的复数方程为

$$\frac{d^2 E_x(z,t)}{dz^2}+k^2 E_x(z)=0 \tag{6.3}$$

式中 $k=\omega\sqrt{\mu\varepsilon}$。解方程(6.3)得

$$E_x(z)=E_0 e^{-jkz}+E'_0 e^{+jkz} \tag{6.4}$$

对应的瞬时值为

$$E_x(z,t)=E_0\cos(\omega t-kz)+E'_0\cos(\omega t+kz) \tag{6.5}$$

式(6.5)右端第一项的相位随 z 增加而逐渐落后,代表向 $+z$ 方向传播的波。因为若 t 增加,只要 $\omega t-kz$ 为常数,其值不变。如图 6.2 所示,当 $t_1\rightarrow t_2$,则相应得 $z_1\rightarrow z_2$,在这两点处场的总相位 $\omega t-kz$ 保持不变,从而使场值保持不变。这表明,z_1 处的状态沿 $+z$ 方向移动到了 z_2 处。同理,右端的第二项的相位随 z 增加而逐渐超前,代表向 $-z$ 方向行波,因此,称第一项为正向行波,称第二项为反向行波,如图 6.3 所示。

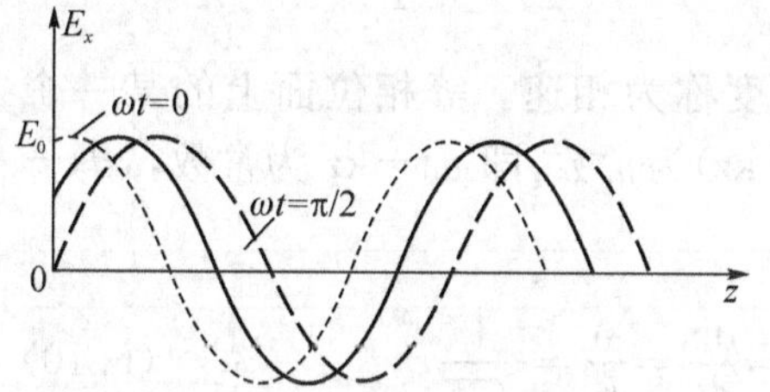

图 6.2　电磁波的瞬时波形

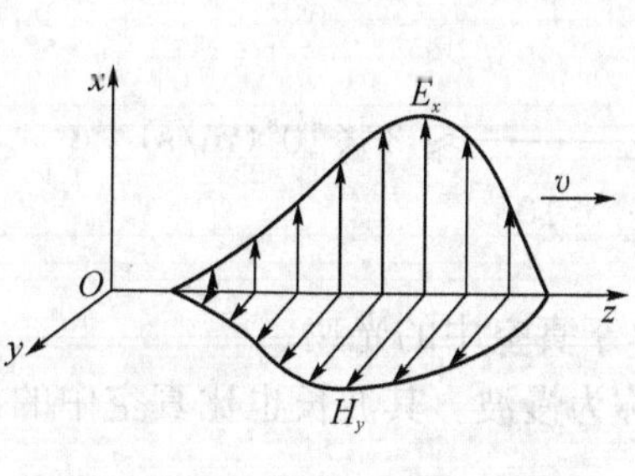

图 6.3(a)　正向行波或入射波

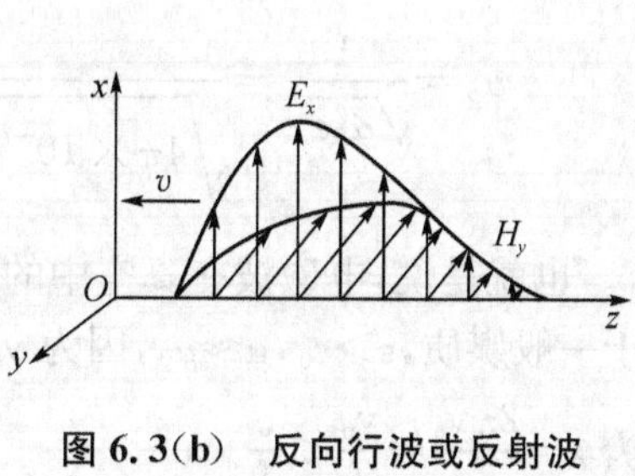

图 6.3(b)　反向行波或反射波

下面以正向行波为例讨论行波的传播参数。正向行波的电场复振幅可表示为

$$E_x(z)=E_0e^{-jkz} \tag{6.6}$$

瞬时值可表示为

$$E_x(z,t)=E_0\cos(\omega t-kz) \tag{6.7}$$

式中，E_0 是 $z=0$ 处时场强度的振幅；ωt 称为时间相位；kz 称为空间相位。空间相位相同的场点所组成的曲面称为等相位面，或称为波前、波面。显然，这里的等相位面是 z 为常数的平面，因此称这种电磁波为平面电磁波。又因 E_x 与 x，y 无关，在 z 为常数的等相位面上各点场强相等。这种在等相位面上场强均匀分布的平面波称为均匀平面波，这是一种最基本的电磁波形式。

空间相位 kz 变化 2π 所经过的距离称为波长或相位波长，以 λ 表示。由 $k\lambda=2\pi$ 可得

$$k=\frac{2\pi}{\lambda} \tag{6.8}$$

k 称为波数，因此空间相位变化 2π 相当于一个全波，k 表示单位长度内所具有的全波数目。

时间相位 ωt 变化 2π 所经历的时间称为周期，以 T 表示；每 1 s 内相位变化 2π 的次数称为频率，用 f 表示。因为 $\omega T=2\pi$，则

$$f=\frac{1}{T}=\frac{\omega}{2\pi} \tag{6.9}$$

等相位面传播的速度称为相速。等相位面上的某一个点，该点对应于 $\cos(\omega t-kz)$ 为常数，即 $\omega t-kz$ 为常数，$\omega dt-kdz=0$，故相速为

$$v_p=\frac{dz}{dt}=\frac{\omega}{k}=\frac{1}{\sqrt{\mu\varepsilon}} \tag{6.10}$$

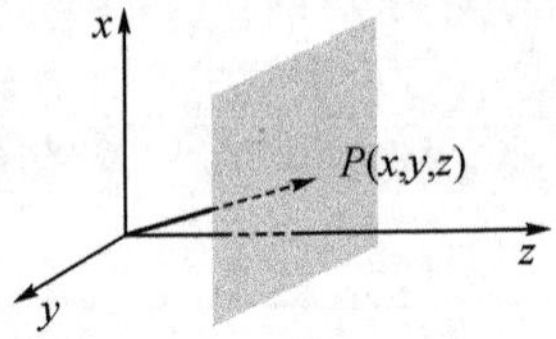

图 6.4　波的等相位面

在真空中有

$$v_p=\frac{1}{\sqrt{\mu_0\varepsilon_0}}=\frac{1}{\sqrt{4\pi\times10^{-7}\times\frac{1}{36\pi}\times10^{-9}}}\approx3\times10^8(\text{m/s})$$

即 $v_p=c$。也就是说，电磁波在真空中的速度等于真空中的光速。

对于一般媒质，$\varepsilon>\varepsilon_0$，$\mu\approx\mu_0$，因为 $v_p<c$，称为慢波。其波长也比真空中的波长短，这是因为 $\lambda=\frac{2\pi v_p}{\omega}=\frac{v_p}{f}<\frac{c}{f}$。

均匀平面波的磁场强度可由麦克斯韦方程组式(5.42)得出

$$\boldsymbol{H}=\frac{j}{\omega\mu}\nabla\times\boldsymbol{E}=\frac{j}{\omega\mu}\begin{vmatrix}\boldsymbol{e}_x & \boldsymbol{e}_y & \boldsymbol{e}_z\\ \frac{\partial}{\partial x} & \frac{\partial}{\partial y} & \frac{\partial}{\partial z}\\ E_x & 0 & 0\end{vmatrix}=\frac{j}{\omega\mu}\frac{\partial E_x}{\partial z}\boldsymbol{e}_y$$

$$=\frac{j}{\omega\mu}(-jk)E_0e^{-jkz}\boldsymbol{e}_y=\frac{1}{\eta}E_0e^{-jkz}\boldsymbol{e}_y=H_0e^{-jkz}\boldsymbol{e}_y \tag{6.11}$$

式中

$$\eta=\frac{E_0}{H_0}=\frac{\omega\mu}{k}=\sqrt{\frac{\mu}{\varepsilon}} \tag{6.12}$$

η 具有阻抗的量纲，单位为欧姆，其值取决于媒质的参数，所以称 η 为媒质的波阻抗，在真空中为 $\eta_0=\sqrt{\frac{\mu_0}{\varepsilon_0}}=120\pi\approx 376.730\ 35\approx 377\ (\Omega)$。

例 6.1 频率为 100 *MHz* 的均匀电磁波，在一无损耗媒质中沿 $+z$ 方向传播，其电场 $\boldsymbol{E}=E_x\boldsymbol{e}_x$。已知该媒质的相对介电常数 $\varepsilon_r=4$，相对磁导率 $\mu_r=1$，且当 $t=0$，$z=1/8$ (m)时，电场幅值为 10^{-4}(V/m)。求：

(1) $\boldsymbol{E}$ 的瞬时表示式；

(2) $\boldsymbol{H}$ 的瞬时表示式。

解 (1) 设 $\boldsymbol{E}$ 的瞬时表示式为

$$\boldsymbol{E}(z,t)=E_x\boldsymbol{e}_x=10^{-4}\cos(\omega t-kz+\varphi)\boldsymbol{e}_x$$

式中

$$\omega=2\pi f=2\pi\times 10^8\,(\text{rad/s})$$

$$k=\omega\sqrt{\mu\varepsilon}=\frac{\omega}{c}\sqrt{\varepsilon_r\mu_r}=\frac{2\pi\times 10^8}{3\times 10^8}\sqrt{4}\ (\text{rad/s})=\frac{4}{3}\pi\,(\text{rad/s})$$

对于余弦函数，当相角为零时达振幅值。因此，考虑条件 $t=0$，$z=1/8$ 时电场的幅值，有

$$\varphi=kz=\left(\frac{4}{3}\pi\right)\left(\frac{1}{8}\right)=\frac{\pi}{6}$$

所以

$$\boldsymbol{E}(z,t)=10^{-4}\cos(2\pi\times 10^8t-\frac{4}{3}\pi z+\frac{\pi}{6})\boldsymbol{e}_x$$

$$=10^{-4}\cos\left[2\pi\times 10^8t-\frac{4}{3}\pi\left(z-\frac{1}{8}\right)\right]\boldsymbol{e}_x$$

该式说明，波形沿 $+z$ 方向移动了 1/8 (m)。

(2) $\boldsymbol{H}$ 的瞬时表示式为

$$\boldsymbol{H}=H_y\boldsymbol{e}_y=\frac{1}{\eta}E_x\boldsymbol{e}_y$$

式中

$$\eta=\sqrt{\frac{\mu}{\varepsilon}}=60\pi$$

因此 $$\boldsymbol{H}(z,t)=\frac{10^{-4}}{60\pi}\cos\left[2\pi\times10^{8}t-\frac{4}{3}\pi\left(z-\frac{1}{8}\right)\right]\boldsymbol{e}_y$$

6.1.2 均匀平面波的传播特性

由以上分析可知，沿正向传播的均匀平面波的电场和磁场的复矢量可以表示为

$$\boldsymbol{E}=E_0e^{-jkz}\boldsymbol{e}_x \tag{6.13}$$

$$\boldsymbol{H}=H_0e^{-jkz}\boldsymbol{e}_y \tag{6.14}$$

对于这样的场可将算子∇化作

$$\nabla=\boldsymbol{e}_x\frac{\partial}{\partial x}+\boldsymbol{e}_y\frac{\partial}{\partial y}+\boldsymbol{e}_z\frac{\partial}{\partial z}=-jk\boldsymbol{e}_z$$

那么在无源区麦克斯韦方程组式(5.41～5.44)变为

$$-jk\boldsymbol{e}_z\times\boldsymbol{E}=-j\omega\mu\boldsymbol{H}$$

$$-jk\boldsymbol{e}_z\times\boldsymbol{H}=-j\omega\varepsilon\boldsymbol{E}$$

$$-jk\boldsymbol{e}_z\cdot\boldsymbol{E}=0$$

$$-jk\boldsymbol{e}_z\cdot\boldsymbol{H}=0$$

整理后为

$$\boldsymbol{H}=\frac{1}{\eta}\boldsymbol{e}_z\times\boldsymbol{E} \tag{6.15}$$

$$\boldsymbol{E}=-\eta\boldsymbol{e}_z\times\boldsymbol{H} \tag{6.16}$$

$$\boldsymbol{e}_z\cdot\boldsymbol{E}=0 \tag{6.17}$$

$$\boldsymbol{e}_z\cdot\boldsymbol{H}=0 \tag{6.18}$$

这组方程明确地表示了均匀平面波的电场 $\boldsymbol{E}$ 和磁场 $\boldsymbol{H}$ 之间的关系和均匀平面波的重要特性。

下面讨论理想介质中传播的均匀平面波的基本性质。

(1) 理想介质中传播的均匀平面波的电场强度 $\boldsymbol{E}$ 和磁场强度 $\boldsymbol{H}$ 处处同相，$\boldsymbol{E}$ 和 $\boldsymbol{H}$ 振幅之比为媒质的波阻抗 η，且 η 为实数。

(2) $\boldsymbol{E}$ 和 $\boldsymbol{H}$ 互相垂直，且 $\boldsymbol{E}$ 和 $\boldsymbol{H}$ 都与传播方向 $\boldsymbol{e}_z$ 互相垂直，也就是说，$\boldsymbol{E}$ 和 $\boldsymbol{H}$ 都无纵分量，所以这种波是横波称为横电磁波或称为 TEM(Transverse Electro Magnetic)波。

以上两点由方程组(6.15～6.18)很容易看出来，其空间分布如图 6.5 所示。

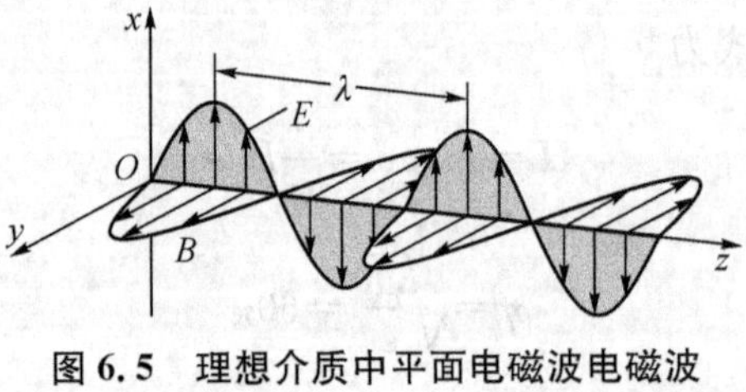

图 6.5 理想介质中平面电磁波电磁波

(3) 复坡印廷矢量为

$$\boldsymbol{S}=\frac{1}{2}\boldsymbol{E}\times\boldsymbol{H}^*=\frac{1}{2}E_0e^{-jkz}\boldsymbol{e}_x\times\boldsymbol{e}_y\frac{E_0}{\eta}e^{jkz}=\frac{E_0^2\boldsymbol{e}_z}{2\eta} \tag{6.19}$$

则坡印廷矢量的时间平均值为

$$\boldsymbol{S}_{av}=\mathrm{Re}[\boldsymbol{S}]=\frac{E_0^2}{2\eta}\boldsymbol{e}_z \tag{6.20}$$

可见,均匀平面波沿传播方向传输实功率。平均功率密度为常数,表明与传播方向垂直的所有平面上,每单位面积通过的平均功率都相同,电磁波在传播过程中没有能量损失,即沿传播方向电磁波无衰减,因此理想媒质中均匀平面波是等振幅波。

(4) 电场能量密度和磁场能量密度的瞬时值为

$$w_e(t)=\frac{1}{2}\boldsymbol{D}\cdot\boldsymbol{E}=\frac{1}{2}\varepsilon E^2(t)=\frac{1}{2}\varepsilon E_0^2\cos^2(\omega t-kz+\phi_0)$$

$$w_m(t)=\frac{1}{2}\mu H^2(t)=\frac{1}{2}\mu H_0^2\cos^2(\omega t-kz+\phi_0)$$

$$=\frac{1}{2}\mu\cdot\frac{E_0^2}{\frac{\mu}{\varepsilon}}\cdot\cos^2(\omega t-kz+\phi_0)=w_e(t)$$

可见任一时刻电场能量密度与磁场能量密度相等,各为总电磁场能量密度的一半,总电磁能量密度的时间平均值为

$$w_{av,e}=\frac{1}{4}\varepsilon E_0^2, w_{av,m}=\frac{1}{4}\mu H_0^2$$

$$w_{av}=w_{av,e}+w_{av,m}=\frac{1}{2}\varepsilon E_0^2$$

均匀平面电磁波的能量传播速度为

$$v_e=\frac{|\boldsymbol{S}_{av}|}{w_{av}}=\frac{\frac{E_0^2}{2\eta}}{\frac{\varepsilon E_0^2}{2}}=\frac{1}{\sqrt{\mu\varepsilon}}=v_p$$

即均匀平面波的能量传播速度等于其相速。这也说明,电磁场是电磁能量的携带者。

需要说明的是,平面波是一个理想化的简化模型。一般的电磁波都不是平面波,但多数情况下总可以近似看成是均匀平面波。

例 6.2　电磁波的磁场为 $\boldsymbol{H}=50e^{-j(17.3y-\frac{\pi}{3})}\boldsymbol{e}_x$ (μA/m)。试求:(1) 频率和波长;(2) 电场强度;(3) 坡印廷矢量的平均值。

解　$v=3\times10^8$ (m/s), $\eta_0=377$ (Ω)

$$f=\frac{1}{2\pi}vk=\frac{1}{2\pi}\times 3\times 10^{8}\times 17.3=826\ (\mathrm{MHz})$$

$$\lambda=\frac{2\pi}{k}=\frac{2\pi}{17.3}=0.363\ (\mathrm{m})$$

$$\boldsymbol{E}=50\times 10^{-6}\eta_0 e^{-j\left(17.3y-\frac{\pi}{3}\right)}\boldsymbol{e}_z=18.85e^{-j\left(17.3y-\frac{\pi}{3}\right)}\boldsymbol{e}_z\ (\mathrm{mV/m})$$

$$\boldsymbol{S}_{av}=18.85\times 10^{-3}\times 50\times 10^{-6}\boldsymbol{e}_y=0.94\boldsymbol{e}_y\ (\mu\mathrm{W/m^2})$$

已知的电磁波频谱范围很宽,麦克斯韦方程组对电磁波的频率并没有限制。红外线、可见光、紫外线、X 射线、γ 射线等都属于电磁波。随着人们对电磁波的开发与应用,电磁波谱已成为一项有限的宝贵资源。

实验表明,在自由空间中,所有这些波有许多基本的共同点,比如它们都以光速传播,都是横波等。当然,也有许多不同特点,比如无线电波呈现明显的波动性而光波则较强的呈现粒子特性等。

6.2 导电媒质中的平面波

称 $\sigma\neq 0$ 的媒质为导电媒质,又称为有损耗媒质。在这种媒质中时谐电磁场的麦克斯韦方程组为

$$\nabla\times\boldsymbol{H}=j\omega\left(\varepsilon-j\frac{\sigma}{\omega}\right)\boldsymbol{E}=j\omega\varepsilon_c\boldsymbol{E} \tag{6.21}$$

式中

$$\varepsilon_c=\varepsilon-j\frac{\sigma}{\omega}=\varepsilon\left(1-j\frac{\sigma}{\omega\varepsilon}\right) \tag{6.22}$$

称 ε_c 为导电媒质的等效复介电常数。这样一来导电媒质就可看成是一种等效的电介质,只要将理想介质时场方程中的 $\varepsilon_{换}$ 成等效复介电常数 ε_c,就可以得到导电媒质中的场方程,其形式与理想介质时相同。ε_c 与 $\varepsilon_{不}$ 同的是 ε_c 多了一项虚部,它的大小由比值 $\frac{\sigma}{\omega\varepsilon}$ 决定。实际上,$\frac{\sigma}{\omega\varepsilon}$ 是导电媒质中传导电流密度振幅与位移电流密度振幅的比,即 $\frac{|\sigma E|}{|j\omega\varepsilon E|}$。

通常按照 $\frac{\sigma}{\omega\varepsilon}$ 的大小把导电媒质分为三类,即 $\frac{\sigma}{\omega\varepsilon}\ll 1$ 时为电介质,$\frac{\sigma}{\omega\varepsilon}\approx 1$ 时为不良导体,$\frac{\sigma}{\omega\varepsilon}\gg 1$ 时为良导体。

可见,媒质属于电介质还是良导体,不仅与媒质参数 $\varepsilon_{和}$ σ 有关而且与频率有关,另外需要注意的是,媒质的参数也随频率的变化而变化,尤其在比较高的频率更为明显。

6.2.1 导电媒质中平面波的传播特性

引用等效复介电常数后，导电媒质中的麦克斯韦方程组和理想介质中的麦克斯韦方程组具有完全相同的形式，传播参数也可仿照理想介质情况得出。设在无源区域时谐电磁场的电场复矢量为

$\boldsymbol{E}=\boldsymbol{e}_x E_x$，则 $\boldsymbol{E}$ 的波动方程为

$$\nabla^2 E_x + k_c^2 E_x = 0 \tag{6.23}$$

其中

$$k_c^2 = \omega^2 \mu \varepsilon_c = \omega^2 \mu \left(\varepsilon - j\frac{\sigma}{\omega}\right) \tag{6.24}$$

直角坐标系中，对于沿 $+z$ 方向传播的均匀平面电磁波，式(6.23)的一个解为

$$\boldsymbol{E} = E_0 e^{-jk_c z} \boldsymbol{e}_x \tag{6.25}$$

磁场复矢量为

$$\boldsymbol{H} = \frac{j}{\omega\mu} \nabla \times \boldsymbol{E} = \frac{1}{\eta_c} \boldsymbol{e}_z \times \boldsymbol{E} = \frac{E_0}{\eta_c} e^{-jk_c z} \boldsymbol{e}_y \tag{6.26}$$

式中

$$\eta_c = \sqrt{\frac{\mu}{\varepsilon_c}} = \sqrt{\frac{\mu}{\varepsilon - j\dfrac{\sigma}{\omega}}} \tag{6.27}$$

k_c 是一个复数，称为传播常数，令

$$k_c = \beta - j\alpha \tag{6.28}$$

式中，β 称为相位常数；α 称为衰减常数。将上式两边平方后有

$$k_c^2 = \omega^2 \mu \left(\varepsilon - j\frac{\sigma}{\omega}\right) = (\beta - j\alpha)^2$$

即

$$\beta^2 - \alpha^2 - j2\alpha\beta = \omega^2 \mu\varepsilon - j\omega\mu\sigma$$

上式两边的实部和虚部应分别相等，即

$$\beta^2 - \alpha^2 = \omega^2 \mu\varepsilon$$

$$2\alpha\beta = \omega\mu\sigma$$

由以上两方程解得

$$\alpha = \omega\sqrt{\frac{\varepsilon\mu}{2}\left[\sqrt{1+\left(\frac{\sigma}{\omega\varepsilon}\right)^2} - 1\right]} \tag{6.29}$$

$$\beta = \omega\sqrt{\frac{\varepsilon\mu}{2}\left[\sqrt{1+\left(\frac{\sigma}{\omega\varepsilon}\right)^2} + 1\right]} \tag{6.30}$$

将(6.28)代入式(6.25)有

$$\boldsymbol{E}=E_0 e^{-\alpha z}e^{-j\beta z}\boldsymbol{e}_x \tag{6.31}$$

设 E_0 为实数,则其瞬时表示式为

$$\boldsymbol{E}(t)=E_0 e^{-\alpha z}\cos(\omega t-\beta z)\boldsymbol{e}_x \tag{6.32}$$

显然,电场强度的复振幅以因子 $e^{-\alpha z}$ 随 z 的增大而不断衰减,α 是体现每单位距离衰减程度的常数。这种衰减是传播过程中部分电磁能转变为热能的结果,也就是热损耗。

场强相位随 z 的增加按 βz 滞后,即波沿 z 方向传播。

导电媒质中均匀平面波的相速为

$$v_p=\frac{\mathrm{d}z}{\mathrm{d}t}=\frac{\omega}{\beta}=\frac{1}{\sqrt{\mu\varepsilon}}\left[\frac{2}{\sqrt{1+\left(\frac{\sigma}{\omega\varepsilon}\right)^2}+1}\right]^{\frac{1}{2}}<\frac{1}{\sqrt{\mu\varepsilon}}$$

其波长 $\lambda=\frac{2\pi}{\beta}=\frac{v_p}{f}$

由此可见,在导电媒质中传播时,波的相速比 ε、μ 相同的理想介质情况慢,且 σ 越大,相速越慢,波长越短。另外,相速还随频率的变化而变化,频率低,则相速慢。这样,携带信号的电磁波其不同的频率分量将以不同的相速传播。经过一段距离后,它们的相位关系将发生变化,从而导致信号失真。这种现象称为色散,导电媒质是色散媒质。

导电媒质的波阻抗为

$$\eta_c=\sqrt{\frac{\mu}{\varepsilon-j\frac{\sigma}{\omega}}}=\sqrt{\frac{\mu}{\varepsilon}}\left(1-j\frac{\sigma}{\omega\varepsilon}\right)^{-\frac{1}{2}}=|\eta_c|e^{j\theta} \tag{6.33}$$

即

$$|\eta_c|=\sqrt{\frac{\mu}{\varepsilon}}\left[1+\left(\frac{\sigma}{\omega\varepsilon}\right)^2\right]^{-\frac{1}{4}}<\sqrt{\frac{\mu}{\varepsilon}}$$

$$\theta=\frac{1}{2}\arctan\frac{\sigma}{\omega\varepsilon}=0\sim\frac{\pi}{4} \tag{6.34}$$

可见,导电媒质的本征阻抗是一个复数,其模小于理想介质的本征阻抗,幅角在 $0\sim\frac{\pi}{4}$ 之间变化,具有感性相角。这意味着电场强度和磁场强度在空间上虽然仍互相垂直,但在时间上有相位差,二者不再同相,电场强度相位超前磁场强度相位。此时磁场强度复矢量为

$$\boldsymbol{H}=\frac{E_0}{\eta_c}e^{-k_c z}\boldsymbol{e}_y=\frac{E_0}{\eta_c}e^{-\alpha z}e^{-j\beta z}\boldsymbol{e}_y=\frac{E_0}{|\eta_c|}e^{-\alpha z}e^{-j\beta z}e^{-j\theta}\boldsymbol{e}_y \tag{6.35}$$

其瞬时值

$$\boldsymbol{H}(z,t)=\frac{E_0}{|\eta_c|}e^{-\alpha z}\cos(\omega t-\beta z-\theta)\boldsymbol{e}_y \tag{6.36}$$

磁场强度的相位比电场强度滞后θ，σ越大则滞后越多。其振幅也随z的增加按指数衰减，如图6.6所示。

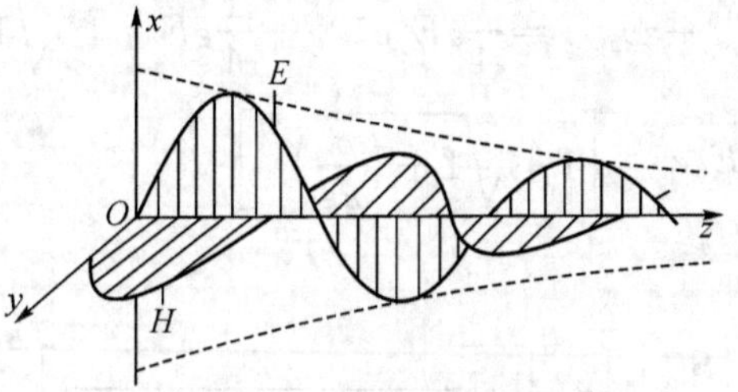

图6.6　导电媒质中平面电磁波的电磁场

由图可见，磁场强度的方向与电场强度相垂直，并都垂直于传播方向$\boldsymbol{e}_z$，因此，导电媒质中的平面波是横电磁波(TEM)。这个性质与理想介质中的平面电磁波是相同的。导电媒质中的复坡印廷矢量为

$$\boldsymbol{S}=\frac{1}{2}\boldsymbol{E}\times\boldsymbol{H}^*=\frac{E_0^2}{2|\eta_c|}e^{-2\alpha z}e^{j\theta}\boldsymbol{e}_z \tag{6.37}$$

其瞬时坡印廷矢量为

$$\boldsymbol{S}(z,t)=\boldsymbol{E}(z,t)\times\boldsymbol{H}(z,t)=\frac{1}{2}\frac{E_0^2}{|\eta_c|}e^{-2\alpha z}[\cos\theta+\cos(2\omega t-2\beta z-\theta)]\boldsymbol{e}_z \tag{6.38}$$

上式第二项是时间的周期函数，一周内沿$+z$方向的时间平均功率流密度为

$$\boldsymbol{S}_{av}=\frac{1}{2}\frac{E_0^2}{|\eta_c|}e^{-2\alpha z}\cos\theta\boldsymbol{e}_z \tag{6.39}$$

可以导出式中$\cos\theta$与σ的关系为

$$\cos\theta=\frac{1}{\sqrt{2}}\left[1+\frac{1}{\sqrt{1+\left(\frac{\sigma}{\omega\varepsilon}\right)^2}}\right]^{\frac{1}{2}} \tag{6.40}$$

若$\sigma\neq0$，即$\cos\theta\neq1$，将使平均功率流密度减小。该平均功率流密度随z的增大按$e^{-2\alpha z}$关系迅速衰减。

导电媒质中平均电能密度和平均磁能密度分别为

$$w_{av,e}=\frac{1}{4}\varepsilon|\boldsymbol{E}|^2=\frac{1}{4}\varepsilon E_0^2e^{-2\alpha z} \tag{6.41}$$

$$w_{av,m}=\frac{1}{4}\mu|\boldsymbol{H}|^2=\frac{1}{4}\mu\frac{E_0^2}{|\eta_c|^2}e^{-2\alpha z}=\frac{1}{4}\varepsilon E_0^2e^{-2\alpha z}\sqrt{1+\left(\frac{\sigma}{\omega\varepsilon}\right)^2} \tag{6.42}$$

可见,在导电媒质中,平均磁能密度大于平均电能密度。总平均储能密度为

$$\begin{aligned}w_{av}&=w_{av,e}+w_{av,m}=\frac{1}{4}\varepsilon E_0^2e^{-2\alpha z}+\frac{1}{4}\varepsilon E_0^2e^{-2\alpha z}\sqrt{1+\left(\frac{\sigma}{\omega\varepsilon}\right)^2}\\&=\frac{1}{4}\varepsilon E_0^2e^{-2\alpha z}\left[1+\sqrt{1+\left(\frac{\sigma}{\omega\varepsilon}\right)^2}\right]\end{aligned} \tag{6.43}$$

能量传播速度为

$$v_e=\frac{|\boldsymbol{S}_{av}|}{w_{av}}=\frac{1}{\sqrt{\mu\varepsilon}}\left[\frac{2}{1+\sqrt{1+[(\sigma/\omega\varepsilon)]^2}}\right]^{\frac{1}{2}}=v_p \tag{6.44}$$

可见,在导电媒质中均匀平面波的能速与相速相同。

对于电介质,$\frac{\sigma}{\omega\varepsilon}\ll1$,如聚四氟乙烯、聚乙烯及有机玻璃等材料,在高频和超高频范围内均有$\frac{\sigma}{\omega\varepsilon}<10^{-2}$,则电介质中均匀平面电磁波的相关参数可以近似为

$$\alpha\approx\frac{\sigma}{2}\sqrt{\frac{\mu}{\varepsilon}},\beta\approx\omega\sqrt{\mu\varepsilon},\eta\approx\sqrt{\frac{\mu}{\varepsilon}}$$

显然,均匀平面波在低损耗介质中的传播特性,除了由微弱的损耗引起的衰减外,与理想介质中均匀平面波的传播特性几乎相同。

6.2.2 趋肤效应

在良导体中,有

$$\alpha\approx\beta\approx\sqrt{\frac{\omega\mu\sigma}{2}}$$

$$v_p=\sqrt{\frac{2\omega}{\mu\sigma}}$$

$$\lambda=2\pi\sqrt{\frac{2}{\omega\mu\sigma}}$$

$$\eta_c\approx\sqrt{\frac{\omega\mu}{2\sigma}}(1+j)=\sqrt{\frac{\omega\mu}{2}}e^{j\frac{\pi}{4}}$$

可见,高频率电磁波传入良导体后,由于良导体的电导率一般为10^7(S/m)量级,所以电磁波在良导体中衰减极快。电磁波往往在微米量级的距离内就衰减得近于零了。因此高频电磁场只能存在于良导体表面的一个薄层内,这种现象称为趋肤效应。电磁波场强振幅衰减到表面处的 $1/e$ 的深度,称为趋肤深度(或穿透深度),以 δ 表示,即

$$E_0 e^{-\alpha\delta} = E_0 \frac{1}{e}$$

所以

$$\delta = \frac{1}{\alpha} = \sqrt{\frac{2}{\omega\mu\sigma}} = \sqrt{\frac{1}{\pi f \mu\sigma}} \quad (\mathrm{m}) \tag{6.45}$$

可见，导电性能越好（电导率 σ 越大），工作频率越高，则趋肤深度越小。例如银的电导率 $\sigma = 6.15\times10^7\,(\mathrm{S/m})$，磁导率 $\mu_0 = 4\pi\times10^{-7}\,(\mathrm{H/m})$，则

$$\delta = \sqrt{\frac{2}{2\pi f \times 4\pi \times 6.15}} = \frac{0.064\,2}{\sqrt{f}} \,(\mathrm{m})$$

当频率 $f = 3$ GHz，其趋肤深度为 $\delta = 1.17\times10^{-6} = 1.17\,(\mu\mathrm{m})$。因此虽然微波器件通常用黄铜制成，但只要在其导电层的表面涂上若干微米银，就能保证表面电流主要在银层通过。由于良导体的趋肤深度很小，电磁波大部分能量集中在良导体表面的薄层内，因此，很薄的金属对无线电波有很好的屏蔽作用。

表 6.1　几种导电媒质的透入深度

材料	铜	铝	铁	海水	干燥土壤
σ(S/m)	5.8×10^7	3.82×10^7	10^7	4	10^{-4}
μ_r	1	1	1 000	1	1
δ/m　f/Hz					
50	9.4×10^{-3}	11.7×10^{-3}	0.72×10^{-3}	35.5	2 100
10^6	0.067×10^{-3}	0.083×10^{-3}	$0.005\,1\times10^{-3}$	2.52	502

良导体中平面波的电磁场分量和电流密度为

$$E_x = E_0 e^{-(1+j)\alpha z}$$

$$H_y = \frac{E_x}{\eta_c} = H_0 e^{-(1+j)\alpha z},\quad H_0 = \frac{E_0}{\eta_c} = E_0\sqrt{\frac{\sigma}{\omega\mu}}e^{-j\frac{\pi}{4}}$$

$$J_x = \sigma E_x = J_0 e^{-(1+j)\alpha z},\quad J_0 = \sigma E_0$$

H_0 和 J_0 是导体表面（$z=0$）处的磁场强度复振幅和电流密度复振幅。H_y 的相位比 E_x 滞后 45°，因此其复功率流密度将有虚功率。其复功率流密度矢量为

$$\boldsymbol{S} = \frac{1}{2}\boldsymbol{E}\times\boldsymbol{H}^* = \frac{1}{2}E_x H_y^* \boldsymbol{e}_z = \frac{1}{2}E_0^2 e^{-2\alpha z}\sqrt{\frac{\sigma}{2\omega\mu}}(1+j)\boldsymbol{e}_z$$

在 $z=0$ 处，平均功率流密度为

$$\boldsymbol{S}_{av} = \mathrm{Re}[\boldsymbol{S}] = \frac{1}{2}E_0^2 e^{-2\alpha z}\sqrt{\frac{\sigma}{2\omega\mu}}\boldsymbol{e}_z \tag{6.46}$$

$$\boldsymbol{S}_{av}(z=0)=\frac{1}{2}E_0^2\sqrt{\frac{\sigma}{2\omega\mu}}\boldsymbol{e}_z \tag{6.47}$$

这代表导体表面每单位面积所吸收的平均功率，也就是单位面积导体内传导电流的热损耗功率：

$$P_c=\frac{1}{2}\int_V\sigma|E|^2\mathrm{d}V=\frac{1}{2}\int_0^\infty\sigma|E_0|^2e^{-2\alpha z}\mathrm{d}z=\frac{\sigma}{4\alpha}|E_0|^2=\frac{1}{2}|E_0|^2\sqrt{\frac{\sigma}{2\omega\mu}} \tag{6.48}$$

可见，传入导体的电磁波实功率全部化为热损耗功率。

导体表面处切向电场强度 E_x 与切向磁场强度 H_y 之比定义为导体的表面阻抗，即

$$Z_s=\frac{E_x}{H_y}\bigg|_{z=0}=\frac{E_0}{H_0}=\eta_c=(1+j)\sqrt{\frac{\omega\mu}{2\sigma}}=R_s+jX_s \tag{6.49}$$

即导体的表面阻抗等于其波阻抗。R_s 和 X_s 分别称为表面电阻和表面电抗，并有

$$R_s=X_s=\sqrt{\frac{\omega\mu}{2\sigma}}=\frac{1}{\sigma\delta}=\frac{l}{\sigma(\delta w)}\bigg|_{l=w=1} \tag{6.50}$$

这意味着表面电阻相当于单位长度($l=1$)单位宽度($w=1$)而厚度为 δ 的导体块的直流电阻，流过单位宽度平面导体的总电流(由 $z=0$ 至 $z=\infty$)为

$$J_s=\int_0^\infty J_x\mathrm{d}z=\int_0^\infty\sigma E_0e^{-(1+j)\alpha z}\mathrm{d}z=\frac{\sigma E_0}{(1+j)\alpha}=\frac{\sigma\delta}{1+j}E_0=H_0 \tag{6.51}$$

由电路理论，该电流通过表面电阻所损耗的功率为

$$P_c=\frac{1}{2}|J_s|^2R_s=\frac{1}{2}\frac{\sigma\delta}{2}|E_0|^2=\frac{1}{2}|E_0|^2\sqrt{\frac{\sigma}{2\omega\mu}} \tag{6.52}$$

此结果与式(6.47)和式(6.48)相同。即设想面电流 J_s 均匀地集中在导体表面 δ 厚度内，此时导体的直流电阻所吸收的功率就等于电磁波垂直传入导体所耗散的热损耗功率。R_s 是平面导体单位长度单位宽度上的电阻，也称为表面电阻率。对于有限面积的导体，用 R_s 乘以长度 l 再除以宽度 w 就得出其总电阻。由 R_s 的表达式可见 $R_s\propto\sqrt{f}$，所以高频时导体的电阻远比低频或直流电阻大。这是由于趋肤效应，使高频时电流在导体上流过的截面积减小了，从而使电阻增大。

例 6.3 计算频率 100 Hz，1 MHz，10 GHz 的电磁波在金属铜中的穿透深度。

解 金属铜的电导率 $\sigma=5.8\times10^7(\Omega\cdot\mathrm{m})$

$$\delta_1=\frac{1}{\alpha}=\sqrt{\frac{2}{\omega\mu\sigma}}=\sqrt{\frac{2}{2\pi\times100\times4\pi\times10^{-7}\times5.8\times10^7}}=6.6(\mathrm{mm})$$

$$\delta_2=\frac{1}{\alpha}=\sqrt{\frac{2}{\omega\mu\sigma}}=\sqrt{\frac{2}{2\pi\times100\times10^6\times4\pi\times10^{-7}\times5.8\times10^7}}=6.6\times10^{-3}\,(\text{mm})$$

$$\delta_3=\frac{1}{\alpha}=\sqrt{\frac{2}{\omega\mu\sigma}}=\sqrt{\frac{2}{2\pi\times100\times10^{10}\times4\pi\times10^{-7}\times5.8\times10^7}}=6.6\times10^{-5}\,(\text{mm})$$

例 6.4 一沿 x 方向极化的线极化波在海水中传播，取 $+z$ 方向为传播方向。已知海水的媒质参数 $\varepsilon_r=81$、$\mu_r=1$、$\sigma=4$ (S/m)，在 $z=0$ 处的电场 $E_x=100\cos(10^7\pi t)$ (V/m)。求：

(1) 衰减常数、相位常数、本征阻抗、相速、波长及趋肤深度；

(2) $z=0.8$ m 处的电场 $\boldsymbol{E}$ 和磁场 $\boldsymbol{H}$ 的瞬时表达式；

(3) $z=0.8$ m 处穿过 1 m^2 面积的平均功率。

解 (1) 根据题意，有

$$\omega=10^7\pi\,(\text{rad/s}),\ f=\frac{\omega}{2\pi}=5\times10^6\,(\text{Hz})$$

所以

$$\frac{\sigma}{\omega\varepsilon}=\frac{4}{10^7\pi\times\left(\frac{1}{36\pi}\times10^{-9}\right)\times81}=180\gg1$$

此时海水可视为良导体，故衰减常数为

$$\alpha=\sqrt{\pi f\mu\sigma}=\sqrt{\pi\times5\times10^6\times4\pi\times10^{-7}\times4}\ (\text{Np/m})=8.89\ (\text{Np/m})$$

相位常数 $\beta=\alpha=8.89$ (rad/m)

本征阻抗 $\eta_c=\sqrt{\frac{\omega\mu}{\sigma}}e^{j\frac{\pi}{4}}=\sqrt{\frac{10^7\pi\times4\pi\times10^{-7}}{4}}e^{j\frac{\pi}{4}}\,\Omega=\pi e^{j\frac{\pi}{4}}\,(\Omega)$

相速 $v=\frac{\omega}{\beta}=\frac{10^7\pi}{8.89}$ (m/s)

波长 $\lambda=\frac{2\pi}{\beta}=\frac{2\pi}{8.89}=0.707$ (m)

趋肤深度 $\delta=\frac{1}{\alpha}=\frac{1}{8.89}$ m$=0.112$ (m)

(2) 根据题意，电场的瞬时表达式为

$$\boldsymbol{E}(z,t)=100e^{-8.89z}\cos(10^7\pi t-8.89z)\boldsymbol{e}_x\,(\text{V/m})$$

故在 $z=0.8$ m 处，电场的瞬时表达式为

$$\begin{aligned}\boldsymbol{E}(0.8,t)&=100e^{-8.89\times0.8}\cos(10^7\pi t-8.89\times0.8)\boldsymbol{e}_x\\&=0.082\cos(10^7\pi t-7.11)\boldsymbol{e}_x\,(\text{V/m})\end{aligned}$$

磁场的瞬时表达式为

$$\boldsymbol{H}(0.8,t)=\frac{100e^{-8.89\times 0.8}}{|\eta_c|}\cos\left(10^7\pi t-8.89\times 0.8-\frac{\pi}{4}\right)\boldsymbol{e}_y$$
$$=0.026\cos(10^7\pi t-1.61)\boldsymbol{e}_y\,(\text{A/m})$$

(3) 在 $z=0.8$ m 处的平均坡印廷矢量

$$\boldsymbol{S}_{av}=\frac{1}{2|\eta_c|}E_{xm}^2e^{-2\alpha z}\cos\phi\boldsymbol{e}_z=\frac{100^2}{2\pi}e^{-2\times 8.89\times 0.8}\cos\frac{\pi}{4}\boldsymbol{e}_z=0.75\boldsymbol{e}_z\,(\text{mW/m}^2)$$

穿过 1 m^2 的平均功率为

$$P_{av}=0.75\,(\text{mW})$$

*6.3 等离子体中的平面波

简单地说,等离子体是被电离了的气体。它属于各向异性媒质。在被电离的气体中,存在有正离子和带负电的自由电子,此时的气体就是等离子体。等离子体中正负电荷总量相等,因此整体上是呈中性的。地球上空约 80～400 km 处的稀薄空气中的氮、氧分子在太阳紫外线和宇宙射线的电离下,形成电离层。另外,流星余迹,高速飞行物体穿过大气层时在其周围形成的高温区域,以及日常见到的电弧、日光灯、微波电子管等也都是等离子体的例子。

电磁波在等离子体中传播时,引起电子运动,从而产生运流电流。因此,电磁波使得等离子体中存在位移电流 $\boldsymbol{J}_d$ 和运流电流 $\boldsymbol{J}_v$。离子的缓慢移动可以忽略。运流电流密度为

$$\boldsymbol{J}_v=-Ne\boldsymbol{v} \tag{6.53}$$

式中 N 为每单位体积中的电子数;$\boldsymbol{v}$ 为电子运动的平均速度;$e=1.602\times 10^{-19}$ C 为电子电量。设高频电磁场的电场为 $\boldsymbol{E}=Ee^{j\omega t}\boldsymbol{e}_x$,在它的作用下,单个电子受力为

$$\boldsymbol{F}=-e\boldsymbol{E} \tag{6.54}$$

电子的质量为 $m=9.11\times 10^{-31}$ kg,由牛顿第二定律有

$$\boldsymbol{F}=m\frac{\mathrm{d}v}{\mathrm{d}t}=mj\omega\boldsymbol{v} \tag{6.55}$$

若不计电子运动时的碰撞,忽略高频磁场的作用力,则式(6.54)与式(6.55)应相等,可得

$$\boldsymbol{v}=j\frac{e}{\omega m}\boldsymbol{E} \tag{6.56}$$

因此,等离子体中的全电流为

$$\boldsymbol{J}=\boldsymbol{J}_{\mathrm{d}}+\boldsymbol{J}_v=j\omega\varepsilon_0\boldsymbol{E}-j\frac{Ne^2}{\omega m}\boldsymbol{E}=j\omega\varepsilon_0\left(1-\frac{Ne^2}{\omega^2 m\varepsilon_0}\right)\boldsymbol{E} \tag{6.57}$$

这样,等离子体可等效为一种介电媒质,其相对介电常数为

$$\varepsilon_r=1-\frac{Ne^2}{\omega^2 m\varepsilon_0}=1-\frac{N(1.602\times10^{-19})^2}{(2\pi f)^2\times9.11\times10^{-31}\times8.854\times10^{-12}}=1-80.6\frac{N}{f^2} \tag{6.58}$$

令 $f_p=\sqrt{80.6N}$,则

$$\varepsilon_r=1-\frac{f_p^2}{f^2} \tag{6.59}$$

f_p 称为等离子体频率。

在忽略等离子体中电子的碰撞造成的热损耗时,等效介电常数是实数。传播常数为

$$k=\omega\sqrt{\mu_0\varepsilon_0\left(1-\frac{f_p^2}{f^2}\right)}=k_0\sqrt{1-\frac{f_p^2}{f^2}} \tag{6.60}$$

可见,当工作频率不同时,平面电磁波在等离子体中有着不同的传播特性。

当 $f>f_p$ 时,$k=\beta$,则电场强度为

$$E=E_0e^{-j\beta z}$$

电磁波将无衰减地传播。

当 $f=f_p$ 时,$k=0$,则 $E=E_0$,电场强度瞬时值为

$$E(t)=E_0\cos\omega t$$

E 不是空间位置的函数,不会发生传播。

当 $f<f_p$ 时,$k=-j\alpha$ 为虚数,其中 $\alpha=k_0\sqrt{\frac{f_p^2}{f^2}-1}$,故电场强度为

$$E=E_0e^{-\alpha z}$$

这时也没有波的传播,场沿 z 按指数衰减。设电场强度的方向为 $\boldsymbol{e}_x$,即 $E=E_x$,则磁场强度为

$$H_y=j\frac{1}{\omega\mu_0}\frac{\partial E_x}{\partial z}=-j\frac{\alpha}{\omega\mu_0}E_0e^{-\alpha z}$$

平均功率流密度为

$$S_{av}=\frac{1}{2}\mathrm{Re}[E_xH_y^*]=\frac{1}{2}\mathrm{Re}\left[j\frac{\alpha}{\omega\mu_0}E_0^2e^{-2\alpha z}\right]=0$$

由此可知，当频率高到 $f>f_p$ 时，电磁波将无衰减地在等离子体中传播；而当频率低到 $f<f_p$ 时，电磁波不能在等离子体中传播。

6.4 电磁波的色散和群速

由前面讨论知相速就是单一频率的平面波等相面的传播速度。在良导体中电磁波的相速为

$$v_p=\frac{\omega}{\beta}=\sqrt{\frac{2\omega}{\mu\sigma}} \tag{6.61}$$

这时的相速是频率的函数，称电磁波的相速随频率的变化而变化的现象为色散。

在理想介质中 $\beta=\omega\sqrt{\mu\varepsilon}$，与角频率 ω 成线性关系，$v_p=\frac{1}{\sqrt{\mu\varepsilon}}$是一个与频率无关的常数，因此，理想介质是非色散的。实际中的电磁波信号总是包含许多不同频率的分量。在色散媒质中，这些不同频率分量随单色波各以不同的相速传播。经过一段距离后，各分量相对相位关系发生了变化，从而引起信号的畸变。

假定信号由两个振幅相同，角频率分别为 $\omega_0+\Delta\omega$ 和 $\omega_0-\Delta\omega$ 的余弦波组成，其中 $\omega_0\gg\Delta\omega$。由于角频率不同，两个波的相位常数也有所不同，分别为 $\beta_0+\Delta\beta$ 和 $\beta_0-\Delta\beta$。在电场强度表达式为

$$E_1=E_0\cos[(\omega_0+\Delta\omega)t-(\beta_0+\Delta\beta)z] \tag{6.62}$$

$$E_2=E_0\cos[(\omega_0-\Delta\omega)t-(\beta_0-\Delta\beta)z] \tag{6.63}$$

合成电磁波的场强表达式为

$$\begin{aligned}E(t)&=E_0\cos[(\omega_0+\Delta\omega)t-(\beta_0+\Delta\beta)z]+E_0\cos[(\omega_0-\Delta\omega)t-(\beta_0-\Delta\beta)z]\\&=2E_0\cos(t\Delta\omega-z\Delta\beta)\cos(\omega_0t-\beta_0z)\end{aligned} \tag{6.64}$$

可见，合成波的振幅随时间按余弦变化，是一调幅波，调制的频率为 $\Delta\omega$。这个按余弦变化的调制波称为包络。该包络移动的相速度定义为群速 v_g。如图 6.7 所示，包络是按一定周期排列的波群。所以群速是包络波上某一恒定相位点推进的速度。

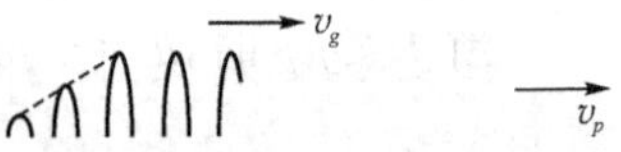

图 6.7 群速和相速

令调制波的相位为常数，即

$$t\Delta\omega-z\Delta\beta=C\ (C\text{ 为常数})$$

得

$$v_g=\frac{dz}{dt}=\frac{\Delta\omega}{\Delta\beta} \tag{6.65}$$

当 $\Delta\omega\to0$ 时，即为 $v_g=\frac{d\omega}{d\beta}$。

由于群速是波的包络上一个点的传播速度，只有当包络的形状不随波的传播而变化时，它才有意义。若信号频谱很宽，则信号包络在传播过程中将发生畸变。因此，只是对窄频带信号，群速才有意义。

由群速和相速的定义可知

$$v_g=\frac{d\omega}{d\beta}=\frac{d(v_p\beta)}{d\beta}=v_p+\beta\frac{dv_p}{d\beta}=v_p+\frac{\omega}{v_p}\frac{dv_p}{d\omega}v_g \tag{6.66}$$

从而得

$$v_g=\frac{v_p}{\left(1-\dfrac{\omega}{v_p}\dfrac{dv_p}{d\omega}\right)}$$

可见，当$\frac{dv_p}{d\omega}=0$时，则$v_p=v_g$，这是无色散情况，群速等于相速。当$\frac{dv_p}{d\omega}\neq 0$时，即相速是频率的函数时，$v_p\neq v_g$，这时分为以下两种情况：

(1) $\frac{dv_p}{d\omega}<0$，则$v_g<v_p$，称为正常色散；

(2) $\frac{dv_p}{d\omega}>0$，$v_g>v_p$，称为非正常色散。

导体的色散就是非正常色散，即它与正常色散的类型不同。

6.5　电磁波的极化

前面假设平面波的电场只有x分量，一般情况下其场分量既有x分量又有y分量，而电场的x和y分量的时空关系则表征电磁波的极化状态。

均匀平面波的极化是电磁理论中的一个重要概念，它表征在空间给定点上电场强度矢量的取向随时间变化的特性，并用电场强度矢量的端点在空间描绘出的轨迹来表示。如果该轨迹是直线，则波称为直线极化；若轨迹是圆，则称为圆极化；若轨迹是椭圆，则称为是椭圆极化。

在一般情况下，沿z方向传播的均匀平面波其电场强度同时具有E_x和E_y分量，其电场强度矢量的表示为

$$\boldsymbol{E}=(E_{xm}e^{j\phi_x}\boldsymbol{e}_x+E_{ym}e^{j\phi_y}\boldsymbol{e}_y)e^{-jkz} \tag{6.67}$$

瞬时值表示为

$$E_x=E_{xm}\cos(\omega t-kz-\phi_x) \tag{6.68}$$

$$E_y=E_{ym}\cos(\omega t-kz-\phi_y) \tag{6.69}$$

根据两个分量振幅和相位的关系，可得到以下几种电磁波的极化状态。

6.5.1 线极化

若电场的 E_x 和 E_y 的相位相同或相差 π，则合成电磁波为线极化(Linear Polarization)波。

为简单起见，取 $z=0$ 的固定点来讨论，此时假设 $\phi_x=\phi_y=\phi_0$，则

$$E_x=E_{xm}\cos(\omega t-\phi_0)$$
$$E_y=E_{ym}\cos(\omega t-\phi_0)$$

合成电磁波的电场强度矢量的模为

$$E=\sqrt{E_x^2+E_y^2}=\sqrt{E_{xm}^2+E_{ym}^2}\cos(\omega t-\phi_0) \tag{6.70}$$

合成电磁波的电场强度矢量与 x 轴正向夹角 α：

$$\tan\alpha=\frac{E_y}{E_x}=\frac{E_{ym}}{E_{xm}}=C\ (C\text{ 为常数}) \tag{6.71}$$

如图 6.8 所示，合成电磁波的电场强度矢量与 x 轴正向夹角 α 保持不变，称为线极化波。

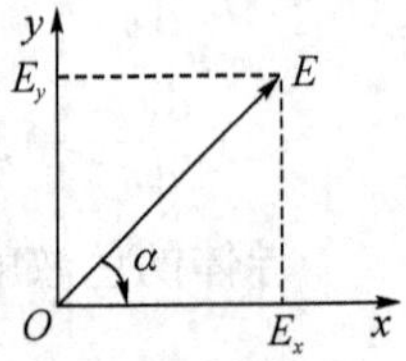

图 6.8 线极化波

6.5.2 圆极化

如电场的 E_x 和 E_y 的振幅相等，相位相差 $\pm\frac{\pi}{2}$，则合成电磁波为圆极化(Circular Polarization)波。

设 $E_{xm}=E_{ym}=E_m$，$\phi_x-\phi_y=\pm\frac{\pi}{2}$，$z=0$

则

$$E_x=E_m\cos(\omega t-\phi_x) \tag{6.72}$$

$$E_y=E_m\cos\left(\omega t-\phi_x\mp\frac{\pi}{2}\right)=\pm E_m\sin(\omega t-\phi_x) \tag{6.73}$$

得

$$\left[\frac{E_x}{E_m}\right]^2+\left[\frac{E_y}{E_m}\right]^2=1$$

上述方程是半径为 E_m 的圆，如图 6.9 所示。电场强度的大小不随时间变化，而电场强度的方向与 x 轴的夹角为

$$\alpha=\arctan\left[\frac{\pm\sin(\omega t-\phi_x)}{\cos(\omega t-\phi_x)}\right]=\pm(\omega t-\phi_x) \tag{6.74}$$

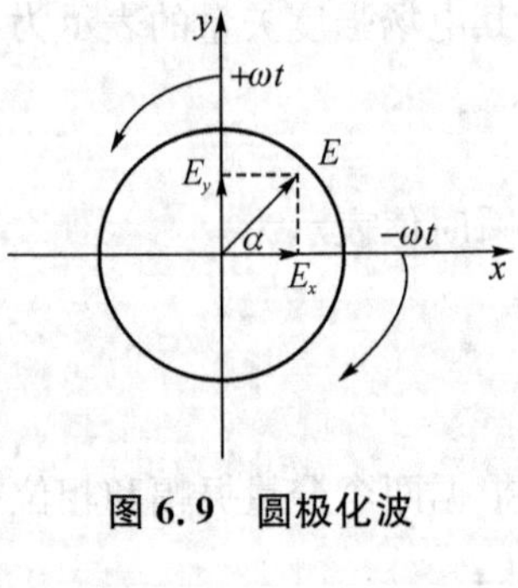

图 6.9 圆极化波

α 随时间变化。合成电磁波的电场强度矢量的矢端在一个圆上并以角速度 ω 旋转，故称为圆极化波。当 t 增加

时，夹角 α 不断增加，合成电磁波矢量随时间的旋转方向与传播方向 $\boldsymbol{e}_z$ 构成右手螺旋关系，称为右旋圆极化波；当 t 增加时，夹角 α 不断减小，合成电磁波矢量随时间的旋转方向与传播方向 $\boldsymbol{e}_z$ 构成左手螺旋关系，称为左旋圆极化波。

两个相位相差 90°、振幅相等的、空间上正交的线极化波可合成一个圆极化波；反之，一个圆极化波可分解为两个相位相差 90°、振幅相等的、空间上正交的线极化波。

可以证明，两个旋向相反、振幅相等的圆极化波可合成一个线极化波；反之亦成立。

6.5.3　椭圆极化

通常情况下，电场的 E_x 和 E_y 的振幅和相位都不相等，则合成电磁波为椭圆极化(Elliptical Polarization)波。

为简单起见，设在 $z=0$ 处

$$E_x = E_{xm}\cos(\omega t-\phi_x) \tag{6.75}$$

$$E_y = E_{ym}\cos(\omega t-\phi_y) \tag{6.76}$$

可得

$$\left(\frac{E_x}{E_{xm}}\right)^2+\left(\frac{E_y}{E_{ym}}\right)^2-2\frac{E_xE_y}{E_{xm}E_{ym}}\cos\phi=\sin^2\phi$$

这是一个椭圆方程，它表示对于空间任一点，即固定的 z 值，合成电磁波矢量的端点轨迹是一个椭圆，如图 6.10 所示，是椭圆极化波。其中，$\phi=\phi_x-\phi_y$。这是最一般的情况，线极化和圆极化都是椭圆极化的特例。

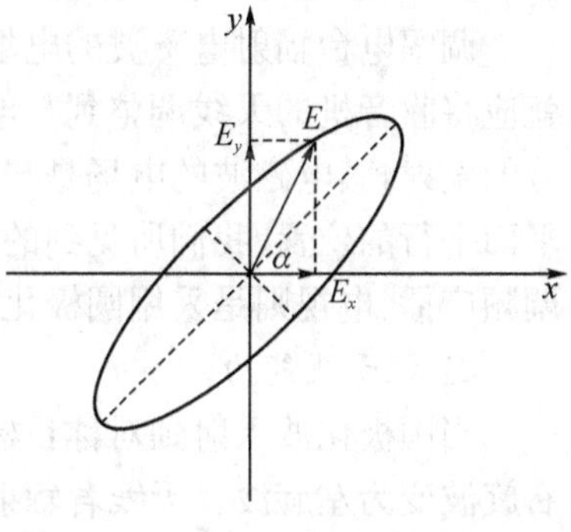

图 6.10　椭圆极化

椭圆极化波也有右旋椭圆极化波和左旋椭圆极化波。当 $\phi>0$ 时得到右旋椭圆极化波，当 $\phi<0$ 时，得到左旋椭圆极化波。可以证明，电场强度 $\boldsymbol{E}$ 的方向与 x 轴的夹角为

$$\alpha=\arctan\frac{E_{ym}\cos(\omega t-\phi_y)}{E_{xm}\cos(\omega t-\phi_x)} \tag{6.77}$$

另外还可以看到，两个空间上正交的线极化波可合成一个椭圆极化波；反之亦然。两个旋向相反的圆极化波可合成一个椭圆极化波；反之，一个椭圆极化波可分解为两个旋向相反的圆极化波，但振幅不相等。

例 6.5　证明任一线极化波总可以分解为两个振幅相等旋向相反的圆极化波的叠加。

证　假设线极化波沿 $+z$ 方向传播。取 x 轴平行于电场强度矢量 $\boldsymbol{E}$，则

$$\boldsymbol{E}(z)=E_0e^{-jkz}\boldsymbol{e}_x=E_0e^{-jkz}\boldsymbol{e}_x+\frac{1}{2}jE_0e^{-jkz}\boldsymbol{e}_y-\frac{1}{2}jE_0e^{-jkz}\boldsymbol{e}_y$$

$$=\frac{E_0}{2}e^{-jkz}(\boldsymbol{e}_x+j\boldsymbol{e}_y)+\frac{E_0}{2}e^{-jkz}(\boldsymbol{e}_x-j\boldsymbol{e}_y)$$

上式右边第一项为左旋圆极化波，第二项为右旋圆极化波，两者振幅相等，均为$\frac{E_0}{2}$。

证毕。

例 6.6 指出下列平面波的极化方式：

(1) $\boldsymbol{E}=(E_{xm}\boldsymbol{e}_x-E_{ym}\boldsymbol{e}_y)e^{-jkz}$

(2) $\boldsymbol{E}=(5\boldsymbol{e}_y+5j\boldsymbol{e}_z)e^{-jkx}$

(3) $\boldsymbol{E}=(3\boldsymbol{e}_x+4\boldsymbol{e}_y e^{j\frac{\pi}{6}})e^{-jkz}$

解 (1) $\varphi_x-\varphi_y=-\pi$，所以是线极化。

(2) $E_{ym}=E_{zm}=5, \varphi_y-\varphi_z=-\frac{\pi}{2}$，所以是圆极化，左旋。

(3) $E_{xm}=3, E_{ym}=4, \varphi_x-\varphi_y=-\frac{\pi}{6}$，所以是椭圆极化，左旋。

6.5.4 极化技术的应用

1) 广播电视信号的接收

调幅电台辐射电磁波的电场是与地面垂直的，因此收听者要得到最佳的收听效果，就应将收音机的天线调整到与电场平行的位置，即与大地垂直(垂直极化)。而电视信号的发射，其电磁波的电场是与大地平行的(平行极化)，这时接收天线应调整到与大地平面平行的位置，我们所见到的电视共用天线都是按照这个原理架设的。在美国，许多调频广播、电视则是采用圆极化发射。因此，接收该电视信号应采用圆极化天线。

2) 抗干扰能力

当圆极化波入射到对称目标上时，发射波变为反旋向的波，即左旋波变为右旋波，右旋波变为左旋波。天线若辐射左旋圆极化波，则只接收左旋圆极化波而不接收右旋圆极化波；反之，天线若辐射右旋圆极化波，则只接收右旋圆极化波而不接收左旋圆极化波。这称为圆极化天线的旋向正交性。

根据这些性质，在雨雾天气里，雷达采用圆极化波工作将具有抑制雨雾干扰的能力。因为，水点近似呈球形，对圆极化波的反射是反旋的，不会为雷达天线所接收；而雷达目标(如飞机、船舰、坦克等)一般是非简单对称体，其反射波是椭圆极化波，必有同旋向的圆极化成分，因而仍能收到。同样，若电视台播发的电视信号是由圆极化波载送的(比如由国际通信卫星转发的电视信号)，则它在建筑物墙壁上的反射波是反旋向的，这些反射波不会由接收原旋向波的电视天线所接收，从而可避免因城市建筑物的多次散射所引起的电视图像的重影效应。

由于一个线极化波可分解为两个旋向相反的圆极化波，这样，不同取向的线极化波都可由圆极化天线收到。因此，现代战争中都采用圆极化天线进行电子侦察和实施电子干扰。而大多数的 FM 调频广播都是用圆极化波载送的，因此，用在与来波方向垂直的平面内其电场任意取向的线极化天线都可以收到 FM 信号。

3) 正交极化的通信系统

对于无线电通信，美国联邦通信委员会（FCC）分配给美国使用者一个专用频道，为了增加分配频带内的容量，民用的通信系统使用两个正交的线极化，这种正交极化能使通常单极化的系统增加一倍的容量。

6.6 平面波向平面边界的垂直入射

前面讨论了平面电磁波在不同的无界均匀媒质中的传播。实际上，电磁波在传播过程中经常会遇到不同媒质的分界面。一般地说，这时在交界面上将有一部分能量被反射回来，形成反射波；另一部分能量可能穿过边界，形成折射波。应用电磁场的边界条件，可以给出这时平面电磁波的传播规律和特性。

6.6.1 平面波向理想导体的垂直入射

如图 6.11 所示，媒质 1 是理想介质（$\sigma_1=0$），媒质 2 是理想导体（$\sigma_2=\infty$），二者的交界面设为 $z=0$ 平面。当均匀平面波沿 z 轴方向由媒质 1 向边界垂直入射时，由于电磁波不能穿入理想导体，全部电磁能量都被边界反射回来。设入射波是 x 向极化的，则反射波也会是 x 向极化的，因为这样才能满足理想导体表面切向电场为零的边界条件。入射波的电场强度表示为

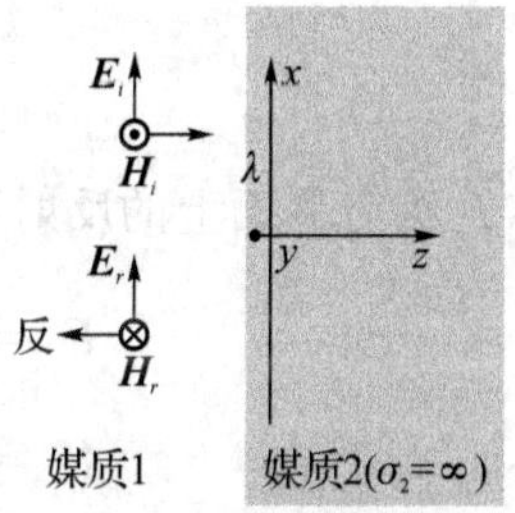

图 6.11　平面波向理想导体垂直入射

$$\boldsymbol{E}_i=E_{i0}e^{-jk_1z}\boldsymbol{e}_x \tag{6.78}$$

$$\boldsymbol{H}_i=\frac{1}{\eta_1}E_{i0}e^{-jk_1z}\boldsymbol{e}_y \tag{6.79}$$

式中，E_{i0} 为 $z=0$ 处入射波（Incident Wave）的振幅，k_1 和 η_1 为媒质 1 的相位常数和波阻抗，且有

$$k_1=\omega\sqrt{\mu_1\varepsilon_1},\eta_1=\sqrt{\frac{\mu_1}{\varepsilon_1}}$$

为使分界面上的切向边界条件在分界面上任意点、任何时刻均可能满足，设反射波与入射波有相同的频率和极化，且沿 $-z$ 方向传播。于是反射波（Reflected Wave）的电场和磁场可分别表示为

$$\boldsymbol{E}_r=E_{r0}e^{jk_1z}\boldsymbol{e}_x \tag{6.80}$$

$$\boldsymbol{H}_r=-\frac{1}{\eta_1}E_{r0}e^{jk_1z}\boldsymbol{e}_y \tag{6.81}$$

式中，E_{r0} 为 $z=0$ 处反射波的振幅。注意，式(6.80)和式(6.81)中的指数均为 jk_1z，表示反射波向 $-z$ 方向传播；反射波磁场矢量指向 $-\boldsymbol{e}_y$，从而将与 $\boldsymbol{e}_x$ 向的反射波电场矢量形成向 $-\boldsymbol{e}_z$ 向传播的反射波功率。

媒质 1 中总的合成电磁场为

$$\boldsymbol{E}_1=\boldsymbol{E}_i+\boldsymbol{E}_r=(E_{i0}e^{-jk_1z}+E_{r0}e^{jk_1z})\boldsymbol{e}_x \tag{6.82}$$

$$\boldsymbol{H}_1=\boldsymbol{H}_i+\boldsymbol{H}_r=\frac{1}{\eta_1}(E_{i0}e^{-jk_1z}-E_{r0}e^{jk_1z})\boldsymbol{e}_y \tag{6.83}$$

分界面 $z=0$ 两侧，电场强度 $\boldsymbol{E}$ 的切向分量连续

即
$$\boldsymbol{e}_z\times(\boldsymbol{E}_2-\boldsymbol{E}_1)=0$$

所以
$$\boldsymbol{E}_1(0)=(E_{i0}+E_{r0})\boldsymbol{e}_x=\boldsymbol{E}_2(0)=0$$

即
$$E_{i0}+E_{r0}=0,E_{i0}=-E_{r0} \tag{6.84}$$

则分界面上反射波电场强度与入射波电场强度之比为

$$\Gamma=\frac{E_{r0}}{E_{i0}}=-1 \tag{6.85}$$

称 Γ 为分界面上的反射系数。因此，1 区的合成场为

$$\boldsymbol{E}_1=E_{i0}(e^{-jk_1z}-e^{jk_1z})\boldsymbol{e}_x=-2jE_{i0}\sin k_1z\boldsymbol{e}_x \tag{6.86}$$

$$\boldsymbol{H}_1=\frac{1}{\eta_1}E_{i0}(e^{-jk_1z}+e^{jk_1z})\boldsymbol{e}_y=2\frac{E_{i0}}{\eta_1}\cos k_1z\boldsymbol{e}_y \tag{6.87}$$

相应的瞬时值为

$$\boldsymbol{E}_1(z,t)=\mathrm{Re}[\boldsymbol{E}_1e^{j\omega t}]=2E_{i0}\sin k_1z\sin\omega t\boldsymbol{e}_x \tag{6.88}$$

$$\boldsymbol{H}_1(z,t)=\mathrm{Re}[\boldsymbol{H}_1e^{j\omega t}]=2\frac{E_{i0}}{\eta_1}\cos k_1z\cos\omega t\boldsymbol{e}_y \tag{6.89}$$

由于 2 区中无电磁场，在理想导体表面两侧的磁场切向分量不连续，所以，分界面上存在面电流。根据磁场切向分量的边界条件 $\boldsymbol{e}_n\times(\boldsymbol{H}_2-\boldsymbol{H}_1)=\boldsymbol{J}_s$，得面电流密度为

$$\boldsymbol{J}_s=\boldsymbol{e}_z\times\left(0-2\frac{E_{i0}}{\eta_1}\cos k_1z\boldsymbol{e}_y\right)\bigg|_{z=0}=2\frac{E_{i0}}{\eta_1}\boldsymbol{e}_x \tag{6.90}$$

由式(6.88)可见，1 区中合成电场的振幅随 z 按正弦变化。

电场零值发生于 $\sin k_1z=0$，即 $k_1z=-n\pi$，故 $z=-\frac{n}{2}\lambda_1$，其中 $n=1,2,\cdots$。这些零值的位置都不随时间变化，称为电场波节点。

电场最大值发生于 $\sin k_1z=1$，即 $k_1z=-\frac{2n+1}{2}\pi$，故 $z=-\frac{2n+1}{4}\lambda_1$，其中 $n=1$，

2,…。这些最大值的位置也是不随时间变化的,称为电场波腹点。

图 6.12 给出了不同时刻与 z 的关系波形。可见,空间各点的电场都随时间按 $\sin\omega t$ 做简谐变化。但其波腹点处电场振幅总是最大,而波节点处电场总是零。这种状态并不随时间沿 z 轴移动,它是固定不动的。这种波腹点和波节点位置都固定不动的电磁波称为驻波(Standing Wave)。

驻波是振幅相等的两个反向行波(入射波和反射波)相互叠加的结果。在电场波腹点,二者电场同相叠加,故呈现最大振幅;而在电场波节点,二者电场反向叠加,故抵消为零。驻波电场振幅曲线如图 6.13 所示。电场波腹点和波节点都每隔 $\lambda_1/4$ 交替出现。两个相邻波节点之间距离为 $\lambda_1/2$。

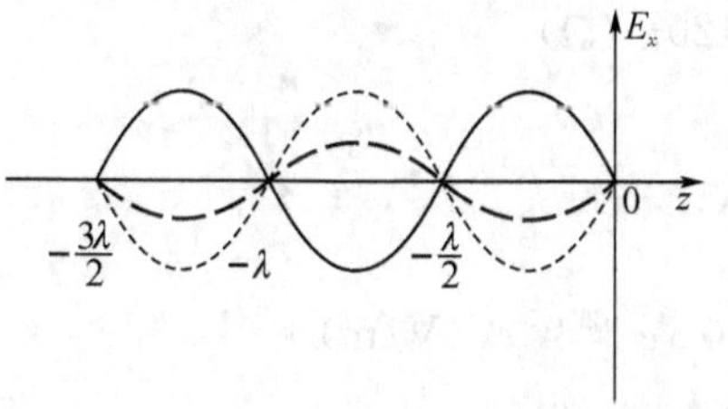

图 6.12　不同时刻的驻波

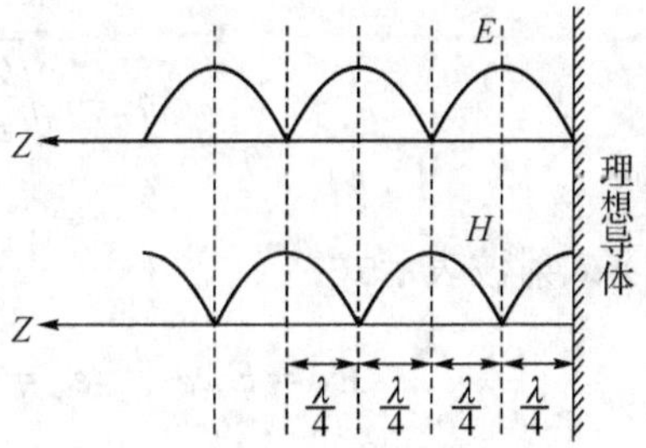

图 6.13　电磁场振幅空间分布

由式(6.89)知,磁场振幅也是驻波分布,但磁场的波腹点对应与电场的波节点,而磁场的波节点对应于电场的波腹点。

由式(6.86)和(6.87)得

$$\boldsymbol{E}_1 = E_{i0}(1-1)\boldsymbol{e}_x = 0$$

$$\boldsymbol{H}_1 = \frac{1}{\eta_1}E_{i0}(1+1)\boldsymbol{e}_y = 2\frac{E_{i0}}{\eta_1}\boldsymbol{e}_y$$

即在 z=0 的导体表面处是电场的波节点,磁场的波腹点。这是因为该处反射电场与入射电场反相抵消,而反射磁场与入射磁场同相叠加。如图 6.13 所示。

在 1 区中,电磁场的平均功率流密度为

$$\boldsymbol{S}_{av1} = \mathrm{Re}\left[\frac{1}{2}\boldsymbol{E}_1 \times \boldsymbol{H}_1^*\right] = \mathrm{Re}\left[-j\frac{2E_{i0}^2}{\eta_1}\sin k_1 z\cos k_1 z\boldsymbol{e}_z\right] = 0$$

可见,驻波不传输能量,没有单向流动的实功率,而只有虚功率,其瞬时功率流密度为

$$\boldsymbol{S}_1(z,t) = \boldsymbol{E}_1(z,t) \times \boldsymbol{H}_1(z,t) = \frac{E_{i0}^2}{\eta_1}\sin 2k_1 z\sin 2\omega t\boldsymbol{e}_z \tag{6.91}$$

这说明,瞬时功率流随时间按周期变化,能量在电能和磁能之间来回交换,没有产生单向的功率传输。

例 6.7 有一均匀平面波由空气向理想导电平面垂直入射。设该平面波的极化方向为 y 方向，导电平面与 x = 0 坐标面相重合。已知该电磁波工作频率为 f = 100 *MHz*，导电平面处入射波的电场振幅为 $E_{i0}=6$（*mV/m*），初始相位为零。试求空气中入射波、反射波的合成波电磁场的表示式和瞬时表示式，并求出距导电平面最近的电场波节点与导电平面之间的距离。

解 因为有

$$\omega=2\pi f=2\pi\times10^{8}\,(\text{rad/s})$$

$$k_1=\omega\sqrt{\mu_0\varepsilon_0}=\frac{\omega}{c}\,\frac{2\pi\times10^{8}}{3\times10^{8}}=\frac{2\pi}{3}\,(\text{rad/s})$$

$$\eta_1=\sqrt{\frac{\mu_0}{\varepsilon_0}}=120\pi\,(\Omega)$$

可得出

（1）入射波表示式

$$\boldsymbol{E}_i=E_{i0}e^{-jk_1x}\boldsymbol{e}_y=6\times10^{-3}e^{-j2\pi x/3}\boldsymbol{e}_y\,(\text{V/m})$$

$$\boldsymbol{H}_i=\frac{1}{\eta_1}(e_x\times\boldsymbol{E}_i)=\left(\frac{10^{-4}}{2\pi}\right)e^{-j2\pi x/3}\boldsymbol{e}_z\,(\text{A/m})$$

（2）入射波瞬时表示式

$$\boldsymbol{E}_i=\text{Re}(\boldsymbol{E}_ie^{j\omega t})=6\times10^{-3}\cos\left(2\pi\times10^{8}t-\frac{2\pi x}{3}\right)\boldsymbol{e}_y\,(\text{V/m})$$

$$\boldsymbol{H}_i=\text{Re}(\boldsymbol{H}_ie^{j\omega t})=\left(\frac{10^{-4}}{2\pi}\right)\cos\left(2\pi\times10^{8}t-\frac{2\pi x}{3}\right)\boldsymbol{e}_z\,(\text{A/m})$$

（3）反射波表示式

$$\boldsymbol{E}_r=\boldsymbol{E}_{r0}e^{jk_1x}=-\boldsymbol{E}_{i0}e^{jk_1x}=6\times10^{-3}e^{j2\pi x/3}\boldsymbol{e}_y\,(\text{V/m})$$

$$\boldsymbol{H}_r=\frac{1}{\eta_1}[(-\boldsymbol{e}_x)\times\boldsymbol{E}_r]=\left(\frac{10^{-4}}{2\pi}\right)e^{j2\pi x/3}\boldsymbol{e}_z\,(\text{A/m})$$

（4）反射波瞬时表示式

$$\boldsymbol{E}_r=\text{Re}(\boldsymbol{E}_re^{j\omega t})=6\times10^{-3}\cos\left(2\pi\times10^{8}t+\frac{2\pi x}{3}\right)\boldsymbol{e}_y\,(\text{V/m})$$

$$\boldsymbol{H}_r=\text{Re}(\boldsymbol{H}_ie^{j\omega t})=\left(\frac{10^{-4}}{2\pi}\right)\cos\left(2\pi\times10^{8}t+\frac{2\pi x}{3}\right)\boldsymbol{e}_z\,(\text{A/m})$$

（5）合成波表示式

$$\boldsymbol{E}_1=j2\boldsymbol{E}_{i0}\sin k_1x\boldsymbol{e}_y=(j12\times10^{-3})\sin\frac{2\pi x}{3}\boldsymbol{e}_y\,(\text{V/m})$$

$$\boldsymbol{H}_1=\frac{2\boldsymbol{E}_{i0}}{\eta_1}\cos k_1x\boldsymbol{e}_z=\frac{10^{-4}}{\pi}\cos\frac{2\pi x}{3}\boldsymbol{e}_z\,(\text{A/m})$$

(6) 合成波瞬时表示式

$$\boldsymbol{E}_1=\text{Re}(\boldsymbol{E}_1e^{j\omega t})=12\times10^{-3}\sin\frac{2\pi x}{3}\sin(2\pi\times10^8t)\boldsymbol{e}_y\,(\text{V/m})$$

$$\boldsymbol{H}_1=\text{Re}(\boldsymbol{H}_1e^{j\omega t})=\frac{10^{-4}}{\pi}\cos\frac{2\pi x}{3}\cos(2\pi\times10^8t)\boldsymbol{e}_z\,(\text{A/m})$$

(7) 导电平面与最近电场波节点之间的距离

$$d=\frac{\lambda}{2}=\frac{c}{2f}=\frac{3\times10^8}{2\times10^8}=1.5\,(\text{m})$$

6.6.2 平面波向理想介质的垂直入射

若媒质 1 与媒质 2 都是理想介质($\sigma_1=\sigma_2=0$),则当 x 向极化的平面波由媒质 1 向交界面(z=0)垂直入射时,边界处既产生向 $-\boldsymbol{e}_z$ 方向传播的反射波,又有沿 $\boldsymbol{e}_z$ 方向传播的透射波(Transmitted Wave)。由于电场的切向分量在边界两侧是连续的,反射波和透射波的电场也只有 $\boldsymbol{e}_x$ 向分量,如图 6.14 所示。

入射波和反射波的电磁场表示式为

$$\boldsymbol{E}_t=E_{t0}e^{-jk_2z}\boldsymbol{e}_x \tag{6.92}$$

$$\boldsymbol{H}_t=\frac{1}{\eta_2}E_{t0}e^{-jk_2z}\boldsymbol{e}_y \tag{6.93}$$

式中 E_{t0} 为 $z=0$ 处透射波的振幅;k_2 和 η_2 为媒质 2 的相位常数和波阻抗,且有

$$k_2=\omega\sqrt{\mu_2\varepsilon_2}=\frac{2\pi}{\lambda_2},\eta_2=\omega\sqrt{\frac{\mu_2}{\varepsilon_2}}$$

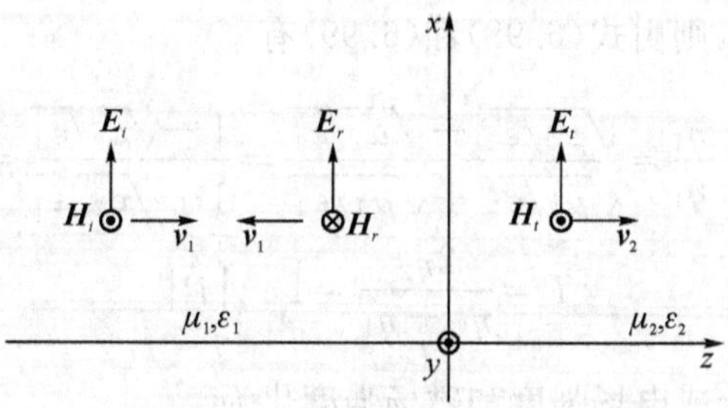

图 6.14 平面波向理想介质垂直入射

透射波电场振幅 E_{t0} 和反射波电场振幅 E_{r0} 都需由边界条件决定。边界两侧的电

场切向分量应连续；同时，因边界上无外加面电流，两侧的磁场切向分量也是连续的。因此在 $z=0$ 处有

$$E_{i0}+E_{r0}=E_{t0} \tag{6.94}$$

$$\frac{1}{\eta_1}(E_{i0}-E_{r0})=\frac{1}{\eta_2}E_{t0} \tag{6.95}$$

由上两式得

$$E_{r0}=\frac{\eta_2-\eta_1}{\eta_2+\eta_1}E_{i0}=\Gamma E_{i0} \tag{6.96}$$

$$E_{t0}=\frac{2\eta_2}{\eta_2+\eta_1}E_{i0}=TE_{i0} \tag{6.97}$$

式中，Γ 为边界上反射波电场强度与入射波电场强度之比，称为边界上的反射系数；T 为边界上透射波电场强度与入射波电场强度之比，称为边界上的透射系数，即

$$\Gamma=\frac{E_{r0}}{E_{i0}}=\frac{\eta_2-\eta_1}{\eta_2+\eta_1} \tag{6.98}$$

$$T=\frac{E_{t0}}{E_{i0}}=\frac{2\eta_2}{\eta_2+\eta_1} \tag{6.99}$$

反射系数和透射系数的关系为

$$1+\Gamma=T \tag{6.100}$$

则 1 区中任意点的合成电场强度和磁场强度为

$$\boldsymbol{E}_1=\boldsymbol{E}_i+\boldsymbol{E}_r=E_{i0}(e^{-jk_1z}+\Gamma e^{jk_1z})\boldsymbol{e}_x=E_{i0}e^{-jk_1z}(1+\Gamma e^{j2k_1z})\boldsymbol{e}_x \tag{6.101}$$

$$\boldsymbol{H}_1=\boldsymbol{H}_i+\boldsymbol{H}_r=\frac{1}{\eta_1}E_{i0}(e^{-jk_1z}-\Gamma e^{jk_1z})\boldsymbol{e}_y=\frac{1}{\eta_1}E_{i0}e^{-jk_1z}(1-\Gamma e^{j2k_1z})\boldsymbol{e}_y \tag{6.102}$$

设 $\mu_1=\mu_2=\mu_0$、$\varepsilon_1<\varepsilon_2$，则由式(6.98)和(6.99)有

$$\Gamma=\frac{\eta_2-\eta_1}{\eta_2+\eta_1}=\frac{\sqrt{\mu_2/\varepsilon_2}-\sqrt{\mu_1/\varepsilon_1}}{\sqrt{\mu_2/\varepsilon_2}+\sqrt{\mu_1/\varepsilon_1}}=\frac{1-\sqrt{\varepsilon_2/\varepsilon_1}}{1+\sqrt{\varepsilon_2/\varepsilon_1}}=-|\Gamma| \tag{6.103}$$

$$T=\frac{2\eta_2}{\eta_2+\eta_1}=1-|\Gamma| \tag{6.104}$$

于是 1 区中任意点的合成电场强度和磁场强度化为

$$\boldsymbol{E}_1=E_{i0}e^{-jk_1z}(1-|\Gamma|e^{j2k_1z})\boldsymbol{e}_x \tag{6.105}$$

$$\boldsymbol{H}_1=\frac{1}{\eta_1}E_{i0}e^{-jk_1z}(1+|\Gamma|e^{j2k_1z})\boldsymbol{e}_y \tag{6.106}$$

由此可见，当 $2k_1z=-2n\pi$，即 $z=-\frac{n\lambda_1}{2}(n=0,1,\cdots)$时，有

$$|\boldsymbol{E}_1|=E_{1\min}=E_{i0}(1-|\Gamma|) \tag{6.107}$$

$$|\boldsymbol{H}_1|=H_{1\max}=\frac{1}{\eta_1}E_{i0}(1+|\Gamma|) \tag{6.108}$$

即在离分界面半波长整数倍处为电场波节点（磁场波腹点）。当 $2k_1z=-(2n+1)\pi$，即 $z=-\frac{(2n+1)\lambda_1}{4}(n=0,1,\cdots)$时，有

$$|\boldsymbol{E}_1|=E_{1\max}=E_{i0}(1+|\Gamma|) \tag{6.109}$$

$$|\boldsymbol{H}_1|=H_{1\min}=\frac{1}{\eta_1}E_{i0}(1-|\Gamma|) \tag{6.110}$$

即在离分界面 1/4 波长的奇数倍处为电场波腹点（磁场波节点）。

在电场波节点处，反射波和入射波的电场反相，因而合成场为最小值；而在电场波腹点处，二者同相，从而形成最大值。这些值的位置都不随时间而改变，具有驻波特性。不过，反射波的振幅比入射波振幅小，反射波只与入射波的一部分形成驻波，因而电场振幅最小值不为零而其最大值也达不到 $2E_{i0}$，这时既有驻波成份，又有行波成份，故称之为行驻波。同样地，磁场振幅也随 z 呈行驻波的周期性变化，只是磁场波腹点对应于电场波节点，而磁场波节点对应于电场波腹点。此时电磁场振幅随 z 分布如图 6.15 所示。

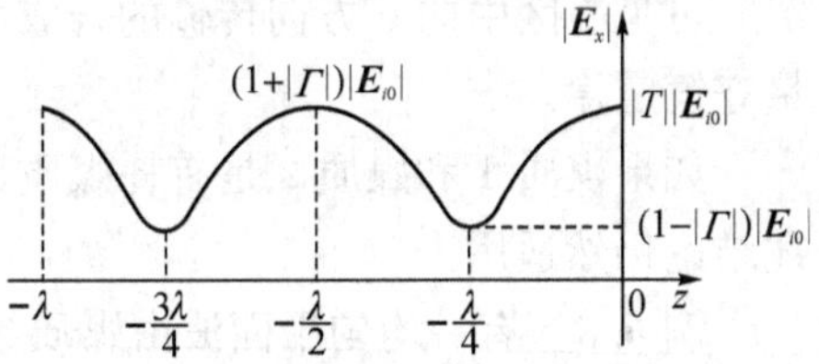

图 6.15 行驻波的电磁场振幅分布

若 $\mu_1=\mu_2=\mu_0$，$\varepsilon_1>\varepsilon_2$，则电场与磁场的波腹点、波节点的位置 $\varepsilon_1<\varepsilon_2$ 时相反。为反映行驻波状态的驻波成份大小，定义电场振幅的最大值与最小值之比为驻波比 ρ 或 VSWR (Voltage Standing Wave Ratio)，即

$$\rho=\frac{E_{\max}}{E_{\min}}=\frac{1+|\Gamma|}{1-|\Gamma|} \tag{6.111}$$

因为 $\Gamma=-1\sim1$，所以 $\rho=1\sim\infty$。当 $|\Gamma|=0$、$\rho=1$ 时，为纯行波状态，无反射波，此时全部入射功率都输入 2 区，称这种边界状况为匹配状态。

2 区中任一点的电场强度和磁场强度分别为

$$\boldsymbol{E}_2=\boldsymbol{E}_t=TE_{i0}e^{-jk_2z}\boldsymbol{e}_x \tag{6.112}$$

$$\boldsymbol{H}_2=\boldsymbol{H}_t=\frac{TE_{i0}}{\eta_2}e^{-jk_2z}\boldsymbol{e}_y \tag{6.113}$$

下面讨论功率的传输。入射波向 z 方向传输的平均功率密度为

$$\boldsymbol{S}_{av,i}=\mathrm{Re}\left[\frac{1}{2}\boldsymbol{E}_i\times\boldsymbol{H}_i^*\right]=\frac{1}{2}\frac{E_{i0}^2}{\eta_1}\boldsymbol{e}_z \tag{6.114}$$

反射波向$-z$方向传输的平均功率为

$$\boldsymbol{S}_{av,r}=\mathrm{Re}\left[\frac{1}{2}\boldsymbol{E}_r\times\boldsymbol{H}_r^*\right]=-\frac{1}{2}\frac{|\Gamma|^2E_{i0}^2}{\eta_1}\boldsymbol{e}_z=-|\Gamma|^2\boldsymbol{S}_{av,i} \tag{6.115}$$

1 区合成场向 z 方向传输的平均功率密度为

$$\boldsymbol{S}_{av1}=\mathrm{Re}\left[\frac{1}{2}\boldsymbol{E}_1\times\boldsymbol{H}_1^*\right]=-\frac{1}{2}\frac{E_{i0}^2}{\eta_1}(1-|\Gamma|^2)\boldsymbol{e}_z=\boldsymbol{S}_{av,i}(1-|\Gamma|^2) \tag{6.116}$$

这是入射波传输的功率减去反射波向相反方向传输的功率。2 区中向 z 方向透射的平均功率密度是

$$\boldsymbol{S}_{av2}=\boldsymbol{S}_{av,t}=\mathrm{Re}\left[\frac{1}{2}\boldsymbol{E}_t\times\boldsymbol{H}_t^*\right]=\frac{1}{2}\frac{|T|^2E_{i0}^2}{\eta_2}\boldsymbol{e}_z=\frac{\eta_1}{\eta_2}|T|^2\boldsymbol{S}_{av,i} \tag{6.117}$$

并有

$$\boldsymbol{S}_{av1}=\boldsymbol{S}_{av,i}(1-|\Gamma|^2)=\frac{\eta_1}{\eta_2}|T|^2\boldsymbol{S}_{av,i}=\boldsymbol{S}_{av2} \tag{6.118}$$

可见 1 区中向 z 方向传输的合成场功率等于 2 区中向 z 方向透射的功率。符合能量守恒定律。

如果媒质 1 和媒质 2 是有耗媒质，可用等效复介电常数 ε_c 代替实数介电常数 ε，上述结论仍然适用。

例 6.8 有一均匀平面波由媒质参数为 $\varepsilon_{r1}=8.5$，$\mu_{r1}=1$，$\sigma_1=0$ 的区域向空气媒质区域垂直入射。已知入射波电场振幅为 $E_{i0}=1.6\times10^{-3}$ (V/m)，初相位为零，试求电场的反射系数、透射系数、驻波比及反射波和透射波电磁场的振幅值。

解 根据已知条件，可求出两媒质的波阻抗分别为

$$\eta_1=\sqrt{\frac{\mu_1}{\varepsilon_1}}=\sqrt{\frac{\mu_{r1}}{\varepsilon_{r1}}}\sqrt{\frac{\mu_0}{\varepsilon_0}}=\frac{377}{\sqrt{8.5}}=129\ (\Omega)$$

$$\eta_2=\sqrt{\frac{\mu_0}{\varepsilon_0}}=377(\Omega)$$

则可分别计算出反射系数

$$\Gamma=\frac{\eta_2-\eta_1}{\eta_2+\eta_1}=\frac{377-129}{377+129}=0.49$$

透射系数

$$T=\frac{2\eta_2}{\eta_2+\eta_1}=\frac{2\times 377}{377+129}=1.49$$

驻波比

$$\rho=\frac{1+|\Gamma|}{1-|\Gamma|}=\frac{1+0.49}{1-0.49}=2.92$$

反射波电磁场的振幅值分别为

$$\boldsymbol{E}_{r0}=\Gamma\boldsymbol{E}_{i0}=0.49\times 1.6\times 10^{-3}=7.84\times 10^{-4}\,(\mathrm{V/m})$$

$$\boldsymbol{H}_{r0}=\frac{\boldsymbol{E}_{r0}}{\eta_1}=\frac{7.84\times 10^{-4}}{129}=6.08\times 10^{-6}\,(\mathrm{A/m})$$

透射波电磁场的振幅分别为

$$\boldsymbol{E}_{t0}=T\boldsymbol{E}_{i0}=1.49\times 1.6\times 10^{-3}=2.38\times 10^{-3}\,(\mathrm{V/m})$$

$$\boldsymbol{H}_{t0}=\frac{\boldsymbol{E}_{t0}}{\eta_2}=\frac{2.38\times 10^{-3}}{377}=6.32\times 10^{-6}\,(\mathrm{A/m})$$

6.7　平面电磁波向平面边界的斜入射

6.7.1　平面电磁波向理想介质的斜入射

当平面波以任意角度向平面边界上斜入射时，电场强度和磁场强度在分界面上不仅有切线分量，而且还有法线分量。而边界条件只和切向分量有关，切线分量又和波的极化有关。入射线、反射线及折射线与边界面法线之间的夹角分别称为入射角 θ_i、反射角 θ_r 及折射角 θ_t。入射方向与分界面的法线方向组成的面为入射面，因此入射波的电场 $\boldsymbol{E}_i$ 和磁场 $\boldsymbol{H}_i$ 组成的平面一定垂直于入射面，如图 6.16 所示。$\boldsymbol{E}_i$（或 $\boldsymbol{H}_i$）在该面上的取向是任意的，但总可以分解成两个分量，一个分量垂直于入射面，另一个分量平行于入射面。这样任意极化波均可分解为两个线极化波，一个是与入射面平行的平行极化波，另一个与入射面相垂直的垂直极化波。只要对两种极化波先分别进行分析，然后叠加就可以得到任意极化波在分界面上斜入射情况。

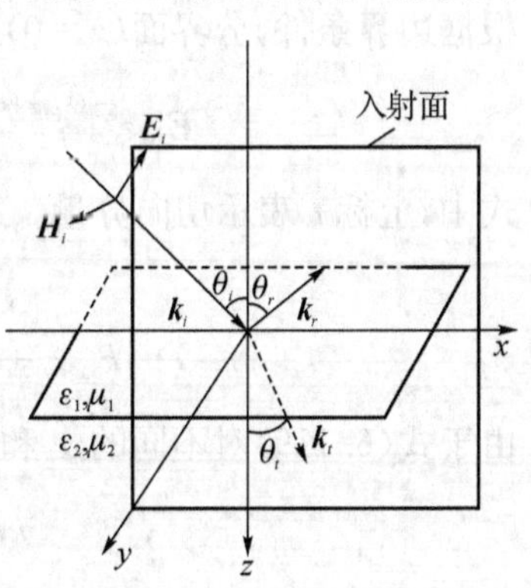

图 6.16　平面波的斜入射

可以证明(1) 入射线、反射线及折射线位于同一平面；(2) 入射角 θ_i 等于反射角 θ_r；(3) 折射角 θ_t 与入射角 θ_i 的关系为

$$\frac{\sin\theta_i}{\sin\theta_t}=\frac{k_2}{k_1}$$

上述 3 条结论总称为斯耐尔(Snell)定律。式中，$k_1=\omega\sqrt{\varepsilon_1\mu_1}$，$k_2=\omega\sqrt{\varepsilon_2\mu_2}$

通常令
$$\frac{k_2}{k_1}=n_{21}$$

式中，n_{21} 称为第二介质对第一介质的折射指数，则折射角与入射角的关系又可表示为

$$\frac{\sin\theta_i}{\sin\theta_t}=n_{21}$$

证明：建立直角坐标系，令 $z=0$ 平面为边界平面，如图 6.16 所示。设入射波、反射波和透射波的传播矢量为

$$\begin{aligned}\boldsymbol{k}_i&=\boldsymbol{e}_{ki}k_1=k_1(\cos\alpha_i\boldsymbol{e}_x+\cos\beta_i\boldsymbol{e}_y+\cos\gamma_i\boldsymbol{e}_z)\\&=k_{ix}\boldsymbol{e}_x+k_{iy}\boldsymbol{e}_y+k_{iz}\boldsymbol{e}_z\\\boldsymbol{k}_r&=\boldsymbol{e}_{kr}k_1=k_1(\cos\alpha_r\boldsymbol{e}_x+\cos\beta_r\boldsymbol{e}_y+\cos\gamma_r\boldsymbol{e}_z)\\&=k_{rx}\boldsymbol{e}_x+k_{ry}\boldsymbol{e}_y+k_{rz}\boldsymbol{e}_z\\\boldsymbol{k}_t&=\boldsymbol{e}_{kt}k_2=k_2(\cos\alpha_t\boldsymbol{e}_x+\cos\beta_t\boldsymbol{e}_y+\cos\gamma_t\boldsymbol{e}_z)\\&=k_{tx}\boldsymbol{e}_x+k_{ty}\boldsymbol{e}_y+k_{tz}\boldsymbol{e}_z\end{aligned}$$

式中 $k_1=\omega\sqrt{\varepsilon_1\mu_1}$，$k_2=\omega\sqrt{\varepsilon_2\mu_2}$。3 种波的电场强度复矢量为

$$\begin{aligned}\boldsymbol{E}_i&=\boldsymbol{E}_{i0}e^{-jk_i\cdot r}\\\boldsymbol{E}_r&=\boldsymbol{E}_{r0}e^{-jk_r\cdot r}\\\boldsymbol{E}_t&=\boldsymbol{E}_{t0}e^{-jk_t\cdot r}\end{aligned}$$

根据边界条件，分界面($z=0$)两侧电场矢量的切向分量应连续，故有

$$\boldsymbol{E}_{i0}^te^{-j(k_{ix}x+k_{iy}y)}+\boldsymbol{E}_{r0}^te^{-j(k_{rx}x+k_{ry}y)}=\boldsymbol{E}_{t0}^te^{-j(k_{tx}x+k_{ty}y)}$$

式中，上标 t 表示切向分量。此式对分界面上任意一点都成立，因而有

$$\boldsymbol{E}_{i0}^t+\boldsymbol{E}_{r0}^t=\boldsymbol{E}_{t0}^t$$

$$k_{ix}x+k_{iy}y=k_{rx}x+k_{ry}y=k_{tx}x+k_{ty}y \tag{6.119}$$

由于式(6.119)对不同的 x 和 y 均成立，必有

$$k_{ix}=k_{rx}=k_{tx},k_{iy}=k_{ry}=k_{ty} \tag{6.120}$$

上式表明，3 个传播矢量 k_i、k_r 和 k_t 沿介质分界面的切向分量都相等。取入射面为 $y=0$ 平面，即入射线位于 xOz 面内。应用式(6.120)得

$$k_1\cos\alpha_i=k_1\cos\alpha_r=k_2\cos\alpha_t \tag{6.121}$$

$$0=k_1\cos\beta_r=k_2\cos\beta_t$$

则

$$\beta_r=\beta_t=\frac{\pi}{2}$$

这说明,反射线和折射线也位于入射面(xOz 面)内。于是有

$$\alpha_i=\frac{\pi}{2}-\theta_i,\alpha_r=\frac{\pi}{2}-\theta_r,\alpha_t=\frac{\pi}{2}-\theta_t$$

代入式(6.121)得

$$k_1\sin\theta_i=k_1\sin\theta_r=k_2\sin\theta_t \tag{6.122}$$

由上式第一个等式得

$$\theta_i=\theta_r$$

即反射角等于入射角。由式(6.122)的后一等式得

$$\frac{\sin\theta_i}{\sin\theta_t}=\frac{k_2}{k_1}=\sqrt{\frac{\mu_2\varepsilon_2}{\mu_1\varepsilon_1}}$$

当 $\mu_1=\mu_2$ 时有

$$\frac{\sin\theta_i}{\sin\theta_t}=\sqrt{\frac{\varepsilon_2}{\varepsilon_1}}=\frac{n_2}{n_1} \tag{6.123}$$

式(6.123)说明入射角正弦与折射角正弦之比等于介质 2 与介质 1 的折射率之比。

证毕。

此外,式(6.122)表明反射波及折射波的相位沿边界的变化始终与入射波保持一致,因此,该式又称为相位匹配条件。

斜入射时的反射系数及透射系数与平面波的极化特性有关。我们定义,电场方向与入射面平行的平面波称为平行极化波,如图 6.17 所示。电场方向与入射面垂直的平面波称为垂直极化波,如图 6.18 所示。显然任意取向极化的平面波总可以分解为一个平行极化波与一个垂直极化波的合成即 $\boldsymbol{E}=\boldsymbol{E}_\perp+\boldsymbol{E}_{\parallel}$。根据边界条件,读者可以仿照前述方法推知,无论平行极化平面波或者垂直极化平面波在边界上被反射及折射时,极化特性都不会发生变化,即反射波及折射波与入射波的极化特性相同。当然,平行极化波入射后,由于反射波和折射波的传播方向发生偏转,导致极化方向也随之偏转,但仍然是平行极化波。下面分别讨论平行极化波和垂直极化波的反射系数和透射系数。

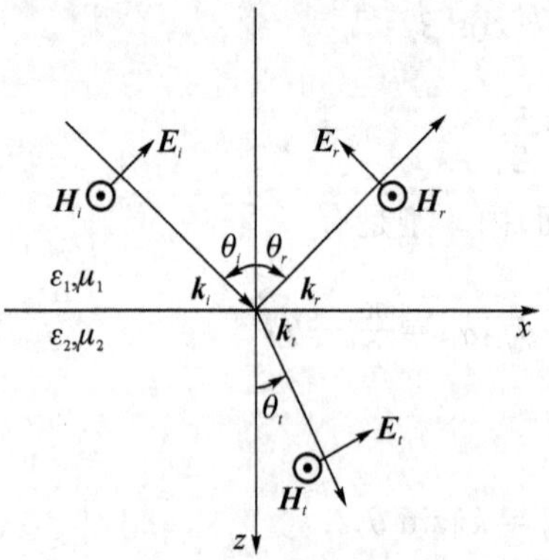

图 6.17　平行极化波

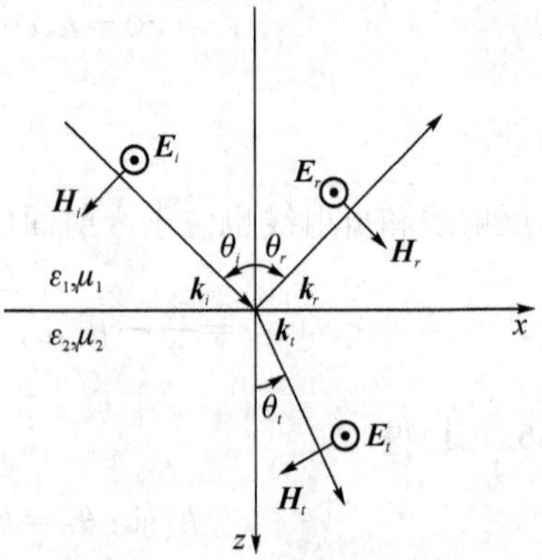

图 6.18　垂直极化波

对于平行极化波，由图 6.17，1 区的入射波电场强度和磁场强度为

$$\boldsymbol{E}_i=(\cos\theta_i\boldsymbol{e}_x-\sin\theta_i\boldsymbol{e}_z)E_{i0}e^{-jk_1(x\sin\theta_i+z\cos\theta_i)} \tag{6.124}$$

$$\boldsymbol{H}_i=\frac{1}{\eta_1}E_{i0}e^{-jk_1(x\sin\theta_i+z\cos\theta_i)}\boldsymbol{e}_y \tag{6.125}$$

反射波电场强度和磁场强度为

$$\boldsymbol{E}_r=-(\cos\theta_i\boldsymbol{e}_x+\sin\theta_i\boldsymbol{e}_z)E_{r0}e^{-jk_1(x\sin\theta_i-z\cos\theta_i)} \tag{6.126}$$

$$\boldsymbol{H}_r=\frac{1}{\eta_1}E_{r0}e^{-jk_1(x\sin\theta_i-z\cos\theta_i)}\boldsymbol{e}_y \tag{6.127}$$

折射波电场强度和磁场强度为

$$\boldsymbol{E}_t=(\cos\theta_t\boldsymbol{e}_x-\sin\theta_t\boldsymbol{e}_z)E_{t0}e^{-jk_2(x\sin\theta_t+z\cos\theta_t)} \tag{6.128}$$

$$\boldsymbol{H}_t=\frac{1}{\eta_2}E_{t0}e^{-jk_2(x\sin\theta_t+z\cos\theta_t)}\boldsymbol{e}_y \tag{6.129}$$

在 $z=0$ 平面上 1 区和 2 区的电场强度切向分量应相等，同时磁场强度切向分量相等，并考虑到相位匹配条件 $k_1 sin\ \theta_i=k_1 sin\ \theta_r=k_2 sin\ \theta_t$，由式(6.124)～(6.129)得

$$E_{i0}\cos\theta_i-E_{r0}\cos\theta_i=E_{t0}\cos\theta_t \tag{6.130}$$

$$\frac{1}{\eta_1}(E_{i0}+E_{r0})=\frac{1}{\eta_2}E_{t0} \tag{6.131}$$

得反射系数和透射系数为

$$\Gamma_{\parallel}=\frac{E_{r0}}{E_{i0}}=\frac{\eta_1\cos\theta_i-\eta_2\cos\theta_t}{\eta_1\cos\theta_i+\eta_2\cos\theta_t} \tag{6.132}$$

$$T_{\parallel}=\frac{E_{t0}}{E_{i0}}=\frac{2\eta_2\cos\theta_i}{\eta_1\cos\theta_i+\eta_2\cos\theta_t} \tag{6.133}$$

上述二式称为平行极化波的非涅尔公式。

读者可以证明，平行极化波的反射系数和透射系数的关系为

$$T_{||}=(1+\Gamma_{||})\frac{\eta_2}{\eta_1} \tag{6.134}$$

同理，对于垂直极化波有

1 区的入射波电场强度和磁场强度为

$$\boldsymbol{E}_i=E_{i0}e^{-jk_1(x\sin\theta_i+z\cos\theta_i)}\boldsymbol{e}_y \tag{6.135}$$

$$\boldsymbol{H}_i=(-\cos\theta_i\boldsymbol{e}_x+\sin\theta_i\boldsymbol{e}_z)\frac{E_{i0}}{\eta_1}e^{-jk_1(x\sin\theta_i+z\cos\theta_i)} \tag{6.136}$$

由反射定律，反射波电场强度和磁场强度为

$$\boldsymbol{E}_r=E_{r0}e^{-jk_1(x\sin\theta_i+z\cos\theta_i)}\boldsymbol{e}_y \tag{6.137}$$

$$\boldsymbol{H}_r=(\cos\theta_i\boldsymbol{e}_x+\sin\theta_i\boldsymbol{e}_z)\frac{E_{r0}}{\eta_1}e^{-jk_1(x\sin\theta_i+z\cos\theta_i)} \tag{6.138}$$

透射波的电磁场为

$$\boldsymbol{E}_t=E_{t0}e^{-jk_2(x\sin\theta_t+z\cos\theta_t)}\boldsymbol{e}_y \tag{6.139}$$

$$\boldsymbol{H}_t=(-\cos\theta_t\boldsymbol{e}_x+\sin\theta_t\boldsymbol{e}_z)\frac{E_{t0}}{\eta_2}e^{-jk_2(x\sin\theta_t+z\cos\theta_t)} \tag{6.140}$$

在 $z=0$ 平面上 1 区的合成电场强度切向分量、磁场强度切向分量应与 2 区电场强度切向分量、磁场强度切向分量相等，因而由式(6.135)～(6.140)及折射定律得

$$E_{i0}+E_{r0}=E_{t0} \tag{6.141}$$

$$(-E_{i0}+E_{r0})\frac{\cos\theta_i}{\eta_1}=-\frac{\cos\theta_t}{\eta_2}E_{t0} \tag{6.142}$$

得垂直极化波的反射系数和透射系数

$$\Gamma_{\perp}=\frac{E_{r0}}{E_{i0}}=\frac{\eta_2\cos\theta_i-\eta_1\cos\theta_t}{\eta_2\cos\theta_i+\eta_1\cos\theta_t} \tag{6.143}$$

$$T_{\perp}=\frac{E_{t0}}{E_{i0}}=\frac{2\eta_2\cos\theta_i}{\eta_2\cos\theta_i+\eta_1\cos\theta_t} \tag{6.144}$$

若以式(6.141)除以 E_{i0}，则有 $1+\Gamma_{\perp}=T_{\perp}$

值得注意的是，当垂直入射时 $\theta_i=\theta_t=0$，由式(6.132)和(6.143)知，$\Gamma_{/\!/}=-\Gamma_{\perp}$；由式(6.132)和(6.133)知，对于平行极化波 $T_{/\!/}\neq 1+\Gamma_{/\!/}$。并且，若把 ε 换成复介电常数 ε_c，这些分析可推广于有耗媒质。

在多数实际应用场合，相互交界的两个区域的媒质均为非磁性媒质。在这种情况下，$\mu_1=\mu_2=\mu_0$，$\eta_1/\eta_2=\sqrt{\varepsilon_2/\varepsilon_1}$，$k_1/k_2=\sqrt{\varepsilon_1/\varepsilon_2}$，$\cos\theta_t=\sqrt{1-(\varepsilon_1/\varepsilon_2)\sin^2\theta_i}$ 则式

(6.132)、(6.133)、(6.143)和(6.144)简化为

$$\Gamma_{||}=\frac{\frac{\varepsilon_2}{\varepsilon_1}\cos\theta_i-\sqrt{\varepsilon_2/\varepsilon_1-\sin^2\theta_i}}{\frac{\varepsilon_2}{\varepsilon_1}\cos\theta_i+\sqrt{\varepsilon_2/\varepsilon_1-\sin^2\theta_i}} \tag{6.145}$$

$$T_{||}=\frac{2\sqrt{\varepsilon_2/\varepsilon_1}\cos\theta_i}{\frac{\varepsilon_2}{\varepsilon_1}\cos\theta_i+\sqrt{\varepsilon_2/\varepsilon_1-\sin^2\theta_i}} \tag{6.146}$$

$$\Gamma_{\perp}=\frac{\cos\theta_i-\sqrt{\varepsilon_2/\varepsilon_1-\sin^2\theta_i}}{\cos\theta_i+\sqrt{\varepsilon_2/\varepsilon_1-\sin^2\theta_i}} \tag{6.147}$$

$$T_{\perp}=\frac{2\cos\theta_i}{\cos\theta_i+\sqrt{\varepsilon_2/\varepsilon_1-\sin^2\theta_i}} \tag{6.148}$$

从上列菲涅尔公式中可以看出两种重要的特例情况，一种特例是无反射，另一种特例是全反射。

1) 无反射

设界面两侧介质的介电常数不同，$\varepsilon_1\neq\varepsilon_2$，则从式(6.145)可见，当平行极化波满足条件

$$\frac{\varepsilon_2}{\varepsilon_1}\cos\theta_i=\sqrt{\frac{\varepsilon_2}{\varepsilon_1}-\sin^2\theta_i}$$

时，其反射系数 $\Gamma_{/\!/}=0$，出现无反射现象。满足上式的入射角称为布儒斯特角(*Brewster's Angle*)，记为 θ_B。它可以从上式求解获得，其结果为

$$\theta_B=\arcsin\sqrt{\frac{\varepsilon_2}{\varepsilon_1+\varepsilon_2}}$$

对于垂直极化波，情况有所不同。从式(6.147)可见，不论取什么样的入射角，都不可能使反射系数为零。即在垂直极化波斜入射的条件下，不可能出现无反射现象。

这种平行极化波的无反射现象在工程技术中有实用意义。例如，当一束无固定极化方向的光波向介质平面斜入射时，我们可以调整入射角度，使 $\theta_i=\theta_B$。这样，反射光束中的平行极化波被滤除，从而可以获得具有一定极化特性的偏振光。

2) 全反射(*Total Reflection*)

从菲涅尔反射系数公式(6.145)和(6.147)可见，当入射角 θ_i 满足条件

$$\sin^2\theta_i=\frac{\varepsilon_2}{\varepsilon_1}$$

时，其反射系数 $\Gamma_{||}=\Gamma_{\perp}=1$，即不论入射波为何种极化，均出现全反射现象。满足上述

条件的入射角称为临界角(*Critical Angle*),记为θ_c。它可以从上式得出为

$$\theta_c = \arcsin\sqrt{\frac{\varepsilon_2}{\varepsilon_1}}$$

由于$\sin^2\theta_c<1$,从上式可见,必有$\varepsilon_1>\varepsilon_2$。这说明,只有当电磁波从介电常数较大的光密媒质向介电常数较小的光疏媒质入射时,才有可能产生全反射。

当$\theta_i<\theta_c$时,$\sin^2\theta_i<\varepsilon_2/\varepsilon_1$,则$\Gamma_\perp<1$,$\Gamma_{\parallel}<1$,不可能出现全反射。

当$\theta_i>\theta_c$时,$\sin^2\theta_i>\varepsilon_2/\varepsilon_1$,则式(6.147)和(6.145)反射系数分别为

$$\Gamma_\perp = \frac{\cos\theta_i - j\sqrt{\sin^2\theta_i - \varepsilon_2/\varepsilon_1}}{\cos\theta_i + j\sqrt{\sin^2\theta_i - \varepsilon_2/\varepsilon_1}}$$

$$\Gamma_{\parallel} = \frac{(\varepsilon_2/\varepsilon_1)\cos\theta_i - j\sqrt{\sin^2\theta_i - \varepsilon_2/\varepsilon_1}}{(\varepsilon_2/\varepsilon_1)\cos\theta_i + j\sqrt{\sin^2\theta_i - \varepsilon_2/\varepsilon_1}}$$

它们均为复数,但它们的模均为1,即$|\Gamma_{\parallel}|=|\Gamma_\perp|=1$,这表明仍然处于全反射状态。

当$\mu_1\neq\mu_2$时,虽然也存在无反射和全反射现象,但布儒斯特角θ_B和临界角θ_c的大小发生了变化。读者可参照前面讨论的步骤自行推导。

这种全反射现象在工程技术上也很有实用意义。例如用来进行光纤通信的介质纤维就是根据全反射原理设计的。当光导纤维的内层介质的介电常数大于外层的介电常数时,只要光波进入内层光密媒质的入射角满足一定的要求,就可以保证光波不会穿过界面进入外层光疏媒质,而只限制在内层介质内做长距离的传播。

例 6.9 设一均匀平面波向理想介质分界面斜入射,如图所示。已知界面两侧媒质参数为$\mu_{r1}=1$,$\varepsilon_{r1}=4$,$\mu_{r2}=1$,$\varepsilon_{r2}=9$。并已知入射波电场复矢量为$\boldsymbol{E}_i=(\boldsymbol{e}_x+\boldsymbol{e}_y-\sqrt{3}\boldsymbol{e}_z)e^{-j6(\sqrt{3}x+z)}$ V/m,试求该平面波的工作频率,入射角、反射角和折射角,反射系数和折射系数,反射波和折射波的电场强度复矢量。

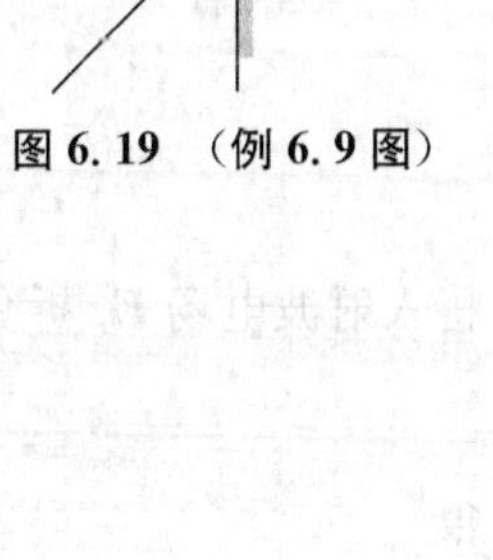

图 6.19 (例 6.9 图)

解 将入射波电场$\boldsymbol{E}_i$写成

$$\boldsymbol{E}_i=\boldsymbol{E}_{i0}e^{-jk_1\cdot r}=\boldsymbol{E}_{i0}e^{-jk_1(x\cos\alpha_i+y\cos\beta_i+z\cos\gamma_i)}$$

因为 $\alpha_i=\dfrac{\pi}{2}-\theta_i$,$\beta_i=\dfrac{\pi}{2}$,$\gamma_i=\theta_i$,可得

$$k_1(x\sin\theta_i+z\cos\theta_i)=6(\sqrt{3}x+z)$$

因而

$$k_1\sin\theta_i=6\sqrt{3}$$
$$k_1\cos\theta_i=6$$

将上式联立求解,得

$$k_1=\sqrt{(6\sqrt{3})^2+6^2}=12$$

$$\cos\theta_i=\frac{6}{k_1}=\frac{1}{2}$$

平面波的工作频率为

$$f=\frac{k_1}{\sqrt{\mu_1\varepsilon_1}}=\frac{18}{2\pi}\times10^8\approx2.87\times10^8(\text{Hz})$$

入射角为

$$\theta_i=\arccos\frac{1}{2}=60°$$

反射角和折射角为

$$\theta_r=\theta_i=60°$$

$$\theta_t=\arcsin\left(\frac{k_1}{k_2}\sin\theta_i\right)=\arcsin\left(\sqrt{\frac{\mu_{r1}\varepsilon_{r1}}{\mu_{r2}\varepsilon_{r2}}}\sin\theta_i\right)$$

$$=\arcsin\frac{\sqrt{3}}{3}=35.3°$$

将上列结果代入式(6.145)～(6.148)得

$$\Gamma_{||}=\frac{\dfrac{\varepsilon_2}{\varepsilon_1}\cos\theta_i-\sqrt{\varepsilon_2/\varepsilon_1-\sin^2\theta_i}}{\dfrac{\varepsilon_2}{\varepsilon_1}\cos\theta_i+\sqrt{\varepsilon_2/\varepsilon_1-\sin^2\theta_i}}=-0.04$$

$$T_{||}=\frac{2\sqrt{\varepsilon_2/\varepsilon_1}\cos\theta_i}{\dfrac{\varepsilon_2}{\varepsilon_1}\cos\theta_i+\sqrt{\varepsilon_2/\varepsilon_1-\sin^2\theta_i}}=0.628$$

$$\Gamma_{\perp}=\frac{\cos\theta_i-\sqrt{\varepsilon_2/\varepsilon_1-\sin^2\theta_i}}{\cos\theta_i+\sqrt{\varepsilon_2/\varepsilon_1-\sin^2\theta_i}}=-0.42$$

$$T_{\perp}=\frac{2\cos\theta_i}{\cos\theta_i+\sqrt{\varepsilon_2/\varepsilon_1-\sin^2\theta_i}}=0.58$$

将入射波电场 $\boldsymbol{E}_i$ 拆分为垂直极化波 $\boldsymbol{E}_{i\perp}$ 和平行极化波 $\boldsymbol{E}_{i||}$ 两部分，即

$$\boldsymbol{E}_i=\boldsymbol{E}_{i\perp}+\boldsymbol{E}_{i||}=(\boldsymbol{e}_x+\boldsymbol{e}_y-\boldsymbol{e}_z)e^{-j6(\sqrt{3}x+z)}$$

得

$$\boldsymbol{E}_{i\perp}=e^{-j6(\sqrt{3}x+z)}\boldsymbol{e}_y$$

$$\boldsymbol{E}_{i||}=(\boldsymbol{e}_x-\sqrt{3}\boldsymbol{e}_z)e^{-j6(\sqrt{3}x+z)}$$

反射波和折射波电场复矢量

$$\boldsymbol{E}_r=\boldsymbol{E}_{r\perp}+\boldsymbol{E}_{r||}=[-0.42\boldsymbol{e}_y-0.04(\boldsymbol{e}_x-\sqrt{3}\boldsymbol{e}_z)]e^{-j6(\sqrt{3}x+z)}\ (\text{V/m})$$

$$\boldsymbol{E}_t=\boldsymbol{E}_{t\perp}+\boldsymbol{E}_{t||}=[0.58\boldsymbol{e}_y+0.628(\boldsymbol{e}_x-\sqrt{3}\boldsymbol{e}_z)]e^{-j6(\sqrt{3}x+z)}\ (\text{V/m})$$

6.7.2　平面电磁波向理想导体平面的斜入射

本节讨论平面电磁波由理想介质向理想导体表面斜入射时的反射情况。分别对垂直极化波和平行极化波进行讨论。平面波向理想导体平面斜入射的情况如图 6.20、图 6.21 所示。

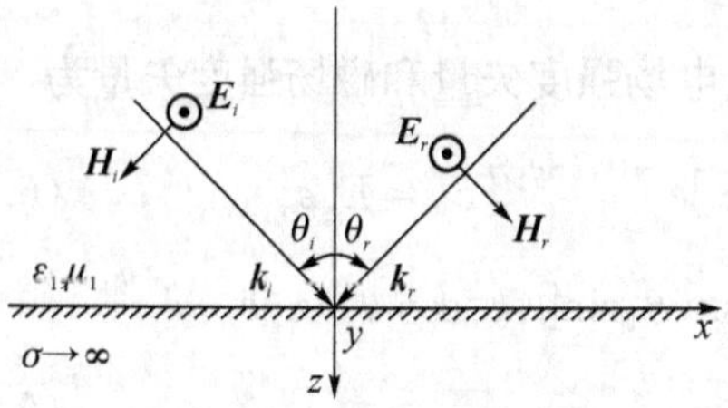

图 6.20　垂直极化波

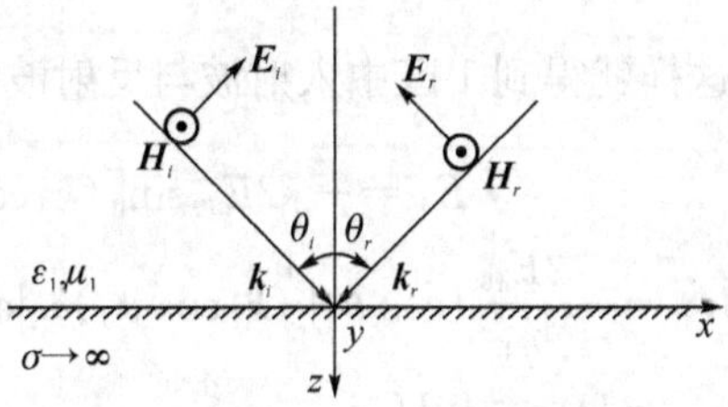

图 6.21　平行极化波

1）垂直极化波的斜入射

在图 6.20 中，入射面(y=0)上，1 区的入射波传播矢量为

$$\boldsymbol{k}_i=\sin\theta_i\boldsymbol{e}_x+\cos\theta_i\boldsymbol{e}_z$$

式中，θ_i 是入射角。入射波电场强度矢量和磁场强度矢量为

$$\boldsymbol{E}_i=E_{i0}e^{-jk_1\boldsymbol{k}_i\cdot\boldsymbol{r}}\boldsymbol{e}_y=E_{i0}e^{-jk_1(x\sin\theta_i+z\cos\theta_i)}\boldsymbol{e}_y \tag{6.149}$$

$$\begin{aligned}\boldsymbol{H}_i&=\frac{1}{\eta_1}\boldsymbol{k}_i\times\boldsymbol{E}_i=\frac{1}{\eta_1}\boldsymbol{k}_i\times E_{i0}e^{-jk_1\boldsymbol{k}_i\cdot\boldsymbol{r}}\boldsymbol{e}_y\\&=(-\cos\theta_i\boldsymbol{e}_x+\sin\theta_i\boldsymbol{e}_z)\frac{E_{i0}e^{-jk_1(x\sin\theta_i+z\cos\theta_i)}}{\eta_1}\end{aligned} \tag{6.150}$$

1 区的反射波传播矢量为

$$\boldsymbol{k}_r=\sin\theta_r\boldsymbol{e}_x-\cos\theta_r\boldsymbol{e}_z$$

式中，θ_r 是反射角。反射波电场强度矢量和磁场强度矢量为

$$\boldsymbol{E}_r=E_{r0}e^{-jk_1\boldsymbol{k}_r\cdot\boldsymbol{r}}\boldsymbol{e}_y=E_{r0}e^{-jk_1(x\sin\theta_r-z\cos\theta_r)}\boldsymbol{e}_y \tag{6.151}$$

$$\begin{aligned}\boldsymbol{H}_r&=\frac{1}{\eta_1}\boldsymbol{k}_r\times\boldsymbol{E}_r=\frac{1}{\eta_{1kr}}\boldsymbol{k}_r\times\boldsymbol{e}_yE_{i0}e^{-jk_1\boldsymbol{k}_r\cdot\boldsymbol{r}}\\&=(\cos\theta_r\boldsymbol{e}_x+\sin\theta_r\boldsymbol{e}_z)\frac{E_{r0}e^{-jk_1(x\sin\theta_r-z\cos\theta_r)}}{\eta_1}\end{aligned} \tag{6.152}$$

由于 2 区为理想导体，其内部无电磁场。由边界条件知，理想导体表面切向电场为

零，则由式(6.149)和(6.151)得

$$E_{i0}e^{-jk_1x\sin\theta_i}+E_{r0}e^{-jk_1x\sin\theta_r}=0$$

欲使上式成立，必须两个项的相位因子相等，所以

$$\theta_i=\theta_r=\theta_1$$

即入射角等于反射角。另外还有

$$E_{r0}=-E_{i0}$$

这样就得到1区中入射波与反射波的合成电场强度矢量和磁场强度矢量为

$$\boldsymbol{E}_1=-j2E_{i0}\sin[(k_1\cos\theta_1)z]e^{-j(k_1\sin\theta_1)x}\boldsymbol{e}_y=E_y\boldsymbol{e}_y \tag{6.153}$$

$$\begin{aligned}\boldsymbol{H}_1&=-\frac{2E_{i0}}{\eta_1}\{\cos\theta_1[(k_1\cos\theta_1)z]\boldsymbol{e}_x+j\sin\theta_1\sin[(k_1\cos\theta_1)z]\boldsymbol{e}_z\}e^{-jk_1\sin\theta_1x}\\&=H_x\boldsymbol{e}_x+H_z\boldsymbol{e}_z\end{aligned} \tag{6.154}$$

可见媒质1中的合成电磁波具有下列性质：

(1) 合成电磁波沿传播方向 $\boldsymbol{e}_x$ 有磁场分量，因此这种波不是横电磁波(TEM波)。由于其电场仍只有横向(垂直于传播方向)分量，所以称为横电波，记为TE波或H波。其相速为

$$v_x=\frac{\omega}{k_1\sin\theta_1}=\frac{v_1}{\sin\theta_1}\geqslant v_1$$

式中，$v_1=\frac{1}{\sqrt{\mu_1\varepsilon_1}}$是媒质1中的光速。所以合成波的相速将大于光速。因为在图6.22中当入射平面波沿其传播方向以速度 v_1 前进了距离 λ_1 时，从 x 方向观察，同相位点前进的距离是$\frac{\lambda_1}{\sin\theta_1}$，前进的速度为$\frac{v_1}{\sin\theta_1}$。可见，它是大于光速的。但这个速度不是能量传播速度，能速仍小于光速。由于其相速大于光速，所以称这种波为“快波”。

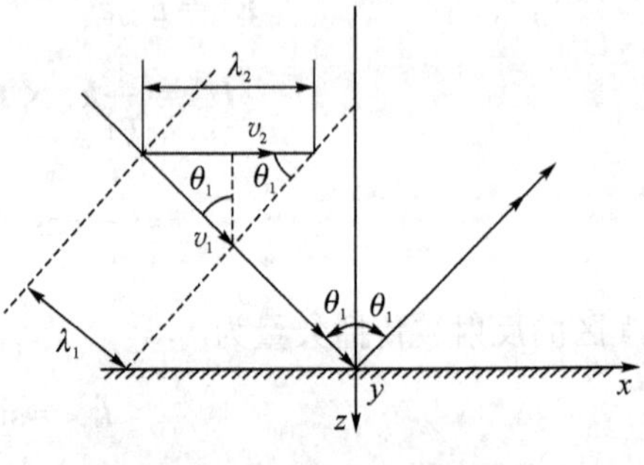

图6.22　合成场的相速

(2) 合成电磁波的振幅与 z 有关，所以为非均匀平面电磁波，即合成电磁波沿 z 方向的分布是驻波。电场强度的波节点位置离分界面($z=0$)的距离为

$$z=-\frac{n}{2}\frac{\lambda_1}{\cos\theta_1}\ (n=0,1,2,\cdots)$$

合成电磁波电场在波节点处为零，因此在该处放置一理想导电平板并不会破坏原来的

场分布。这表明，在两块平行导体板间可以传播 TE 波。这时的 TE 波可以看成是入射平面波在两块平行导体板间来回反射而形成的。平行板结构起了引导电磁波沿其表面方向传播的作用，称为平行板波导。这样传播的电磁波称为导行电磁波，简称导波。假如再放置两块平行导体板垂直于 y 轴，由于电场 E_y 与该表面相垂直，因而仍不会破坏场的边界条件。这样在这四块板所形成的矩形截面空间中也可传播 TE 波。这一导波结构就是微波波段的一种常用传输线，即矩形波导。

(3) 由式(6.153)和式(6.154)可知，坡印廷矢量有 x、z 两个分量，它们的时间平均值为

$$\boldsymbol{S}_{av,z}=\mathrm{Re}\left[\frac{1}{2}E_y\boldsymbol{e}_y\times H_x^*\boldsymbol{e}_x\right]=-\boldsymbol{e}_z0=0$$

$$\boldsymbol{S}_{av,x}=\mathrm{Re}\left[\frac{1}{2}E_y\boldsymbol{e}_y\times H_z^*\boldsymbol{e}_z\right]=\frac{2|E_{i0}|^2}{\eta_1}\sin\theta_1\sin^2[(k_1\cos\theta_1)z]\boldsymbol{e}_x$$

可见，合成波沿 x 方向有实功率流，而在 z 方向只有虚功率。由上式可求得能量传播的速度为

$$v_e=v_1\sin\theta_1$$

即能量沿 x 方向的传播速度是 v_1 沿 x 轴的分量，所以相速大于光速时其能速总是小于光速的。

2) 平行极化波的斜入射

若 $\boldsymbol{E}_i$ 平行于入射面斜入射到理想导体表面，类似于上面垂直极化的分析，可以知道媒质 1 中合成电磁波是沿 x 方向传播的，它在传播方向 $\boldsymbol{e}_x$ 上有电场分量 E_x，但磁场仍只有横向分量 H_y，故称为横磁波，记为 TM 波或 E 波。如果在 $z=-\frac{n}{2}\frac{\lambda_1}{\cos\theta_1}$ ($n=0,1,2,\cdots$)处放置一无限大理想导体板，由于此处 $E_x=0$，它不会破坏原来场的分布。这说明，在两平行板波导间可以传播 TM 波。同理，在矩形波导中也可传播 TM 波。因此在空心波导中既可传输 TE 波，也可传输 TM 波，它们都是非均匀平面波。垂直理想导体表面的 z 方向合成电磁波仍然是驻波。

例 6.10 设平行极化的均匀平面波以入射角 θ_i 从空气向无限大理想导体平面斜入射，已知导体平面处入射波的电场振幅为 E_{i0}，初相角为零、角频率为 ω，试求导体表面上的面电流密度和空气媒质中的平均功率流密度。

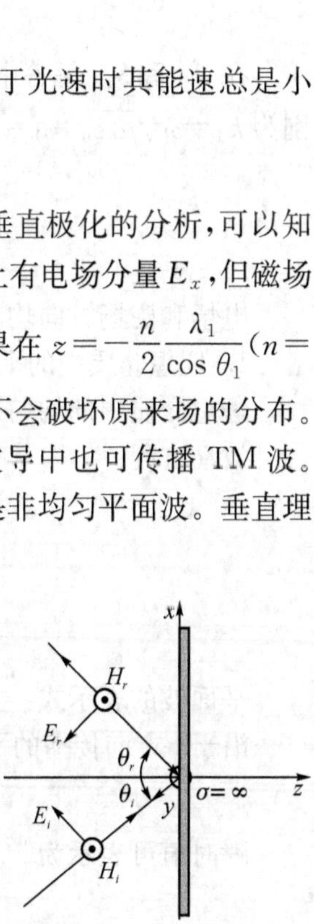

图 6.23 (例 6.10 图)

解 取定直角坐标系，使 $z=0$ 坐标面与导体平面相重合，y 轴与磁场方向平行，如图所示。

有

$$\dot{\boldsymbol{H}}_1=\frac{2\dot{E}_{i0}}{\eta_1}\cos(k_1z\cos\theta_i)e^{-jk_1x\sin\theta_i}\boldsymbol{e}_y$$

依边界条件，理想导体表面($z=0$)上的面电流密度为

$$\boldsymbol{J}_s = e_n \times \dot{\boldsymbol{H}}_1 \big|_{z=0} = -\boldsymbol{e}_z \times \boldsymbol{e}_y \dot{\boldsymbol{H}}_{1y} \big|_{z=0}$$

得出

$$\dot{\boldsymbol{J}}_s = \boldsymbol{e}_x \frac{2\dot{E}_{i0}}{\eta_1} e^{-jk_1 x \sin\theta_i}$$

在空气媒质中的平均功率流密度为

$$\begin{aligned} \boldsymbol{S}_{av} &= \frac{1}{2}\mathrm{Re}(\dot{\boldsymbol{E}} \times \dot{\boldsymbol{H}}^*) \\ &= \frac{1}{2}\mathrm{Re}[(\dot{E}_{1x}\boldsymbol{e}_x + \dot{E}_{1z}\boldsymbol{e}_z) \times \boldsymbol{e}_y \dot{\boldsymbol{H}}_{1y}^*] \\ &= \left(-\frac{1}{2}\dot{E}_{1z}\dot{\boldsymbol{H}}_{1y}^*\right)\boldsymbol{e}_x \end{aligned}$$

得出

$$\boldsymbol{S}_{av} = 2\frac{|E_{i0}|^2}{\eta_1}\sin\theta_i \cos^2(k_1 z\cos\theta_i)\boldsymbol{e}_x$$

在 $\dot{\boldsymbol{J}}_s$ 和 $\boldsymbol{S}_{av}$ 解答中，k_1 和 η_1 分别表示波在空气媒质中的波数和波阻抗，它们分别为 $k_1=\omega\sqrt{\mu_0\varepsilon_0}$，$\eta_1=\sqrt{\mu_0/\varepsilon_0}$。

本章提要

电场和磁场方向均和传播方向垂直，称为 TEM 波。

1. 理想介质中的平面波

理想介质中的均匀平面波是 TEM 波。

波动方程：

$$\nabla^2 E_x - \mu\varepsilon\frac{\partial^2 E_x}{\partial t^2} = 0$$

$$\nabla^2 H_y - \mu\varepsilon\frac{\partial^2 H_y}{\partial t^2} = 0$$

平面波的表示式：

沿$+z$ 方向传播的平面波的电场表示式为

$$E_x(z) = E_0 e^{-jkz}$$

瞬时值可表示为

$$E_x(z,t) = E_0\cos(\omega t - kz)$$

其中 $k=\frac{2\pi}{\lambda}$、$f=\frac{1}{T}=\frac{\omega}{2\pi}$、$v_p=\frac{1}{\sqrt{\mu\varepsilon}}$

$\boldsymbol{H}$ 的表示式为

$$H_y(z)=\frac{1}{\eta}E_x e^{-jkz}$$

$$\eta=\sqrt{\frac{\mu}{\varepsilon}}$$

复坡印廷矢量为

$$\boldsymbol{S}=\frac{1}{2}\boldsymbol{E}\times\boldsymbol{H}^*$$

坡印廷矢量的时间平均值为

$$\boldsymbol{S}_{av}=\mathrm{Re}[\boldsymbol{S}]$$

电场能量密度瞬时值为

$$w_e(t)=\frac{1}{2}\varepsilon E^2(t)=\frac{1}{2}\varepsilon E_0^2\cos^2(\omega t-kz+\phi_0)$$

磁场能量密度瞬时值为

$$w_m(t)=\frac{1}{2}\mu H^2(t)=\frac{1}{2}\mu H_0^2\cos^2(\omega t-kz+\phi_0)=w_e(t)$$

2. 导电媒质中的平面波

波动方程：

$$\nabla^2 E_x+k_c^2\frac{\partial^2 E_x}{\partial t^2}=0$$

$$\nabla^2 H_y+k_c^2\frac{\partial^2 H_y}{\partial t^2}=0$$

沿$+z$ 方向传播的平面波的电场表示式：

$$E_x(z)=E_0 e^{-jk_c z}$$

其中 $k_c=\beta\quad j\alpha$，β 相位常数，α 衰减常数。

瞬时值可表示为

$$E_x(z,t)=E_0 e^{-\alpha z}\cos(\omega t-\beta z)$$

$$H_x(z,t)=\frac{E_0}{|\eta_c|}e^{-\alpha z}\cos(\omega t-\beta z-\theta)$$

高频电磁场只能存在于良导体表面的一个薄层内，称为趋肤效应，用穿透深度 δ 表示。

$$\delta=\frac{1}{\alpha}=\sqrt{\frac{2}{\omega\mu\sigma}}$$

3. 色散和群速

电磁波的相速随频率的变化而变化的现象为色散。电磁波包络上一个点的传播速度为群速。

$$v_g = \frac{d\omega}{d\beta}$$

4. 电磁波的极化

对于电磁波

$$E_x = E_{xm}\cos(\omega t - kz - \phi_x)$$
$$E_y = E_{ym}\cos(\omega t - kz - \phi_y)$$

满足

(1) $\phi_x = \phi_y$ 时，线极化

(2) $E_{xm} = E_{ym}$，$\phi_x - \phi_y = \pm\frac{\pi}{2}$圆极化波

(3) E_x 和 E_y 的振幅和相位都不相等，椭圆极化

两个旋向相反、振幅相等的圆极化波可合成一个线极化波；反之亦成立。线极化、圆极化都是椭圆极化的特例。

5. 均匀平面波对理想导体的垂直入射

均匀平面波垂直入射到理想导体表面反射后的合成波是驻波。电场零值发生于 $z = -\frac{n}{2}\lambda_1$，其中 $n=1,2,\cdots$，称为电场波节点。电场最大值发生于 $z = -\frac{2n+1}{4}\lambda_1$，其中 $n=1,2,\cdots$，称为电场波腹点。其波腹点处电场振幅总是最大为 $2E_{i0}$，而波节点处电场总是零。电场波腹点和波节点都每隔 $\lambda_1/4$ 交替出现。两个相邻波节点之间距离为 $\lambda_1/2$。

同样地，磁场振幅也随 z 呈行驻波的周期性变化，只是磁场波腹点对应于电场波节点，而磁场波节点对应于电场波腹点，驻波不传输能量。

6. 均匀平面波对理想介质的垂直入射

$$\Gamma = \frac{E_{r0}}{E_{i0}} = \frac{\eta_2 - \eta_1}{\eta_2 + \eta_1}$$

$$T = \frac{E_{t0}}{E_{i0}} = \frac{2\eta_2}{\eta_2 + \eta_1}$$

$$\rho = \frac{E_{\max}}{E_{\min}} = \frac{1+|\Gamma|}{1-|\Gamma|}$$

电场波腹点位置

$$z = -\frac{(2n+1)\lambda_1}{4} \quad (n=0,1,\cdots)$$

电场波节点位置

$$z=-\frac{n\lambda_1}{2}\ (n=0,1,\cdots)$$

在电场波节点处，反射波和入射波的电场反相，因而合成场为最小值(不为零)；而在电场波腹点处，二者同相，从而形成最大值(达不到 $2E_{i0}$)。这时既有驻波成份，又有行波成份，故称之为行驻波。同样地，磁场振幅也随 z 呈行驻波的周期性变化，只是磁场波腹点对应于电场波节点，而磁场波节点对应于电场波腹点。

7. 均匀平面波对理想介质的斜入射

Snell 折射定律

$$\frac{\sin\theta_i}{\sin\theta_t}=\frac{k_2}{k_1}=\frac{\sqrt{\mu_2\varepsilon_2}}{\sqrt{\mu_1\varepsilon_1}}=\frac{n_2}{n_1}$$

斜入射的均匀平面波可分解为两个线极化波，一个平行极化波，另一个垂直极化波。

$$\Gamma_{/\!/}=\frac{E_{r0}}{E_{i0}}=\frac{\eta_1\cos\theta_i-\eta_2\cos\theta_t}{\eta_1\cos\theta_i+\eta_2\cos\theta_t}$$

$$T_{/\!/}=\frac{E_{t0}}{E_{i0}}=\frac{2\eta_2\cos\theta_i}{\eta_1\cos\theta_i+\eta_2\cos\theta_t}$$

$$\Gamma_{\perp}=\frac{E_{r0}}{E_{i0}}=\frac{\eta_2\cos\theta_i-\eta_1\cos\theta_t}{\eta_2\cos\theta_i+\eta_1\cos\theta_t}$$

$$T_{\perp}=\frac{E_{t0}}{E_{i0}}=\frac{2\eta_2\cos\theta_i}{\eta_2\cos\theta_i+\eta_1\cos\theta_t}$$

平行极化波无反射时满足布儒斯特角

$$\theta_B=\arcsin\sqrt{\frac{\varepsilon_2}{\varepsilon_1+\varepsilon_2}}$$

全反射时满足临界角

$$\theta_c=\arcsin\sqrt{\frac{\varepsilon_2}{\varepsilon_1}}$$

8. 均匀平面波对理想导体的斜入射

均匀平面波斜入射到理想导体表面后，合成波沿界面传播非 TEM 波。垂直极化波合成电磁波沿传播方向传播 TE 波，平行极化波合成电磁波沿传播方向传播 TM 波。

思 考 题

6.1　什么是均匀平面波？什么是 TEM 波？平面波的频率、波长、传播常数、相速是如何定义的？它们分别与哪些因素有关？

6.2　什么是波阻抗?

6.3　比较理想介质与导电介质中平面波的传播特性。

6.4　什么是良导体? 它与理想导体有何不同?

6.5　透入深度的定义是什么? 它与哪些因素有关?

6.6　什么是等离子体?

6.7　电磁波的相速是如何定义的? 自由空间中相速为多少?

6.8　什么是波的色散? 色散对信号传输有什么影响?

6.9　在理想介质中,均匀平面波的相速是否与频率有关?

6.10　在导电媒质中,均匀平面波的相速是否与频率有关?

6.11　什么是群速? 它与相速有何不同?

6.12　什么是平面波的极化特性? 什么是线极化、圆极化与椭圆极化? 它们之间的关系怎样?

6.13　什么是反射系数与透射系数?

6.14　什么是行波、驻波? 有什么特点?

6.15　什么是无反射、全反射? 满足什么条件时会发生上述现象?

6.16　均匀平面波斜入射到理想导体表面上经反射后合成波有什么特点?

6.17　什么是平行极化? 什么是垂直极化?

6.18　行驻波有什么特点? 什么是驻波比?

6.19　电场驻波与磁场驻波有什么区别?

6.20　垂直极化和平行极化平面波入射到理想导体表面上经反射后的合成波有什么区别?

6.21　什么是相位匹配条件?

6.22　圆极化波以布儒斯特角入射到两种非磁性媒质分界面上时,其反射波和透射波分别是什么极化波?

习　题

6.1　在无界理想介质中,均匀平面波的电场强度为

$$\boldsymbol{E}=E_0\cos(2\pi\times10^8 t-2\pi z)\boldsymbol{e}_x\ (\mathrm{V/m})$$

已知介质的 $\mu_r=1$,求其 ε_r,并写出 $\boldsymbol{H}$ 的表达式。

6.2　无界自由空间传播的电磁波,其电场强度复矢量为

$$\dot{\boldsymbol{E}}=(2\boldsymbol{e}_x-3\boldsymbol{e}_y)e^{j(\frac{\pi}{4}-kz)}\ (\mathrm{V/m})$$

写出磁场强度的复矢量以及平均功率流密度。

6.3　在无界理想介质($\varepsilon_r=5,\mu_r=1$)中传播均匀平面波。已知其磁场强度复矢

量为

$$\dot{\boldsymbol{H}}=0.5e^{-j2\pi(3x+4y)}\boldsymbol{e}_z\,(\text{A/m})$$

试求该平面波的传播方向、电场强度 $\boldsymbol{E}$ 及其坡印廷矢量的平均值，并写出电磁场的瞬时表达式。

6.4　试证明任意的圆极化波的瞬时坡印廷矢量的值是个常数。

6.5　试证明任何的椭圆极化波均可分解为两个旋转方向相反的圆极化波。

6.6　下列表达式中的平面波各是什么极化波？如果是圆或椭圆极化波，判断是左旋还是右旋？

(1) $\boldsymbol{E}=E_0\sin(\omega t-kz)\boldsymbol{e}_x+E_0\cos(\omega t-kz)\boldsymbol{e}_y$；

(2) $\boldsymbol{E}=E_0\sin(\omega t-kz)\boldsymbol{e}_x+2E_0\sin(\omega t-kz)\boldsymbol{e}_y$；

(3) $\boldsymbol{E}=E_0\sin\left(\omega t-kz+\dfrac{\pi}{4}\right)\boldsymbol{e}_x+E_0\cos\left(\omega t-kz-\dfrac{\pi}{4}\right)\boldsymbol{e}_y$；

(4) $\boldsymbol{E}=E_0\sin\left(\omega t-kz-\dfrac{\pi}{4}\right)\boldsymbol{e}_x+E_0\cos(\omega t-kz)\boldsymbol{e}_y$。

6.7　已知自由空间中传播的电磁波的电场强度为

$$\boldsymbol{E}=37.7\cos(6\pi\times10^8t+2\pi z)\boldsymbol{e}_y\,(\text{V/m})。$$

试问：该波是否属于均匀平面波？并求该电磁波的频率、波长、相速、相位常数、传播方向和$\boldsymbol{H}$ 的大小和方向。

6.8　平面波从空气向理想介质($\varepsilon_r\neq1,\mu_r=1$)垂直入射，在分界面上 $E_0=10$ (V/m)，$H_0=0.226$ (A/m)。(1) 求第二媒质的 ε_r；(2) 求 $E_{i0}, H_{i0}, E_{r0}, H_{r0}, E_{t0}, H_{t0}$。

6.9　有一频率为 100 MHz、沿 y 方向极化的均匀平面波从空气($x<0$ 区域)中垂直入射到位于 $x=0$ 的理想导体板上。设入射波电场 $\boldsymbol{E}_i$ 的振幅为 10 (V/m)，试求：(1) 入射波电场 $\boldsymbol{E}_i$ 和磁场 $\boldsymbol{H}_i$ 的复矢量；(2) 反射波电场 $\boldsymbol{E}_r$ 和磁场 $\boldsymbol{H}_r$ 的复矢量；(3) 合成波电场 $\boldsymbol{E}_1$ 和磁场 $\boldsymbol{H}_1$ 的复矢量；(4) 距离导体平面最近的合成波电场 $\boldsymbol{E}_1$ 为零的位置；(5) 距离导体平面最近的合成波磁场 $\boldsymbol{H}_1$ 为零的位置。

6.10　有一均匀平面波在 $\mu=\mu_0$、$\varepsilon=4\varepsilon_0$、$\sigma=0$ 的媒质中传播，其电场强度 $E=E_m\sin\left(\omega t-kz+\dfrac{\pi}{3}\right)$。若已知平面波的频率 $f=150$ (MHz)，平均功率密度为 0.265 ($\mu\text{W/m}^2$)。试求：(1) 电磁波的波数、相速、波长和波阻抗；(2) $t=0$、$z=0$ 时的电场 $E(0,0)$值；(3) 经过 $t=0.1\ \mu$s 后，电场 $E(0,0)$值出现在什么位置？

6.11　在自由空间传播的均匀平面波的电场强度复矢量为

$$\boldsymbol{E}=10^{-4}e^{-j20\pi z}\boldsymbol{e}_x+10^{-4}e^{-j\left(20\pi z-\frac{\pi}{2}\right)}\boldsymbol{e}_y\,(\text{V/m})$$

试求：(1) 平面波的传播方向和频率；(2) 波的极化方式；(3) 磁场强度 $\boldsymbol{H}$；(4) 流过与传播方向垂直的单位面积的平均功率。

6.12 在空气中，一均匀平面波的波长为 12 cm，当该波进入某无损耗媒质中传播时，其波长减小为 8 cm，且已知在媒质中的 $\boldsymbol{E}$ 和 $\boldsymbol{H}$ 的振幅分别为 50 (V/m) 和 0.1 (A/m)。求该平面波的频率和媒质的相对磁导率和相对介电常数。

6.13 均匀平面波的磁场强度 $\boldsymbol{H}$ 的振幅为 $\frac{1}{3\pi}$ (A/m)，在自由空间沿 $-\boldsymbol{e}_z$ 方向传播，其相位常数 $\beta=30$ (rad/m)。当 $t=0$、$z=0$ 时，$\boldsymbol{H}$ 在 $-\boldsymbol{e}_y$ 方向。(1) 写出 $\boldsymbol{E}$ 和 $\boldsymbol{H}$ 的表达式；(2) 求频率和波长。

6.14 已知在自由空间传播的均匀平面波的磁场强度为

$$\boldsymbol{H}(z,t)=(\boldsymbol{e}_x+\boldsymbol{e}_y)\times 0.8\cos(6\pi\times 10^8 t-2\pi z)\ (\text{A/m})$$

(1) 求该均匀平面波的频率、波长、相位常数和相速；(2) 求与 $\boldsymbol{H}(z,t)$ 相伴的电场强度 $\boldsymbol{E}(z,t)$；(3) 计算瞬时坡印廷矢量。

6.15 频率为 100 MHz 的正弦均匀平面波，沿 $\boldsymbol{e}_z$ 方向传播，在自由空间点 $P(4,-2,6)$ 的电场强度为 $\boldsymbol{E}=100\boldsymbol{e}_x-70\boldsymbol{e}_y$ (V/m)，求 (1) $t=0$，P 点的 $|\boldsymbol{E}|$；(2) $t=1$ ns 时，P 点的 $|\boldsymbol{E}|$；(3) $t=2$ ns 时，点 $Q(3,5,8)$ 的 $|\boldsymbol{E}|$。

6.16 有一频率为 100 MHz、沿 y 方向极化的均匀平面波从空气（$x<0$ 区域）中垂直入射到位于 $x=0$ 的理想导体板上。设入射波电场 $\boldsymbol{E}_i$ 的振幅为 10 (V/m)，试求：(1) 入射波电场 $\boldsymbol{E}_i$ 和磁场 $\boldsymbol{H}_i$ 的复矢量；(2) 反射波电场 $\boldsymbol{E}_r$ 和磁场 $\boldsymbol{H}_r$ 的复矢量；(3) 合成波电场 $\boldsymbol{E}_1$ 和磁场 $\boldsymbol{H}_1$ 的复矢量；(4) 距离导体平面最近的合成波电场 $\boldsymbol{E}_1$ 为零的位置；(5) 距离导体平面最近的合成波电场 $\boldsymbol{H}_1$ 为零的位置。

6.17 均匀平面波的电场振幅为 $E_{im}=100$ (V/m)，从空气中垂直入射到无损耗媒质平面上（媒质的 $\sigma_2=0$、$\varepsilon_{r2}=4$、$\mu_{r2}=1$），求反射波与透射波的振幅。

6.18 均匀平面波从媒质 1 入射到与媒质 2 的平面分界面上，已知 $\sigma_1=\sigma_2=0$、$\mu_1=\mu_2=\mu_0$。求使入射波功率的 10% 被反射时的 $\frac{\varepsilon_{r2}}{\varepsilon_{r1}}$ 的值。

6.19 已知 $z<0$ 的区域中媒质 1 的 $\sigma_1=0$、$\varepsilon_{r1}=4$、$\mu_{r1}=1$，$z>0$ 区域中媒质 2 的 $\sigma_2=0$、$\varepsilon_{r2}=10$、$\mu_{r2}=4$，角频率 $\omega=5\times 10^8$ (rad/s) 的均匀平面波从媒质 1 垂直入射到分界面上。设入射波是沿 x 轴方向的线极化波，在 $t=0$、$z=0$ 时入射波电场振幅为 2.4 (V/m)。试求：(1) β_1 和 β_2；(2) 反射系数 Γ；(3) 媒质 1 的电场 $\boldsymbol{E}_1(z,t)$；(4) 媒质 2 的电场 $\boldsymbol{E}_2(z,t)$；(5) $t=5$ ns 时，媒质 1 中的磁场 $\boldsymbol{H}_1(-1,t)$ 的值。

6.20 均匀平面波垂直入射到两种无损耗电介质分界面上，当反射系数与透射系数的大小相等时，其驻波比等于多少？

6.21 均匀平面波从空气中垂直入射到理想电介质（$\varepsilon=\varepsilon_r\varepsilon_0$、$\mu_r=1$、$\sigma=0$）表面上。测得空气中驻波比为 2，电场振幅最大值相距 1.0 m，且第一个最大值距离介质表面 0.5 m。试确定电介质的介电常数 ε_r。

6.22 $z<0$ 为自由空间，$z>0$ 的区域中为导电媒质，其中 $\varepsilon=20$ (pF/m)、

$\mu=5$ (μH/m)及 $\sigma=0.004$ (S/m)。均匀平面波垂直入射到分界面上，$E_{ix}=100e^{-\alpha_1 z}\cos(10^8 t-\beta_1 z)$(V/m)。试求：(1) α_1 和 β_1；(2) 分界面上的反射系数 Γ；(3) 反射波电场 E_{rx}；(4) 透射波电场 E_{tx}。

6.23 均匀平面波从空气中垂直入射到厚度为 $d_2=\frac{\lambda_2}{8}$ 的聚丙烯($\varepsilon_{r2}=2.25$、$\mu_{r2}=1$、$\sigma_2=0$)平板上。(1) 计算入射波能量被反射的百分比；(2) 计算空气中的驻波比。

6.24 均匀平面波从空气中以30°的入射角进入折射率为 $n_2=2$ 的玻璃中，试分别就下列两种情况计算入射波能量被反射的百分比：(1) 入射波为垂直极化波；(2) 入射波为平行极化波。

6.25 垂直极化的均匀平面波从水下以入射角 $\theta_i=20°$ 投射到水与空气的分界面上，已知淡水的 $\varepsilon_r=81$、$\mu_r=1$、$\sigma=0$。试求：(1) 临界角；(2) 反射系数与透射系数；(3) 波在空气中传播一个波长的距离的衰减量(以 dB 表示)

6.26 频率 $f=300$ kHz 的均匀平面波从媒质 1($\mu_1=\mu_0$、$\varepsilon_1=4\varepsilon_0$、$\sigma_1=0$)斜入射到媒质 2($\mu_2=\mu_0$、$\varepsilon_2=\varepsilon_0$、$\sigma_2=0$)。(1) 若入射波是垂直极化波，入射角 $\theta_i=60°$，试问在空气中的透射波的传播方向如何？相速是多少？(2) 若入射波是圆极化波，且入射角 $\theta_i=60°$，试问反射波是什么极化波？

6.27 一垂直极化波从水中以45°角入射到水和空气的分界面上，设水的参数为：$\mu=\mu_0$、$\varepsilon=81$、$\sigma=0$。若 $t=0$、$z=0$ 时，入射波电场 $E_{im}=1$ (V/m)，试求空气中的电场值：(1) 在分界面上；(2) 离分界面 $\frac{\lambda}{4}$ 处。

6.28 有一正弦均匀平面波由空气斜入射到位于 $z=0$ 的理想导体平面上，其电场强度的复数形式为 $\boldsymbol{E}_i(x,z)=10e^{-j(6x+8z)}\boldsymbol{e}_y$ (V/m)，试求：(1) 入射波的频率 f 与波长 λ；(2) $\boldsymbol{E}_i(x,z,t)$ 和 $\boldsymbol{H}_i(x,z,t)$ 的瞬时表示式；(3) 入射角 θ_i；(4) 反射波的 $\boldsymbol{E}_r(x,z)$ 和 $\boldsymbol{H}_r(x,z)$；(5) 总场的 $\boldsymbol{E}_1(x,z)$ 和 $\boldsymbol{H}_1(x,z)$。

7 导行电磁波

前面我们讨论了电磁波在无界空间中的传播特性。本章我们将讨论电磁波在有界空间的传播——导波系统中的电磁波。

在不同的导波装置中可以传播不同模式的电磁波，这是求解满足特定边界条件的波动方程得到的。根据这些分析，首先讨论电磁波沿均匀导波系统传播的一般特性，然后着重讨论常见导波系统——矩形波导，分析电磁波在其中的传播模式及传播特性，得出波导中纵向场分布与横向场的关系，最后介绍波导的耦合和激励方法以及传输线的基本特性和工作状态。

7.1 导波的基本原理

对由均匀填充介质的金属波导管组成的规则金属波导，一般采用场分析法。

1) 规则金属管内电磁波

对由均匀填充介质的金属波导管建立坐标系，设 z 轴与波导的轴线相重合。由于波导的边界和尺寸沿轴向不变，故称为规则金属波导。为了简化起见，我们作如下假设：

(1) 波导管内填充的介质是均匀、线性、各向同性的；

(2) 波导管内无自由电荷和传导电流的存在；

(3) 波导管内的场是时谐场。

由电磁场理论，对无源自由空间电场 $\boldsymbol{E}$ 和磁场 $\boldsymbol{H}$ 满足以下矢量亥姆霍茨(波动)方程

$$\left.\begin{aligned}\nabla^2\boldsymbol{E}+k^2\boldsymbol{E}=0\\ \nabla^2\boldsymbol{H}+k^2\boldsymbol{H}=0\end{aligned}\right\}\tag{7.1}$$

式中 $k^2=\omega^2\mu\varepsilon$。

现将电场和磁场分解为横向分量和纵向分量，即

$$\left.\begin{aligned}\boldsymbol{E}&=\boldsymbol{E}_t+\boldsymbol{e}_zE_z\\ \boldsymbol{H}&=\boldsymbol{H}_t+\boldsymbol{e}_zH_z\end{aligned}\right\} \tag{7.2}$$

式中，$\boldsymbol{e}_z$ 为 z 向单位矢量，t 表示横向坐标，可以代表直角坐标中的(x,y)，也可代表圆柱坐标中的(ρ,φ)。为方便起见，下面以直角坐标为例讨论，将式(7.2)代入式(7.1)，整理后可得

$$\left.\begin{aligned}\nabla^2E_z+k^2E_z&=0\\ \nabla^2\boldsymbol{E}_t+k^2\boldsymbol{E}_t&=0\\ \nabla^2H_z+k^2H_z&=0\\ \nabla^2\boldsymbol{H}_t+k^2\boldsymbol{H}_t&=0\end{aligned}\right\} \tag{7.3}$$

下面以电场为例来讨论纵向场应满足的解的形式。

设∇_t^2为二维拉普拉斯算子，则有

$$\nabla^2=\nabla_t^2+\frac{\partial^2}{\partial z^2} \tag{7.4}$$

利用分离变量法，令

$$E_z(x,y,z)=E_z(x,y)Z(z) \tag{7.5}$$

代入式(7.3)，并整理得

$$-\frac{(\nabla_t^2+k^2)E_z(x,y)}{E_z(x,y)}=\frac{\dfrac{\mathrm{d}^2}{\mathrm{d}z^2}Z(z)}{Z(z)} \tag{7.6}$$

式中左边是横向坐标(x,y)的函数，与 z 无关；而右边是 z 的函数，与(x,y)无关。只有两者均为一常数，上式才能成立，设该常数为γ^2，则有

$$\left.\begin{aligned}\nabla_t^2E_z(x,y)+(k^2+\gamma^2)E_z(x,y)&=0\\ \frac{\mathrm{d}^2}{\mathrm{d}z^2}Z(z)-\gamma^2Z(z)&=0\end{aligned}\right\} \tag{7.7}$$

上式中的第二式其通解为

$$Z(z)=A_+e^{-\gamma z}+A_-e^{\gamma z} \tag{7.8}$$

由前面假设，规则金属波导为无限长，没有反射波，故 $A_-=0$，即纵向电场的纵向分量应满足的解的形式为

$$Z(z)=A_+e^{-\gamma z} \tag{7.9}$$

A_+为待定常数，对无损耗波导$\gamma=j\beta$，而β为相移常数。

现设 $E_{oz}(x,y)=A_+E_z(x,y)$，则纵向电场可表达为

$$E_z(x,y,z)=E_{oz}(x,y)e^{-j\beta z} \tag{7.10}$$

同理，纵向磁场也可表达为

$$H_z(x,y,z)=H_{oz}(x,y)e^{-j\beta z} \tag{7.11}$$

而 $E_{oz}(x,y)$，$H_{oz}(x,y)$满足以下方程

$$\left.\begin{aligned}\nabla_t^2E_{oz}(x,y)+k_c^2E_{oz}(x,y)=0\\ \nabla_t^2H_{oz}(x,y)+k_c^2H_{oz}(x,y)=0\end{aligned}\right\} \tag{7.12}$$

式中，$k_c^2=k^2-\beta^2$ 为传输系统的本征值。

由麦克斯韦方程，无源区电场和磁场应满足的方程为

$$\left.\begin{aligned}\nabla\times\boldsymbol{H}=j\omega\varepsilon\boldsymbol{E}\\ \nabla\times\boldsymbol{E}=-j\omega\mu\boldsymbol{H}\end{aligned}\right\} \tag{7.13}$$

将它们用直角坐标展开，可得

$$\left.\begin{aligned}E_x&=-\frac{j}{k_c^2}\left(\omega\mu\frac{\partial H_z}{\partial y}+\beta\frac{\partial E_z}{\partial x}\right)\\ E_y&=\frac{j}{k_c^2}\left(\omega\mu\frac{\partial H_z}{\partial x}-\beta\frac{\partial E_z}{\partial y}\right)\\ H_x&=\frac{j}{k_c^2}\left(-\beta\frac{\partial H_z}{\partial x}+\omega\varepsilon\frac{\partial E_z}{\partial y}\right)\\ H_y&=-\frac{j}{k_c^2}\left(\beta\frac{\partial H_z}{\partial y}+\omega\varepsilon\frac{\partial E_z}{\partial x}\right)\end{aligned}\right\} \tag{7.14}$$

从以上分析可得以下结论：

(1) 在规则波导中场的纵向分量满足标量齐次波动方程，结合相应边界条件即可求得纵向分量 E_z 和 H_z，而场的横向分量即可由纵向分量求得；

(2) 既满足上述方程又满足边界条件的解有许多，每一个解对应一个波型也称为模式，不同的模式具有不同的传输特性；

(3) k_c 是微分方程(7.12)在特定边界条件下的特征值，它是一个与导波系统横截面形状、尺寸及传输模式有关的参量。由于当相移常数 $\beta=0$ 时，意味着波导系统不再传播，亦称为截止，此时 $k_c=k$，故将 k_c 称为截止波数。

2) 传输特性

描述波导传输特性的主要参数有：相移常数、截止波数、相速、波导波长、群速、波阻抗及传输功率。分别介绍如下：

(1) 相移常数和截止波数

在确定的均匀媒质中，波数 $k=\omega\sqrt{\mu\varepsilon}$ 与电磁波的频率成正比，相移常数 β 和 k 的关系式为

$$\beta=\sqrt{k^2-k_c^2} \tag{7.15}$$

当频率较低时，即 $k<k_c$，此时只存在于激励元附近，这种状态称为截止状态。在某一频率下，即 $k=k_c$，这是传输和截止的分界线，这种状态叫做临界状态。临界状态下的工作频率和工作波长，分别叫做截止频率 f_c 和截止波长 λ_c，截止波长是波导中最重要的特性参数，因为它决定着电磁波的传输条件。

截止波数 k_c 可用截止波长 λ_c 表示为

$$k_c=\frac{2\pi}{\lambda_c} \tag{7.16}$$

因此，由截止波数 k_c 表示的电磁波传输条件可由截止波长 λ_c 表示，即

$$\lambda_0<\lambda_c \tag{7.17}$$

这说明要在波导中传输某种模式的波，其工作波长必须小于波导中该模式的截止波长，反之如果要抑制某种模式的波，其工作波长必须大于波导中该模式的截止波长。

(2) 相速与波导波长

电磁波在波导中传播，其等相位面移动速度称为相速，于是有

$$v_p=\frac{\omega}{\beta}=\frac{\omega}{k}\frac{1}{\sqrt{1-k_c^2/k^2}}=\frac{c/\sqrt{\mu_r\varepsilon_r}}{\sqrt{1-k_c^2/k^2}}=\frac{c/\sqrt{\mu_r\varepsilon_r}}{\sqrt{1-\left(\frac{\lambda}{\lambda_c}\right)^2}} \tag{7.18}$$

式中，c 为真空中光速，对导行波来说 $k>k_c$，故 $v_p>c/\sqrt{\mu_r\varepsilon_r}$，即在规则波导中波的传播速度要比在无界空间媒质中传播速度要快。

导行波的波长称为波导波长，用 λ_g 表示，它与波数的关系为

$$\lambda_g=\frac{2\pi}{\beta}=\frac{2\pi}{k}\frac{1}{\sqrt{1-k_c^2/k^2}}=\frac{\lambda}{\sqrt{1-\left(\frac{\lambda}{\lambda_c}\right)^2}} \tag{7.19}$$

另外，我们将相移常数 β 及相速 v_p 随频率 ω 的变化关系称为色散关系，它描述了波导系统的频率特性。当存在色散特性时，相速 v_p 已不能很好地描述波的传播速度，这时就要引入“群速”的概念，它表征了波能量的传播速度，当 k_c 为常数时，导行波的群速为

$$v_g=\frac{\mathrm{d}\omega}{\mathrm{d}\beta}=\frac{1}{\mathrm{d}\beta/\mathrm{d}\omega}=\frac{c}{\sqrt{\mu_r\varepsilon_r}}\sqrt{1-k_c^2/k^2}=\frac{c}{\sqrt{\mu_r\varepsilon_r}}\sqrt{1-\left(\frac{\lambda}{\lambda_c}\right)^2} \tag{7.20}$$

(3) 波阻抗

定义某个波型的横向电场和横向磁场之比为波阻抗，即

$$\eta=\frac{E_t}{H_t} \tag{7.21}$$

(4) 传输功率

根据坡印廷定理,波导中某个波型的传输功率为

$$P=\frac{1}{2}\mathrm{Re}\int_S(\boldsymbol{E}_t\times\boldsymbol{H}_t^*)\boldsymbol{e}_z\mathrm{d}S=\frac{1}{2\eta}\int_S|\boldsymbol{E}_t|^2\mathrm{d}S=\frac{\eta}{2}\int_S|\boldsymbol{H}_t|^2\mathrm{d}S \tag{7.22}$$

式中,η 为该波型的波阻抗。

3) 导行波的分类

用以约束或导引电磁波能量沿一定方向传输的结构称为导波结构,在其中传输的波称为导行波。导行波的结构不同,所传输的电磁波的特性就不同,因此,根据截止波数 k_c 的不同可将导行波分为以下 3 种情况。

(1) $k_c^2=0$ 即 $k_c=0$

这时必有 $E_z=0$ 和 $H_z=0$,否则由式(7.14)可知 E_x、E_y、H_x、H_y 将出现无穷大,这在物理上不可能。这样 $k_c=0$ 意味着该导行波既无纵向电场又无纵向磁场,只有横向电场和磁场,故称为横电磁波,简称 TEM 波。

对于 TEM 波,$\beta=k$,故相速、波长及波阻抗和无界空间均匀媒质中相同。而且由于截止波数 $k_c=0$,因此理论上任意频率均能在此类传输线上传输。此时不能用纵向场分析法,而可用二维静态场分析法或后面要介绍的传输线方程法进行分析。

(2) $k_c^2>0$

这时 $\beta^2>0$,而 E_z 和 H_z 不能同时为零,否则 $\boldsymbol{E}_t$ 和 $\boldsymbol{H}_t$ 必然全为零,系统将不存在任何场。一般情况下,只要 E_z 和 H_z 中有一个不为零,即可满足边界条件,这时又可分为两种情形:

① TM 波

将 $E_z\neq0$ 而 $H_z=0$ 的波称为横磁波,简称 TM (Transverse Magnetic)波,由于只有纵向电场故又称为 E 波。此时满足的边界条件应为

$$E_z\big|_S=0 \tag{7.23}$$

式中,S 表示波导周界。

而由波阻抗定义式(7.21)得 TM 波的波阻抗为

$$\eta_{\mathrm{TM}}=\frac{E_x}{H_y}=\frac{\beta}{\omega\varepsilon}=\sqrt{\frac{\mu}{\varepsilon}}\sqrt{1-k_c^2/k^2}=\sqrt{\frac{\mu}{\varepsilon}}\sqrt{1-\left(\frac{\lambda}{\lambda_c}\right)^2} \tag{7.24}$$

② TE 波

将 $E_z=0$ 而 $H_z\neq0$ 的波称为横电波,简称 TE(Transverse Electric)波,由于只有纵向磁场故又称为 H 波。此时满足的边界条件应为

$$\frac{\partial H_z}{\partial \boldsymbol{e}_n}\bigg|_S=0 \tag{7.25}$$

式中，S 表示波导周界；$\boldsymbol{e}_n$ 为边界法向单位矢量。

而由波阻抗定义式(7.21)得 TE 波的波阻抗为

$$\eta_{\mathrm{TE}}=\frac{E_x}{H_y}=\frac{\omega\mu}{\beta}=\sqrt{\frac{\mu}{\varepsilon}}\frac{1}{\sqrt{1-k_c^2/k^2}}=\sqrt{\frac{\mu}{\varepsilon}}\frac{1}{\sqrt{1-\left(\frac{\lambda}{\lambda_c}\right)^2}} \tag{7.26}$$

(3) $k_c^2<0$

这时 $\beta>k$，由光滑导体壁构成的导波系统不可能存在 $k_c^2<0$ 的情形，只有当某种阻抗壁存在才有这种可能。

以上 3 种情况实质上对应了 3 种导波结构，即 TEM 传输线、封闭金属波导和表面波导。下面讨论矩形波导的传输特性。

7.2 矩形波导

通常将由金属材料制成的、矩形截面的、内充空气的规则金属波导称为矩形波导(Wave Guide)，它是微波技术中应用非常广泛的一种波导。设矩形波导的宽边尺寸为 a，窄边尺寸为 b，如图 7.1 所示。

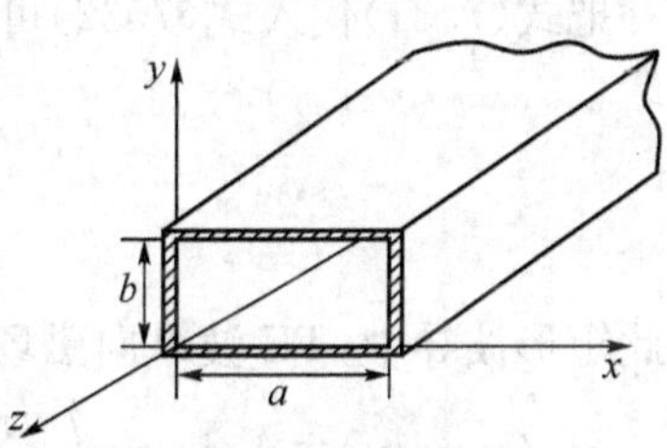

图 7.1 矩形波导

为了研究矩形波导中的电磁场，首先根据纵向场分量满足的标量亥姆霍茨方程解出纵向场分量，然后再利用纵横关系求出横向场分量。

矩形金属波导中只能存在 TE 波和 TM 波，下面分析这两种波的场分布。

1) *TE 波*

对于 TE 波，$E_z=0$，$H_z\neq0$，且 H_z 满足标量亥姆霍茨方程，即

$$\nabla_t^2 H_z(x,y)+k_c^2 H_z(x,y)=0 \tag{7.27}$$

应用分离变量法求解，令

$$H_z(x,y)=X(x)Y(y) \tag{7.28}$$

将其代入式(7.27)，可得

$$\frac{1}{X(x)}\frac{\mathrm{d}^2X(x)}{\mathrm{d}x^2}+\frac{1}{Y(y)}\frac{\mathrm{d}^2Y(y)}{\mathrm{d}y^2}=-k_c^2$$

上式左边两项，各自的变量独立，欲使上式成立，两项都必须为常数，分别设为 $-k_x^2$ 和 $-k_y^2$，这样上式化为两个方程

$$\left.\begin{aligned}\frac{\mathrm{d}^2X(x)}{\mathrm{d}x^2}+k_x^2X(x)=0\\ \frac{\mathrm{d}^2Y(y)}{\mathrm{d}y^2}+k_y^2Y(y)=0\end{aligned}\right\}\tag{7.29}$$

其中

$$k_x^2+k_y^2=k_c^2\tag{7.30}$$

则 $H_z(x,y)$的通解为

$$H_z(x,y)=(A_1\cos k_xx+A_2\sin k_xx)(B_1\cos k_yy+B_2\sin k_yy)\tag{7.31}$$

式中,A_1、A_2、B_1、B_2 为待定常数,可由理想导体边界条件确定。如图 7.1 可看出电场切向分量为零的边界条件

$$E_x\big|_{y=0,b}=0\qquad E_y\big|_{x=0,a}=0$$

满足上述边界条件时,H_z 则应满足下列条件

$$\left.\frac{\partial H_z}{\partial x}\right|_{x=0,a}=0\qquad \left.\frac{\partial H_z}{\partial y}\right|_{y=0,b}=0\tag{7.32}$$

把式(7.31)代入式(7.32)可得

$$A_2=0\quad B_2=0$$

$$k_x=\frac{m\pi}{a}\quad k_y=\frac{n\pi}{b}\tag{7.33}$$

因此矩形波导中,TE 波纵向磁场 $H_z(x,y,z)$的解为

$$H_z(x,y,z)=A_1B_1\cos\left(\frac{m\pi}{a}x\right)\cos\left(\frac{n\pi}{b}y\right)e^{-j\beta z}=H_{mn}\cos\left(\frac{m\pi}{a}x\right)\cos\left(\frac{n\pi}{b}y\right)e^{-j\beta z}\tag{7.34}$$

式中,$m=0,1,2\cdots$,$n=0,1,2\cdots$,但这里 $m=n\neq0$;H_{mn} 为模式振幅常数。

将上式代入到麦克斯韦方程组中,可求出 TE 波其余的场分量,因此 TE 波各分量的表达式为

$$\left.\begin{aligned}E_x&=\frac{j\omega\mu_0}{k_c^2}\frac{n\pi}{b}H_{mn}\cos\left(\frac{m\pi}{a}x\right)\sin\left(\frac{n\pi}{b}y\right)e^{-j\beta z}\\ E_y&=-\frac{j\omega\mu_0}{k_c^2}\frac{m\pi}{a}H_{mn}\sin\left(\frac{m\pi}{a}x\right)\cos\left(\frac{n\pi}{b}y\right)e^{-j\beta z}\\ E_z&=0\\ H_x&=\frac{j\beta}{k_c^2}\frac{m\pi}{a}H_{mn}\sin\left(\frac{m\pi}{a}x\right)\cos\left(\frac{n\pi}{b}y\right)e^{-j\beta z}\\ H_y&=\frac{j\beta}{k_c^2}\frac{n\pi}{b}H_{mn}\cos\left(\frac{m\pi}{a}x\right)\sin\left(\frac{n\pi}{b}y\right)e^{-j\beta z}\\ H_z&=H_{mn}\cos\left(\frac{m\pi}{a}x\right)\cos\left(\frac{n\pi}{b}y\right)e^{-j\beta z}\end{aligned}\right\}\tag{7.35}$$

式中

$$k_c=\sqrt{\left(\frac{m\pi}{a}\right)^2+\left(\frac{n\pi}{b}\right)^2} \tag{7.36}$$

k_c 为矩形波导($a\times b$)中 TE 波的截止波数，显然它与波导尺寸、m 和 n 有关。m 和 n 分别代表电磁波沿 x 方向和 y 方向分布的半驻波个数，一组 m、n，对应 TE 波的一种波型，称作 TE_{mn} 模；但 m 和 n 不能同时为零，否则横向场分量全部为零，因此矩形波导能够存在 TE_{m0}、TE_{0n} 以及 TE_{mn} ($mn\neq0$)模；其中 TE_{10} 模是最低模式，称为主模(Dominant Mode)，其余称为高次模。

2) *TM 波*

对于 TM 波，$H_z=0$，且 E_z 满足标量亥姆霍茨方程，即

$$\nabla_t^2E_z(x,y)+k_c^2E_z(x,y)=0 \tag{7.37}$$

采用与 TE 波相同的分离变量法，可求得 TM 波的各个场分量

$$\left.\begin{aligned}
E_x&=-\frac{j\beta}{k_c^2}\frac{m\pi}{a}E_{mn}\cos\left(\frac{m\pi}{a}x\right)\sin\left(\frac{n\pi}{b}y\right)e^{-j\beta z}\\
E_y&=-\frac{j\beta}{k_c^2}\frac{n\pi}{b}E_{mn}\sin\left(\frac{m\pi}{a}x\right)\cos\left(\frac{n\pi}{b}y\right)e^{-j\beta z}\\
E_z&=E_{mn}\sin\left(\frac{m\pi}{a}x\right)\sin\left(\frac{n\pi}{b}y\right)e^{-j\beta z}\\
H_x&=\frac{j\omega\varepsilon}{k_c^2}\frac{n\pi}{b}E_{mn}\sin\left(\frac{m\pi}{a}x\right)\cos\left(\frac{n\pi}{b}y\right)e^{-j\beta z}\\
H_y&=-\frac{j\omega\varepsilon}{k_c^2}\frac{m\pi}{a}E_{mn}\cos\left(\frac{m\pi}{a}x\right)\sin\left(\frac{n\pi}{b}y\right)e^{-j\beta z}\\
H_z&=0
\end{aligned}\right\} \tag{7.38}$$

式中

$$k_c=\sqrt{\left(\frac{m\pi}{a}\right)^2+\left(\frac{n\pi}{b}\right)^2} \tag{7.39}$$

E_{mn} 为 TM 波的电场振幅，$m=1,2,3\cdots$，$n=1,2,3\cdots$，此时 $m\neq0$ 且 $n\neq0$，所以 TM_{11} 模是最简单的 TM 模。

由上式可得，当 $a>b$ 时，若 $m=1$，$n=0$ 时有最低截止频率，即 TE_{10} 波的频率最低，称为主模，此时波长最长。因此在真空中波导管中能够传播的最大波长为

$$\lambda_{cTE_{10}}=2a \tag{7.40}$$

当波导尺寸给定且有 $a>2b$ 时，则要求电磁波的工作波长满足

$$a<\lambda<2a\quad\lambda>2b \tag{7.41}$$

当工作波长给定时，则波导尺寸必须满足

$$\frac{\lambda}{2} < a < \lambda \quad b < \frac{\lambda}{2} \tag{7.42}$$

此时波导管中只能通过 TE_{10} 波，其电磁场量为

$$\left.\begin{aligned} E_y &= -j\frac{\omega\mu_0 a}{\pi}\sin\left(\frac{\pi x}{a}\right)e^{j(\omega t-\beta z)} \\ H_x &= j\frac{\beta a}{\pi}\sin\left(\frac{\pi x}{a}\right)e^{j(\omega t-\beta z)} \\ H_z &= \cos\left(\frac{\pi x}{a}\right)e^{j(\omega t-\beta z)} \\ E_x &= E_z = H_y = 0 \end{aligned}\right\} \tag{7.43}$$

式(7.41)和式(7.42)为单模传输条件。

由此可以得到在不同截面上的场结构：在 xoy 平面内只有 E_y 分量且与 y 无关，磁场则存在着 y 和 z 分量，其电场强度和磁场强度分布如图 7.2 所示。

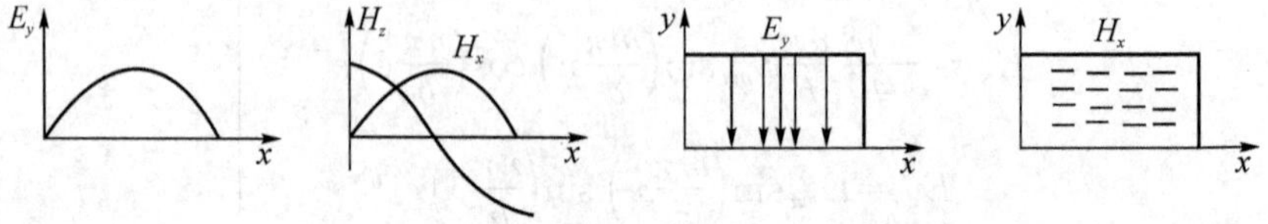

图 7.2　TE_{10} 模在 xoy 平面内的场结构

同理可得 yoz 平面内电场和磁场分量 E_y 和 H_z 分量与 y 无关，即沿 y 轴方向均匀分布，而沿 z 轴方向为周期性变化，但横向场(H_x，H_z)与纵向场存在 90°相位差，其结构分布如图 7.3 所示 。

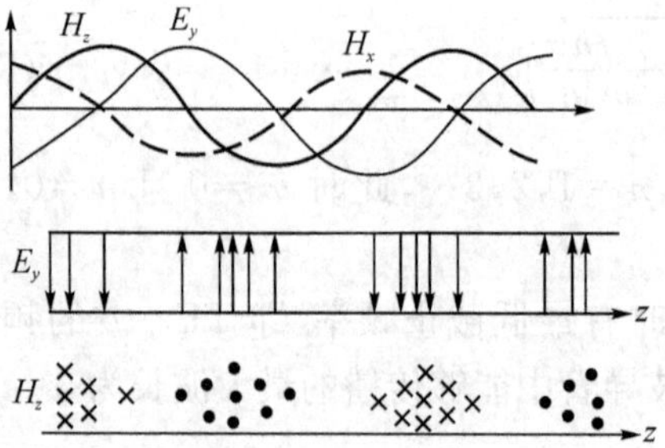

图 7.3　TE_{10} 模在 yoz 平面内的场结构

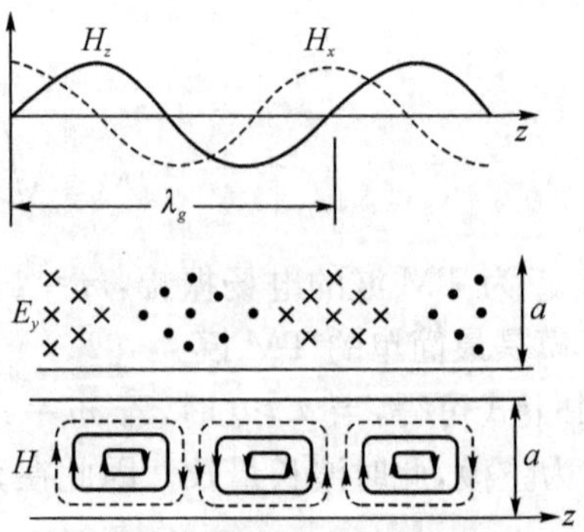

图 7.4　TE_{10} 模在 xoz 平面内的场结构

在 xoz 平面内，电场线与该平面垂直，而磁场既有 H_x 又有 H_z 分量，合成的磁感应线如同椭圆形，如图 7.4 所示。

综上所述可以得到 TE_{10} 模整体场结构分布，如图 7.5 所示。

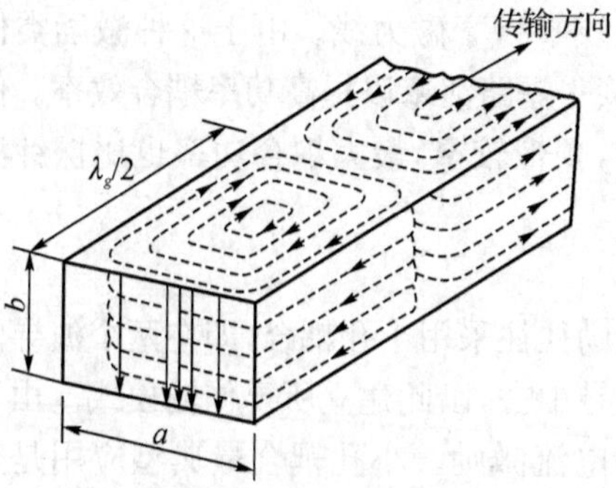

图 7.5 TE_{10} 模整体场结构分布图

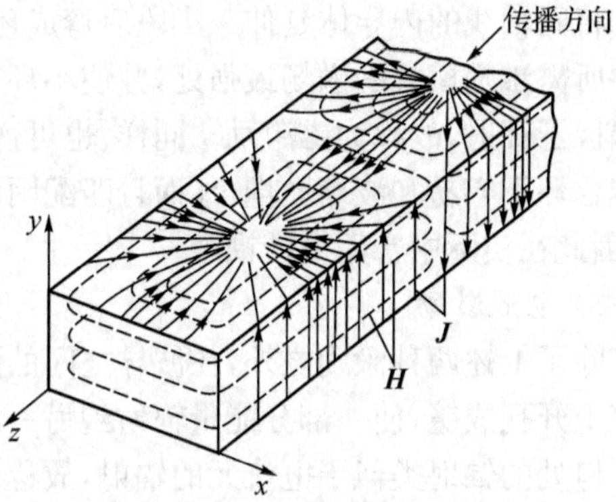

图 7.6 TE_{10} 模管壁电流分布

由理想导体表面的边界条件可知，在波导壁上的面电流密度 $\boldsymbol{J}_s$ 为

$$\boldsymbol{J}_s=\boldsymbol{e}_n\times\boldsymbol{H} \tag{7.44}$$

式中 $\boldsymbol{e}_n$ 为壁面的外法线方向单位矢量，$\boldsymbol{H}$ 是壁上的磁场强度。在 $t=0$ 时有

$$\boldsymbol{J}_s\big|_{x=0}=-\boldsymbol{e}_x\times\boldsymbol{H}=-\boldsymbol{e}_yH_0\cos\beta z$$

$$\boldsymbol{J}_s\big|_{x=a}=\boldsymbol{e}_x\times\boldsymbol{H}=\boldsymbol{e}_yH_0\cos\beta z$$

$$\boldsymbol{J}_s\big|_{y=0}=-\boldsymbol{e}_y\times\boldsymbol{H}=\boldsymbol{e}_xH_0\cos\beta z\cos\left(\frac{\pi}{a}x\right)-\boldsymbol{e}_z\frac{\beta a}{\pi}H_0\sin\beta z\sin\left(\frac{\pi}{a}x\right)$$

$$\boldsymbol{J}_s\big|_{y=b}=-\boldsymbol{J}_s\big|_{y=0}$$

TE_{10} 模管壁电流分布如图 7.6 所示。

7.3 波导的激励与耦合

波导的激励与耦合就本质而言是电磁波的辐射和接收，是微波源向波导内有限空间的辐射或在波导的有限空间内接收微波信息。由于辐射和接收是互易的，因此激励与耦合具有相同的场结构，所以我们只介绍波导的激励。激励波导的方法通常有 3 种：电激励、磁激励和电流激励。

1）*电激励*

将同轴线内的导体延伸一小段，沿电场方向插入矩形波导内，构成探针激励。由于这种激励类似于电偶极子的辐射，故称电激励。在探针附近，由于电场强度会有 E_z 分量，电磁场分布与 TE_{10} 模有所不同，而必然有高次模被激发。但当波导尺寸只允许主模传输时，激发起的高次模随着探针位置两边波导与同轴线的阻抗应匹配，为此往往在波导一端接上一个短路活塞。调节探针插入深度和短路活塞位置，使同轴线耦合到波导中去的功率达到最大。短路活塞用以提供一个可调电抗以抵消和高次模相对应的探针电抗。

2）磁激励

将同轴线的内导体延伸一小段后弯成环形，将其端部焊接在外导体上，然后插入波导中所需激励模式的磁场最强处，并使小环法线平行于磁力线。由于这种激励类似于磁偶极子辐射，故称为磁激励。同样，也可连接一短路活塞以提高功率耦合效率。但由于耦合环不容易和波导紧耦合，而且匹配困难，频带较窄，最大耦合功率也比探针激励小，因此在实际中常用探针耦合。

3）电流激励

除了上述两种激励之外，在波导之间的激励往往采用小孔耦合，即在两个波导的公共壁上开孔或缝，使一部分能量辐射到另一波导中去，以此建立所要传输模式。由于波导开口处的辐射类似于电流元的辐射，故称为电流激励。小孔耦合最典型应用是定向耦合器。它在主波导和耦合波导的公共壁上开有小孔，以实现主波导向耦合波导传送能量。另外小孔或缝的激励还可采用波导与谐振腔之间的耦合、两条微带之间的耦合等。

7.4 传输线

引导电磁波能量向一定方向传输的各种传输系统都被称为传输线（Transmission Line），这些传输线起着引导能量和传输信息的作用，其所引导的电磁波称为导波，因此，传输线也被称为导波系统。

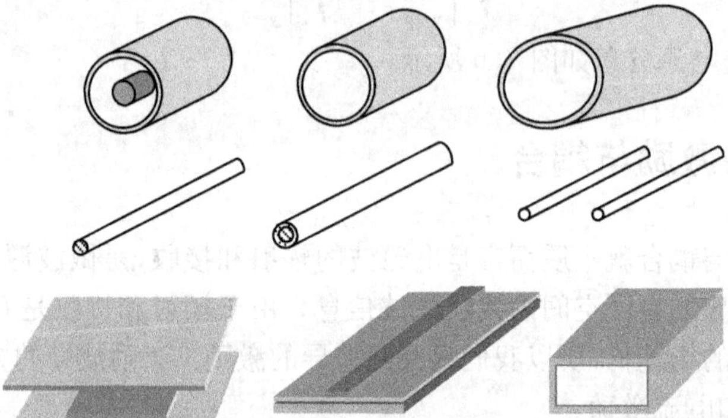

图 7.7 常见的微波传输线

每一种导波系统中可以有多种导波模式存在，每一个导波模式均是电磁场麦克斯韦方程组的一组解，这个解也必定满足其边界条件。导波系统中究竟存在哪些导波模式，除了与导波系统的结构、尺寸、填充介质相关外，还与激励方式有关。

研究传输线上电磁波特性有两种分析方法即“场”和“路”的分析方法。“场”的分析方法指从麦克斯韦方程出发，在特定边界条件下解电磁场波动方程，求得场量的时空变化规律，分析电磁波沿线的各种传播特性；"路"的分析方法指将传输线作为分布参数电路处理，用 Kirchhoff 定律建立传输线方程，求得线上电压和电流的时空变化规律，分析电压和电流的各种传输特性，TEM 波传输线多用此方法进行分析。

事实上，"场"和"路"的理论是紧密相关的，很多方面两者互相补充。在微波领域中，所有的电磁现象都是随时间和空间而变化的物理过程，有的宜用"路"的分析方法，有的只能用"场"的分析方法，有的既可用"场"的分析方法也可用"路"的分析方法。因此，两种方法是分析同一问题的不同途径。

本节讨论微波传输线(如双线、同轴线)的基本理论。

7.4.1 传输线的分布参数

传输线可分为长线(Long Line)和短线(Short Line)，长线和短线是相对于波长而言的。所谓长线是指传输线的几何长度和线上传输电磁波的波长的比值(即电长度)大于或接近于 1，反之称为短线。长线和短线的区别还在于：前者为分布参数电路，而后者是集中参数电路。

在低频电路中常常忽略元件连接线的分布参数效应，认为电场能量全部集中在电容器中，而磁场能量全部集中在电感器中，电阻元件是消耗电磁能量的。由这些集中参数元件组成的电路称为集中参数电路。随着频率的提高，电路元件的辐射损耗、导体损耗和介质损耗增加，电路元件的参数也随之变化。当频率提高到其波长和电路的几何尺寸可相比拟时，电场能量和磁场能量的分布空间很难分开，而且连接元件的导线的分布参数就不可以忽略，这种电路称为分布参数电路。

由电磁场理论可知，当信号频率升高，特别是达到微波波段后，信号通过传输线时，会产生下列分布参数：导线流过电流时，周围会产生高频磁场，因而沿导线各点会存在串联分布电感 L；两导线间加上电压时，线间会存在高频电场，于是线间会产生并联分布电容 C；电导率有限的导线流过电流时会发热，而且高频时由于趋肤效应，电阻会加大，即表明导线有分布电阻 R；导线间介质非理想时有漏电流，这就意味着导线间有分布电导 G。这些分布参数在高频时引起的沿线电压、电流幅度变化，以及相位滞后都是不能忽略的，这就是所谓的分布参数效应。在本书中用 R_1、L_1、C_1、和 G_1 来表示传输线单位长度的分布电阻、分布电感、分布电容和分布电导。如果传输线的分布参数是沿线均匀分布的，不随位置而变化，则称为均匀传输线。$R_1=G_1=0$ 的传输线称为无损耗传输线。本节内容只限于分析均匀无损耗传输线。

建立分布参数的概念之后，就可以将均匀传输线划分为许多个微分段 $\mathrm{d}z$，将每个微分段作为集中参数电路处理，并将它等效为一个 Γ 型网络。网络串联支路的电阻为 $R_1\mathrm{d}z$，电感为 $L_1\mathrm{d}z$；并联支路的电导为 $G_1\mathrm{d}z$，电容为 $C_1\mathrm{d}z$。整个传输线可视为由许多相同线元的等效网络级联而成的电路。均匀传输线及其等效电路如图 7.8 所示。

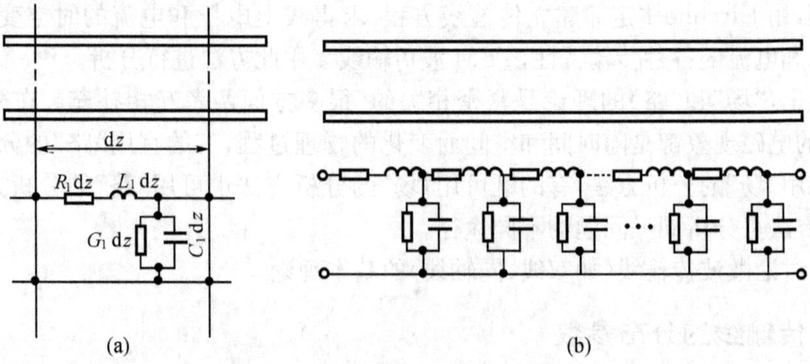

图 7.8 均匀传输线及其等效电路

7.4.2 传输线方程及其解

传输线方程是描述传输线上电压、电流变化规律及其相互关系的微分方程。

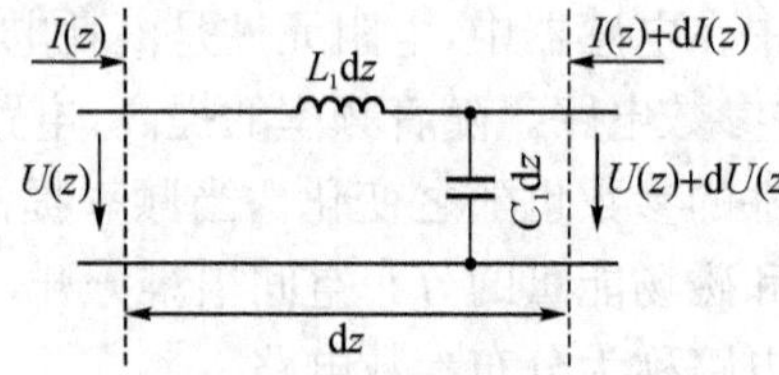

图 7.9 dz 段传输线的等效电路

传输线的始端接角频率为 ω 的信号源，终端接负载阻抗 Z_L，坐标原点选在始端。设距始端 z 处的电压和电流分别为 $U(z)$ 和 $I(z)$，经过 dz 段后，电压和电流分别为 $U(z)+\mathrm{d}U(z)$ 和 $I(z)+\mathrm{d}I(z)$。如图 7.9 所示。对 dz 等效电路应用 Kirchhoff 定律而知：

$$\begin{cases} -\mathrm{d}U(z)=j\omega L_1 I(z)\mathrm{d}z \\ -\mathrm{d}I(z)=j\omega C_1[U(z)+\mathrm{d}U(z)]\mathrm{d}z\approx j\omega C_1 U(z)\mathrm{d}z \end{cases} \tag{7.45}$$

即

$$\begin{cases} \dfrac{\mathrm{d}U(z)}{\mathrm{d}z}=-j\omega L_1 I(z) \\ \dfrac{\mathrm{d}I(z)}{\mathrm{d}z}=-j\omega C_1 U(z) \end{cases} \tag{7.46}$$

式(7.46)是一阶常微分方程，亦称传输线方程。由此方程可以解出线上任意点的电压和电流以及它们之间的关系。

将式(7.46)两边对 z 微分，并令 $\beta=\omega\sqrt{L_1C_1}$ 得

$$\begin{cases}\dfrac{d^2U(z)}{dz^2}+\beta^2U(z)=0\\\dfrac{d^2I(z)}{dz^2}+\beta^2I(z)=0\end{cases}\tag{7.47}$$

式(7.47)称为传输线的波动方程。它是二阶齐次微分方程,其通解为

$$\begin{cases}U(z)=A_1e^{-j\beta z}+A_2e^{j\beta z}\\I(z)=A_3e^{-j\beta z}+A_4e^{j\beta z}\end{cases}\tag{7.48}$$

将式(7.48)代入(7.46),得

$$I(z)=\frac{1}{Z_0}(A_1e^{-j\beta z}-A_2e^{j\beta z})\tag{7.49}$$

式中

$$Z_0=\sqrt{\frac{L_1}{C_1}}$$

具有阻抗的单位,称为无损耗传输线的特性阻抗。

$$\beta=\omega\sqrt{L_1C_1}$$

称为相位常数,表示单位长度上的相位变化。式(7.48)中 A_1 和 A_2 为常数,其值决定于传输线的始端和终端的边界条件。通常给定传输线的边界条件有两种:一是已知终端电压 U_2 和电流 I_2;二是已知始端电压 U_1 和电流 I_1。下面分别讨论两种情况下沿线电压和电流的表达式。

1) 已知终端电压 U_2 和电流 I_2

如图 7.10 所示,只要将 $z=l$,$U(l)=U_2$、$I(l)=I_2$ 代入式(7.48)和式(7.49),得

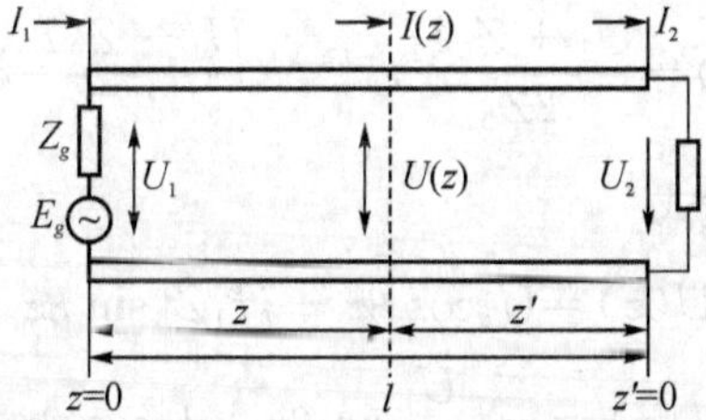

图 7.10

$$\begin{cases}A_1=\dfrac{1}{2}(U_2+Z_0I_2)e^{j\beta l}\\A_2=\dfrac{1}{2}(U_2-Z_0I_2)e^{-j\beta l}\end{cases}\tag{7.50}$$

将上式代入式(7.48)和式(7.49)整理得

$$\begin{cases} U(z') = \dfrac{U_2 + Z_0 I_2}{2} e^{j\beta z'} + \dfrac{U_2 - Z_0 I_2}{2} e^{-j\beta z'} = U_i(z') + U_r(z') \\ I(z') = \dfrac{U_2 + Z_0 I_2}{2Z_0} e^{j\beta z'} - \dfrac{U_2 - Z_0 I_2}{2Z_0} e^{-j\beta z'} = I_i(z') + I_r(z') \end{cases} \tag{7.51}$$

式中 $z' = l - z$ 是由终端算起的坐标。
应用公式

$$\begin{cases} e^{j\beta z'} + e^{-j\beta z'} = 2\cos\beta z' \\ e^{j\beta z'} - e^{-j\beta z'} = j2\sin\beta z' \end{cases} \tag{7.52}$$

可将式(7.51)写成三角函数表达式

$$\begin{cases} U(z') = U_2 \cos\beta z' + jZ_0 I_2 \sin\beta z' \\ I(z') = I_2 \cos\beta z' + j\dfrac{U_2}{Z_0}\sin\beta z' \end{cases} \tag{7.53}$$

2) 已知始端电压 U_1 和电流 I_1

将 $z=0$,$U(0)=U_1$、$I(0)=I_1$ 代入式(7.48)和式(7.49),得

$$\begin{cases} A_1 = \dfrac{1}{2}(U_1 + Z_0 I_1) \\ A_2 = \dfrac{1}{2}(U_1 - Z_0 I_1) \end{cases} \tag{7.54}$$

将上式代入式(7.48)和式(7.49)整理得

$$\begin{cases} U(z) = \dfrac{U_1 + Z_0 I_1}{2} e^{-j\beta z} + \dfrac{U_1 - Z_0 I_1}{2} e^{j\beta z} \\ I(z) = \dfrac{U_1 + Z_0 I_1}{2Z_0} e^{-j\beta z} - \dfrac{U_1 - Z_0 I_1}{2Z_0} e^{j\beta z} \end{cases} \tag{7.55}$$

同样可以写成三角函数表达式

$$\begin{cases} U(z) = U_1 \cos\beta z - jI_1 Z_0 \sin\beta z \\ I(z) = -j\dfrac{U_1}{Z_0}\sin\beta z + I_1 \cos\beta z \end{cases} \tag{7.56}$$

7.4.3 入射波和反射波的叠加

由式(7.48)和式(7.49)两式可以看出,传输线上任意位置的复数电压和电流均由两部分组成,即

$$\begin{cases} U(z) = A_1 e^{-j\beta z} + A_2 e^{j\beta z} = U_i(z) + U_r(z) \\ I(z) = \dfrac{1}{Z_0} A_1 e^{-j\beta z} - \dfrac{1}{Z_0} A_2 e^{j\beta z} = I_i(z) + I_r(z) \end{cases} \tag{7.57}$$

根据复数值与瞬时值的关系，并假设 A_1 和 A_2 为实数，则沿线电压、电流的瞬时值为

$$\begin{aligned}u(z,t)&=\mathrm{Re}[U(z)e^{j\omega t}]=A_1\cos(\omega t-\beta z)+A_2\cos(\omega t+\beta z)\\&=u_i(z,t)+u_r(z,t)\end{aligned}$$

$$\begin{aligned}i(z,t)&=\mathrm{Re}[I(z)e^{j\omega t}]=\frac{A_1}{Z_0}\cos(\omega t-\beta z)-\frac{A_2}{Z_0}\cos(\omega t+\beta z)\\&=i_i(z,t)+i_r(z,t)\end{aligned}$$

式中 $u_i(z,t)$、$i_i(z,t)$ 是由信号源向负载方向传播的行波，称为入射波，其振幅不随传播方向变化，其相位随传播方向 z 的增加而滞后；$u_r(z,t)$、$i_r(z,t)$ 是由负载向信号源方向传播的行波，称为反射波，其振幅不随传播方向变化，其相位随 z' 的增加而滞后。因此入射波和反射波都是随传播方向振幅不变和相位滞后的行波。线上任意位置的电压和电流均是入射波和反射波的叠加，如图 7.11 所示。

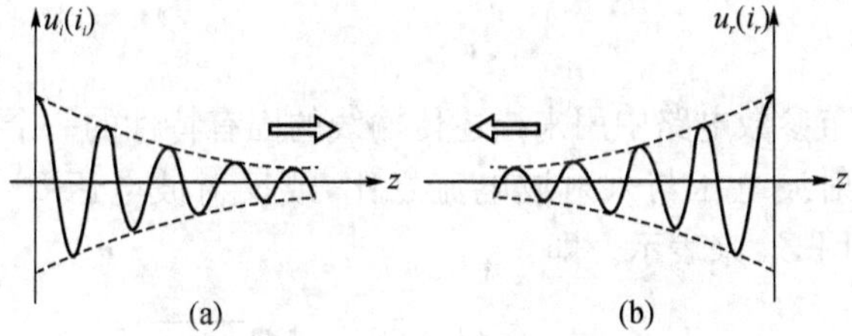

图 7.11 (a)入射波 (b)反射波

7.4.4 传输线的基本特性

传输线的基本特性包括：传输特性、特性阻抗、输入阻抗、反射系数和传输功率。

1）传输特性

（1）相位常数

相位常数是表示波经过单位长度传输线后相位的变化，其值为

$$\beta=\omega\sqrt{L_1C_1} \tag{7.58}$$

（2）相速和相波长

传输线上的入射波和反射波以相同速度向相反方向沿传输线传播。相速定义为波的等相位面移动的速度，用 v_p 来表示。入射波的等相位面的运动方程为

$$\omega t-\beta z=常数$$

上式对 t 求导可得入射波的相速为

$$v_p=\frac{\mathrm{d}z}{\mathrm{d}t}=\frac{\omega}{\beta} \tag{7.59}$$

将 $\beta=\omega\sqrt{L_1C_1}$ 代入式(7.59),得行波的相速为

$$v_p=\frac{\omega}{\beta}=\frac{1}{\sqrt{L_1C_1}} \tag{7.60}$$

平行双线和同轴线的相速为

$$v_p=\frac{1}{\sqrt{\mu\varepsilon}}\frac{c}{\sqrt{\varepsilon_r}} \tag{7.61}$$

式中 c 为光速。

相波长定义为波在一个周期 T 内等相位面沿传输线移动的距离。即

$$\lambda_p=v_pT=\frac{v_p}{f}=\frac{\omega/\beta}{f}=\frac{2\pi}{\beta}=\frac{\lambda_0}{\sqrt{\varepsilon_r}} \tag{7.62}$$

式中 f 为电磁波频率,T 为振荡周期,λ_0 为真空中的波长。可见传输线上行波的波长与周围介质有关。

2) 特性阻抗

特性阻抗是分布参数电路中用来描述传输线的固有特性的一个物理量。特性阻抗定义为传输线上入射波电压与入射波电流之比,或反射波电压 $U_r(z)$ 与反射波电流 $I_r(z)$ 之比的负值,用 Z_0 来表示。即

$$Z_0=\frac{U_i(z)}{I_i(z)}=-\frac{U_r(z)}{I_r(z)}=\sqrt{\frac{R_0+j\omega L_1}{G_0+j\omega C_1}} \tag{7.63}$$

对于无损耗传输线($R_0=0,\ G_0=0$)

$$Z_0=\sqrt{\frac{L_1}{C_1}} \tag{7.64}$$

由此可见,无耗或低耗传输线的特性阻抗为一实数,它仅决定于分布参数 L_1 和 C_1,与频率无关。

对于工程上常用的双导线传输线,其特性阻抗为

$$Z_0=\sqrt{\frac{L_1}{C_1}}=120\ln\frac{2D}{d}\ (\text{空气介质})$$

式中 D 为两导线间距离,d 为导线半径。一般 Z_0 在 100 Ω~1 000 Ω 之间,常用的有 200 Ω、300 Ω、400 Ω、600 Ω。

对于同轴线,其特性阻抗为

$$Z_0=\sqrt{\frac{L_1}{C_1}}=\frac{60}{\sqrt{\varepsilon_r}}\ln\frac{b}{a}$$

式中 a,b 分别为同轴线内外导体半径。一般 Z_0 在 40 Ω~150 Ω 之间,常用的有 50 Ω、75 Ω。

3）输入阻抗和反射系数

传输线终端接负载阻抗 Z_L 时，距离终端 z' 处向负载方向看去的输入阻抗定义为该处的电压 $U(z')$ 与电流 $I(z')$ 之比，即

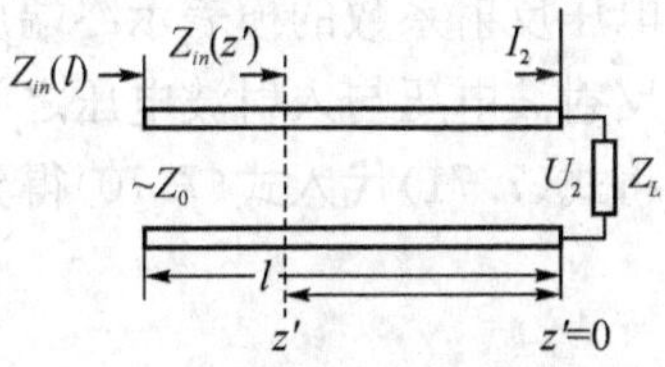

图 7.12 传输线的输入阻抗

$$Z_{in}(z')=\frac{U(z')}{I(z')}=\frac{U_2\cos\beta z'+jI_2Z_0\sin\beta z'}{jU_2\dfrac{\sin\beta z'}{Z_0}+I_2\cos\beta z'}$$

将终端负载条件 $U_2=I_2Z_L$ 代入上式得

$$Z_{in}(z')=Z_0\frac{Z_L+jZ_0\tan\beta z'}{Z_0+jZ_L\tan\beta z'} \tag{7.65}$$

将 $z'=l$ 代入上式得到传输线始端的输入阻抗为

$$Z_{in}(l)=Z_0\frac{Z_L+jZ_0\tan\beta l}{Z_0+jZ_L\tan\beta l} \tag{7.66}$$

因为导纳和阻抗互为倒数，输入导纳为

$$Y_{in}(z')=Y_0\frac{Y_L+jY_0\tan\beta z'}{Y_0+jY_L\tan\beta z'} \tag{7.67}$$

式中 $Y_L=\dfrac{1}{Z_L}$，$Y_0=\dfrac{1}{Z_0}$。

反射系数是描述传输线上波传播的一个重要概念。与电磁场理论中对空间电磁波传播时反射系数的定义相同，即距终端为 z' 处的传输线上任一点的反射系数为该点的反射电压（流）与入射电压（流）之比

$$\Gamma_u(z')=\frac{U_r(z')}{U_i(z')}=\frac{A_2e^{-j\beta z'}}{A_1e^{j\beta z'}}=\frac{A_2}{A_1}e^{-j2\beta z'} \tag{7.68}$$

或

$$\Gamma_i(z')=\frac{I_r(z')}{I_i(z')}=-\frac{A_2}{A_1}e^{-j2\beta z'}=-\Gamma_u(z') \tag{7.69}$$

可见，传输线上任意点的电压反射系数和电流反射系数大小相等，相位相反。通常多采用电压反射系数，因此若不特别说明，都表示电压反射系数，用 $\Gamma(z')$ 表示。由式(7.51)可以得到无损耗线上离终端 z' 处的电压反射系数为

$$\Gamma(z')=\frac{U_r(z')}{U_i(z')}=\frac{U_2-I_2Z_0}{U_2+I_2Z_0}e^{-j2\beta z'}=\Gamma_2e^{-j2\beta z'} \tag{7.70}$$

式中 Γ_2 为终端的反射系数，其值为

$$\Gamma_2=\frac{U_2-I_2Z_0}{U_2+I_2Z_0}=\frac{I_2Z_L-I_2Z_0}{I_2Z_L+I_2Z_0}=\frac{Z_L-Z_0}{Z_L+Z_0}=|\Gamma_2|e^{j\varphi_2} \tag{7.71}$$

可见，终端电压反射系数仅决定于终端负载阻抗 Z_L 和传输线的特性阻抗 Z_0；终端电压反射系数的模表示终端反射波电压与入射波电压振幅的比值，其相位 φ_2 表示终端反射波电压与入射波电压之间的相位差。

将式(7.71)代入式(7.70)得到无损耗传输线离终端 z'处的电压反射系数为

$$\Gamma(z') = |\Gamma_2| e^{j(\varphi_2 - 2\beta z')} \tag{7.72}$$

因此，无损耗传输线上任意点的反射系数的大小等于终端负载的反射系数，其相位比终端处的反射系数相位 φ_2 滞后 $2\beta z'$。

线上任意点的电压和电流可用反射系数来表示，即

$$\begin{cases} U(z') = U_i(z') + U_r(z') = U_i(z')[1+\Gamma(z')] \\ I(z') = I_i(z') + I_r(z') = I_i(z')[1-\Gamma(z')] \end{cases} \tag{7.73}$$

上述两式相比，可得线上某点的输入阻抗和该点的电压反射系数的关系为

$$Z_{in}(z') = Z_0 \frac{1+\Gamma(z')}{1-\Gamma(z')} \tag{7.74}$$

上式表明，线上任意点的反射系数和该点向负载看去的输入阻抗有一一对应关系。将 $z'=0$ 代入上式，可得到终端负载阻抗与终端反射系数的关系，即

$$Z_L = Z_0 \frac{1+\Gamma_2}{1-\Gamma_2} \tag{7.75}$$

或

$$\Gamma_2 = \frac{Z_L - Z_0}{Z_L + Z_0} \tag{7.76}$$

4) 驻波系数和行波系数

当终端负载与传输线特性阻抗不等时，由式(7.76)知 $|\Gamma_2| \neq 0$，即线上同时存在入射波和反射波，表示线上传输功率并没有被负载全部吸收，这种状态称为负载与传输线不匹配(失配)。失配时沿线合成电压是呈周期性变化的驻波(或行驻波)。除了可用反射系数来反映失配程度外，实际工作中，还采用电压驻波系数或行波系数来衡量失配的程度。电压(或电流)驻波系数定义为沿线电压(或电流)最大值与最小值之比，即

$$\rho = \frac{|U|_{max}}{|U|_{min}} = \frac{|I|_{max}}{|I|_{min}} \tag{7.77}$$

传输线上合成电压(或电流)振幅值的不同，是由于各处入射波和反射波的相位不同而引起的。可见，当入射波的相位与该点反射波的相位同相时，则该处合成波电压(或电流)出现最大值，反之两者相位相反时，合成波出现最小值，即

$$|U|_{max} = |U_i| + |U_r| = |U_i|(1+|\Gamma|) \tag{7.78}$$

$$|U|_{min} = |U_i| - |U_r| = |U_i|(1-|\Gamma|) \tag{7.79}$$

由此得到驻波系数与反射系数的关系为

$$\rho=\frac{|U|_{\max}}{|U|_{\min}}=\frac{1+|\Gamma|}{1-|\Gamma|} \tag{7.80}$$

或

$$|\Gamma|=\frac{\rho-1}{\rho+1} \tag{7.81}$$

行波系数 K 定义为沿线电压(或电流)最小值与最大值之比,即驻波系数的倒数。

$$K=\frac{1}{\rho}=\frac{1-|\Gamma|}{1+|\Gamma|} \tag{7.82}$$

因反射系数模的变化范围为 $0\leqslant|\Gamma|\leqslant1$,故驻波系数的变化范围为 $1\leqslant\rho\leqslant\infty$,驻波系数 ρ 是大于1的无量纲的实数。当 $|\Gamma|=0$ 时,$\rho=1$;当 $|\Gamma|=1$ 时,$\rho=\infty$。可见,ρ 的确可用来反映负载不匹配时反射波的大小。

行波系数 K 反映了行波与驻波的相对大小。当负载与传输线匹配时,线上只存在入射行波,相应的行波系数最大,$K=1$;当负载对入射波全反射时,线上为驻波,相应的行波系数最小,$K=0$;当负载对入射波部分反射时,线上为行驻波,行波系数介于0~1之间,即 $0\leqslant K\leqslant1$。

5) 传输功率

传输线主要用来传输功率。无损耗传输线上任意点 z 处的电压、电流为

$$\begin{cases}U(z)=U_i[1+\Gamma(z)]\\ I(z)=I_i[1-\Gamma(z)]\end{cases}$$

因此传输功率为

$$\begin{aligned}P(z)&=\frac{1}{2}\mathrm{Re}\{U(z)I^*(z)\}\\&=\frac{1}{2}\mathrm{Re}\{U_i[1+\Gamma(z)]I_i^*[1-\Gamma^*(z)]\\&=\frac{1}{2}\mathrm{Re}\left\{\frac{|U_i(z)|^2}{Z_0}[1-|\Gamma(z)|^2+\Gamma(z)-\Gamma^*(z)]\right\}\end{aligned}$$

对于无损耗线 Z_0 为实数,而上式中括号内第三与第四项之差为虚数,因此上式变为

$$P(z)=\frac{|U_i(z)|^2}{2Z_0}(1-|\Gamma(z)|^2)=P_i(z)-P_r(z) \tag{7.83}$$

式中 $P_r(z)$ 和 $P_i(z)$ 分别表示通过 z 点处的反射波功率和入射波功率,两者之比 $|\Gamma(z)|^2$ 为功率反射系数。

式(7.83)表明,无损耗传输线上通过任意点的传输功率等于该点的入射波功率与反射波功率之差。由于是无损耗线,因此通过线上任意点的传输功率都是相同的,即传输线始端的输入功率等于终端负载吸收的功率,也等于电压波腹点或电压波节点处的传输功率。为了简便起见,一般在电压波腹点(最大值点)或电压波节点(最小值点)处计算传输功率,即

$$P(z)=\frac{1}{2}|U|_{\max}|I|_{\min}=\frac{1}{2}\frac{|U|_{\max}^{2}}{Z_0}K \tag{7.84}$$

式中$|U|_{\max}$决定传输线间击穿电压U_{br}，在不发生击穿情况下，传输线允许传输的最大功率称为传输线的功率容量，其值为

$$P_{br}=\frac{1}{2}\frac{|U_{br}|^{2}}{Z_0}K \tag{7.85}$$

可见，传输线的功率容量与行波系数K有关，K愈大，功率容量愈大。

7.4.5 均匀无损耗传输线的工作状态分析

所谓工作状态是指传输线终端接不同负载时，电压、电流及阻抗的分布规律。有3种不同的分布状态：负载无反射时的行波状态、负载全反射时的驻波状态及部分反射时的行驻波状态。3种工作状态的特点分述如下。

1）行波状态（无反射情况）

由式(7.71)可以得到传输线上无反射波的条件为

$$Z_L=Z_0 \tag{7.86}$$

此时，令式(7.55)中右边第二项为零，得到行波状态时沿线电压和电流的表达式为

$$\begin{cases}U(z)=\dfrac{U_1+Z_0I_1}{2}e^{-j\beta z}=U_{1i}e^{-j\beta z}=|U_{1i}|e^{j(\varphi_1-\beta z)}\\[2ex] I(z)=\dfrac{U_1+Z_0I_1}{2Z_0}e^{-j\beta z}=I_{1i}e^{-j\beta z}=|I_{1i}|e^{j(\varphi_1-\beta z)}\end{cases} \tag{7.87}$$

式中U_1和I_1分别表示始端的电压和电流，U_{1i}和I_{1i}分别表示始端的入射波电压和电流，φ_1为始端入射波电压（或电流）的初相位。

由式(7.87)中两式之比，可得到行波工作状态时，沿线某点的输入阻抗为

$$Z(z)=\frac{U(z)}{I(z)}=\frac{U_{1i}e^{-j\beta z}}{I_{1i}e^{-j\beta z}}=Z_0 \tag{7.88}$$

由上面的分析可知，当负载阻抗等于传输线特性阻抗时，均匀无损耗传输线上传播的波为行波，沿线各点电压和电流的振幅不变；相位随z增加不断滞后；沿线各点输入阻抗均等于传输线的特性阻抗，如图7.13所示。

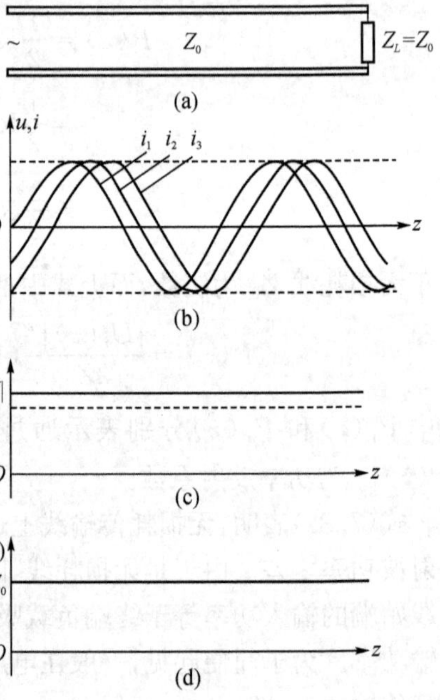

图7.13

2) 驻波工作状态(全反射情况)

由式(7.71)可以得到传输线上产生全反射波的条件为 $Z_L=0$、∞、$\pm jX$，即终端短路、开路或接纯电抗负载。由于终端没有吸收功率的电阻元件，传输线将会传输全反射而形成驻波。

(1) 终端短路($Z_L=0, \Gamma_2=-1$)

因 $Z_L=0$，则 $U_2=0$，即可得到

$$\begin{cases} U_{2i}=-U_{2r} \\ I_{2i}=I_{2r} \text{ 或 } I_2=2I_{2i} \end{cases} \tag{7.89}$$

将 $U_2=0$ 代入式(7.53)，可得到终端短路时沿线电压、电流分布表达式为

$$\begin{cases} U(z')=jI_2Z_0\sin\beta z'=j2U_{2i}\sin\beta z' \\ I(z')=I_2\cos\beta z'=2I_{2i}\cos\beta z' \end{cases} \tag{7.90}$$

上式取绝对值

$$\begin{cases} |U(z')|=2|U_{2i}\sin\beta z'| \\ |I(z')|=2|I_{2i}\cos\beta z'| \end{cases} \tag{7.91}$$

令
$$U_{2i}=|U_{2i}|e^{j\varphi_2}, I_{2i}=|I_{2i}|e^{j\varphi_2}$$

则沿线电压、电流的瞬时值分布分别如图 7.14 所示。

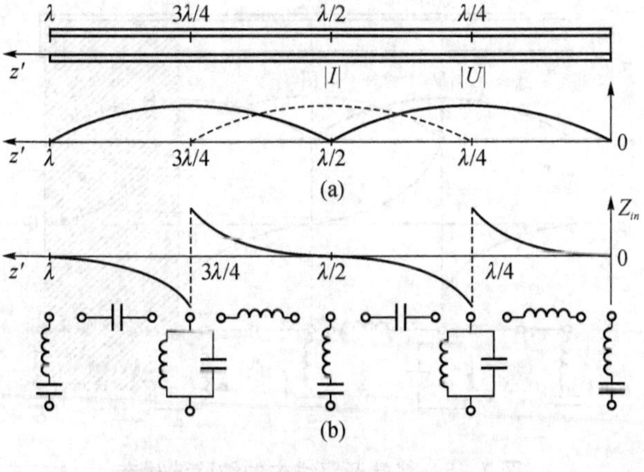

图 7.14 终端短路线中的纯驻波状态

由式(7.90)知瞬时电压或电流在某个固定位置上随时间 t 作正弦或余弦变化，而在某一个时刻 t 随距离 z 作余弦或正弦变化，即瞬时电压和电流的时间相位差和空间相位差均为$\pi/2$，这表明传输线上没有功率的传输。由图 7.14 可见，在离终端距离 $z'=\lambda/4$ 的奇数倍处，电压振幅值永远最大，电流振幅值永远为零，称为电压的波腹点和电流的波节点；而在 $z'=\lambda/2$ 的整数倍处，电压为波节点和电流为波腹点。

由式(7.90)中两式相比，可得到终端短路时，沿线的阻抗分布的表达式为

$$Z_{in}(z')=Z(z')=jZ_0\tan\beta z' \tag{7.92}$$

终端短路的传输线上的阻抗为纯电抗，沿线阻抗分布如图 7.14(b)所示。由图可见，在 $z'=\lambda/4$ 的奇数倍处（即电压波腹点）阻抗 $Z=\infty$，可等效为并联谐振回路；在 $z'=\lambda/2$ 的整数倍（即电压波节点）处，阻抗 $Z=0$，可等效为串联谐振回路；在 $0<z'<\lambda/4$ 范围内，阻抗 $Z=+jX$ 为感性电抗，可以等效为电感；在 $\lambda/4<z'<\lambda/2$ 范围内，阻抗 $Z=-jX$ 为容性电抗，可以等效为电容。每隔 $\lambda/2$ 阻抗特性重复一次，每隔 $\lambda/4$ 阻抗性质变化一次。

(2) 终端开路（$Z_L=\infty,\Gamma_2=1$）

由于负载阻抗 $Z_L=\infty$，因而终端电流 $I_2=0$，将 $Z_L=\infty,I_2=0$ 代入式(7.53)，得到终端开路时沿线电压、电流分布的表达式为

$$\begin{cases}U(z')=2U_{2i}\cos\beta z' \\ I(z')=j2I_{2i}\sin\beta z'\end{cases} \tag{7.93}$$

上面两式相比，可得沿线阻抗分布的表达式为

$$Z_{in}(z')=-jZ_0\cot\beta z' \tag{7.94}$$

终端开路时沿线电压、电流振幅值和阻抗分布如图 7.15 所示（0′位置为终端开路处，00′为 $\lambda/4$ 短路线）。

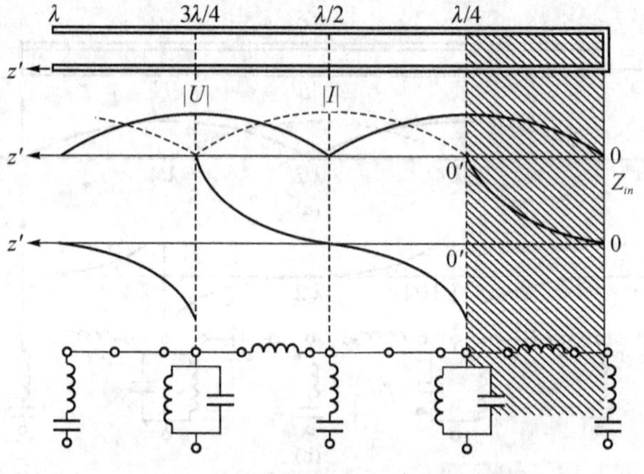

图 7.15　终端开路线中的纯驻波状态

由图可见终端为电压波腹点、电流波节点，阻抗为无穷大。和终端短路的情况相比，可以得到如下结论：只要将终端短路的传输线上电压、电流及阻抗分布从终端开始去掉 $\lambda/4$ 线长，余下线上的分布即为终端开路的传输线上电压、电流及阻抗分布。同样将终端开路（或终端短路）的传输线上电压、电流及阻抗分布自终端起去掉小于 $\lambda/4$ 线长，即可得到终端接纯电抗（纯电感或纯电容）负载时的沿线电压、电流及阻抗分布，如图 7.16 所示。

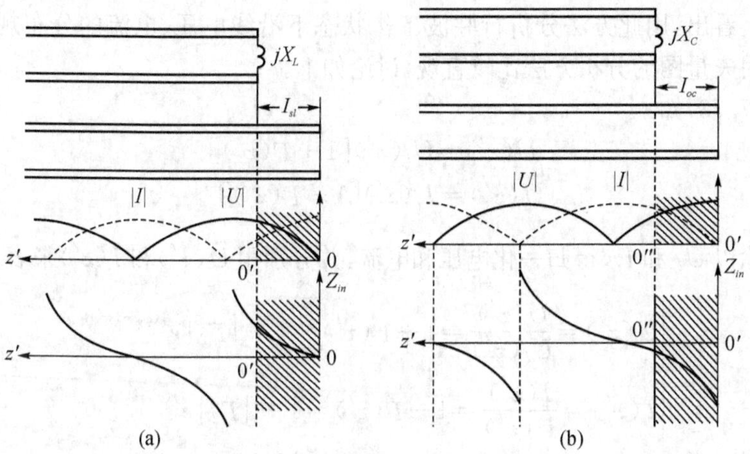

图 7.16 终端接电抗时驻波分布

综上所述,当无损耗传输线终端短路、终端开路或接纯电抗负载时,线上将会产生全反射而形成驻波。其特点如下:

① 沿线电压、电流的振幅随位置而变化,但在某些位置上永远是电压的波腹点(或电流的波节点)且波腹点电压值为入射波电压值的 2 倍;

② 在与电压波腹点相差 $\lambda/4$ 处永远是电压波节点(或电流波腹点),且波节点振幅为零;

③ 沿线电压和电流在时间和距离位置上均相差$\pi/2$,因此线上没有能量传输;

④ 沿线阻抗分布除电压波腹点为无穷大和波节点为零以外,其余各处均为纯电抗;

⑤ 两波节点之间沿线电压(或电流)相位相同,而在波节点的两侧沿线电压(或电流)相位相反。

3) 行驻波工作状态(部分反射情况)

均匀无损耗传输线终端接任意负载阻抗 $Z_L=R+jX$ 时,终端电压反射系数为

$$\begin{aligned}\Gamma_2&=\frac{Z_L-Z_0}{Z_L+Z_0}=\frac{R+jX-Z_0}{R+jX+Z_0}\\&=\frac{(R^2-Z_0^2+X^2)+j2Z_0X}{(R+Z_0)^2+X^2}=|\Gamma_2|e^{j\varphi_2}\end{aligned} \tag{7.95}$$

式中反射系数的模和相角分别为

$$|\Gamma_2|=\sqrt{\frac{(R-Z_0)^2+X^2}{(R+Z_0)^2+X^2}},\ \varphi_2=\arctan\frac{2Z_0X}{R^2-Z_0^2+X^2}$$

模$|\Gamma_2|<1$,表明反射波幅度小于入射波幅度,入射波功率部分被负载吸收,线上既有行波,又有驻波,此时传输线工作在行驻波状态。行波与驻波的相对大小决定于负载与传输线的失配程度。

由以上看出，用此方法分析行驻波工作状态下沿线电压、电流的分布规律比较麻烦。若采用矢量图的分析方法比较直观，讨论如下。

由式(7.73)知

$$\begin{cases} U(z')=U_i(z')[1+\Gamma(z')] \\ I(z')=I_i(z')[1-\Gamma(z')] \end{cases}$$

上式分别除以 U_i 和 I_i，得归一化电压和电流，并分别用 $\widetilde{U}(z')$ 和 $\widetilde{I}(z')$ 来表示。即

$$\begin{cases} \widetilde{U}(z')=\dfrac{U(z')}{U_i(z')}=1+\Gamma(z')=1+|\Gamma_2|e^{j(\varphi_2-2\beta z')} \\ \widetilde{I}(z')=\dfrac{I(z')}{I_i(z')}=1-\Gamma(z')=1-|\Gamma_2|e^{j(\varphi_2-2\beta z')} \end{cases} \tag{7.96}$$

上面两式之比即为归一化阻抗

$$\widetilde{Z}(z')=\frac{1+\Gamma(z')}{1-\Gamma(z')} \tag{7.97}$$

现在，我们将上式用矢量来表示，并画在一个复平面上。式(7.96)中第一式的第一项为实数1，表示在实轴方向的单位矢量，它是始终不变的。第二项为反射系数的旋转矢量，它的模为 $|\Gamma|$，在终端处反射系数的相角为 φ_2，即在复平面上终端处的反射系数和实轴的夹角。当离终端向电源方向移动时，反射系数的相位不断滞后，即反射系数矢量沿着 $|\Gamma|$ 的圆顺时针方向旋转；反之，当从电源向负载方向移动时，反射系数的相位愈来愈超前，即反射系数矢量沿 $|\Gamma|$ 的圆逆时针方向旋转。则沿线某点的归一化电压振幅值是单位矢量与该点的旋转反射系数矢量的叠加。如图7.17(a)所示。

同样，由式(7.96)第二式可知，单位矢量和某点反射系数旋转矢量的差，称为该点的归一化电流矢量，将反射系数矢量旋转，即可得到沿线归一化电流的振幅分布。如图7.17(b)所示。

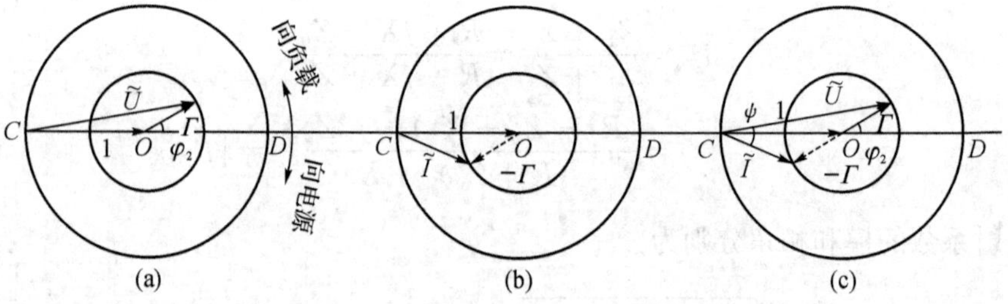

图 7.17

把归一化电压矢量和电流矢量画在同一个复平面上，如图7.17(c)所示。ψ 为归一化电压和归一化电流矢量的相位差，它反映该点的阻抗特性。将反射系数矢量大小随 Z_L 变化并旋转就可以得到终端接任意负载时沿线各点的电压、电流和阻抗分布规律。

下面用矢量图方法来分析任意负载情况下的一般特性。

(1) 电压波腹和波节点的位置和大小

由图 7.17 可见，当反射系数矢量旋转到与 $\overline{OD}$ 轴重合时，合成的归一化电压为最大(或归一化电流最小)，故 $\overline{OD}$ 轴为电压波腹点(或电流波节点)的轨迹。由式(7.96)可知终端到第一个电压波腹点的距离 z'_{max1} 应满足

$$\varphi_2 - 2\beta z'_{max1} = 0$$

即
$$z'_{max1} = \varphi_2/2\beta \tag{7.98}$$

此时电压最大值为

$$\widetilde{U}_{max} = 1 + |\Gamma| \tag{7.99}$$

当反射系数矢量旋转到与 $\overline{OC}$ 轴重合时，合成归一化电压为最小(或归一化电流最大)。故 $\overline{OC}$ 轴为电压波节点(或电流波腹点)的轨迹。由式(7.96)可知终端到第一个电压波节点的距离 z'_{min1} 应满足

$$\varphi_2 - 2\beta z'_{min1} = \pi$$

即
$$z'_{min1} = \varphi_2/2\beta - \lambda/4 \tag{7.100}$$

此时电压的最小值为

$$\widetilde{U}_{min} = 1 - |\Gamma| \tag{7.101}$$

因此式(7.99)和(7.101)的比值为线上的驻波系数，即

$$\rho = \frac{\widetilde{U}_{max}}{\widetilde{U}_{min}} = \frac{1+|\Gamma|}{1-|\Gamma|} = \frac{1}{K} \tag{7.102}$$

(2) 阻抗特性

由图 7.17(c)可见，当反射系数矢量落在上半平面内，则电压超前电流，阻抗为感性，故上半平面为感性阻抗的轨迹；当反射系数矢量落在下半面内，则电流超前电压，阻抗为容性，故下半平面为容性阻抗的轨迹，当反射系数矢量落在 $\overline{OD}$ 实轴上，则电压和电流同相。阻抗为纯电阻且最大，此处电压为波腹点而电流为波节点，故该处归一化电阻为

$$\widetilde{R}_{max} = \frac{\widetilde{U}_{max}}{\widetilde{I}_{min}} = \frac{1+|\Gamma|}{1-|\Gamma|} = \rho$$

当反射系数矢量落在 $\overline{OC}$ 负实轴上，则电压和电流同相，阻抗为纯电阻且最小，此处为电压波节点和电流波腹点，故该处归一化电阻为

$$\widetilde{R}_{min} = \frac{\widetilde{U}_{min}}{\widetilde{I}_{max}} = \frac{1-|\Gamma|}{1+|\Gamma|} = K$$

由此可见，将单位矢量与反射系数旋转矢量合成即可得到任意负载情况下沿线电压、电流和阻抗的分布。

例 7.1 证明：一个感抗为 jX_L 的集中电感可以用一段长度为 l_e 的终端短路的传输线等效，试证明其等效关系为 $l_e=\frac{\lambda}{2\pi}\arctan\left(\frac{X_L}{Z_0}\right)$

证 根据题意有 $Z_{in}=jX_L$，则由图 7.16 (a)有

$$jZ_0\tan\frac{2\pi}{\lambda}l_e=jX_L$$

即

$$l_e=\frac{\lambda}{2\pi}\arctan\left(\frac{X_L}{Z_0}\right)$$

证毕。

例 7.2 均匀无损耗长线终接 $Z_L=100\ \Omega$，信号频率为 1 000 MHz 时，测得终端电压反射系数的相角 $\varphi_2=180°$ 和电压驻波比 $\rho=1.5$。计算终端电压反射系数 Γ_2、长线特性阻抗 Z_0 及距终端最近的一个电压波幅点的距离 $l_{\max}$。

解 由式(7.81) $|\Gamma|=\frac{\rho-1}{\rho+1}=0.2$

则终端电压反射系数为：$\Gamma_2=|\Gamma_2|e^{j\varphi_2}=0.2e^{j\pi}=-0.2$

$$Z_0=Z_L\frac{1-\Gamma_2}{1+\Gamma_2}=150\ (\Omega)$$

距离终端最近的一个电压波幅点距离为

$$l_{\max}=\frac{\varphi_2}{2\beta}=\frac{\lambda}{4}$$

本章提要

1. 只有当电磁波的频率满足条件 $\lambda<\lambda_c$ 或 $f>f_c$，才能在波导内传输，否则被截止。

2. 理想波导传输特性：

相速

$$v_p=\frac{v}{\sqrt{1-\left(\frac{\lambda}{\lambda_c}\right)^2}}$$

群速

$$v_g=v\sqrt{1-\left(\frac{\lambda}{\lambda_c}\right)^2}$$

波导波长
$$\lambda_p=\frac{\lambda}{\sqrt{1-\left(\frac{\lambda}{\lambda_c}\right)^2}}$$

波阻抗
$$\eta_{\mathrm{TE}}=\frac{\eta}{\sqrt{1-\left(\frac{\lambda}{\lambda_c}\right)^2}};\eta_{\mathrm{TM}}=\eta\sqrt{1-\left(\frac{\lambda}{\lambda_c}\right)^2}$$

式中 λ_c 为截止波长。矩形波导的截止波长为
$$\lambda_c=\frac{2}{\sqrt{\left(\frac{m}{a}\right)^2+\left(\frac{n}{b}\right)^2}}$$

3. 波导系统中场结构必须满足：电力线一定与磁力线相互垂直，两者与传播方向满足右手螺旋法则；波导金属壁上只有电场的法向分量和磁场的切向分量；磁力线一定是封闭曲线。

4. 微波传输线是一种分布参数电路，由传输线的等效电路可以导出传输线方程。无损耗传输线方程
$$\begin{cases}\dfrac{\mathrm{d}^2U(z)}{\mathrm{d}z^2}+\beta^2U(z)=0\\ \dfrac{\mathrm{d}^2I(z)}{\mathrm{d}z^2}+\beta^2I(z)=0\end{cases}$$

其解为
$$\begin{cases}U(z)=A_1e^{-j\beta z}+A_2e^{j\beta z}\\ I(z)=\dfrac{1}{Z_0}(A_1e^{-j\beta z}-A_2e^{j\beta z})\end{cases}$$

其参量
$$Z_0=\sqrt{\frac{L_1}{C_1}};v_p=\frac{1}{\sqrt{L_1C_1}};\lambda_p=\frac{\lambda_0}{\sqrt{\varepsilon_r}}$$

5. 无损耗传输线的 3 种工作状态

(1) 当 $Z_L=Z_0$ 时，传输线上载行波。线上电压、电流振幅不变；相位沿传播方向不断变化；沿线的阻抗均等于特性阻抗；电磁能量全部被负载吸收。

(2) 当 $Z_L=0$、∞ 和 $\pm jX$ 时，传输线上载驻波。驻波的波腹为入射波的两倍，波节为零；电压波腹处的阻抗为无限大的纯电阻，电压波节点处的阻抗为零，沿线其余各点的阻抗均为纯电抗；没有电磁能量的传输，只有电磁能量的交换。

(3) 当 $Z_L=R+jX$ 时，传输线上载行驻波。行驻波的波腹小于两倍入射波，波节不为零，电压波腹处的阻抗为最大的纯电阻 $R_{\max}=\rho Z_0$，电压波节处的阻抗为最小的纯

电阻 $R_{min}=KZ_0$，电磁能量一部分被负载吸收，另一部分被负载反射回去。

6. 表征传输线上反射波的大小参量有反射系数 Γ、驻波系数 ρ 和行波系数 K。它们之间的关系为

$$\rho=\frac{1}{K}=\frac{1+|\Gamma|}{1-|\Gamma|}$$

思考题

7.1　电磁波在波导中传播的速度是否大于它在自由空间传播的速度呢？

7.2　为什么波导内不可能存在 TEM 波，只能传播各种模式的 TE 和 TM 波呢？

7.3　矩形波导中的电磁波具有哪些主要特性？

7.4　在矩形波导尺寸 a 和 b 不变情况下，如何才能获得更宽的频带？

7.5　电磁波在波导中发生的色散特性与导电介质中的色散特性是否相同？

7.6　矩形波导中 TE_{10} 波的场分布如何？

7.7　何谓分布参数？

7.8　传输线特性阻抗的定义是什么？输入阻抗的定义是什么？

7.9　什么是反射系数、驻波系数和行波系数？

7.10　传输线有哪几种工作状态？相应的条件是什么？有什么特点？

习　题

7.1　已知矩形波导的截面尺寸为 $a\times b=23\ \text{mm}\times 10\ \text{mm}$，试求当工作波长 $\lambda=10\ \text{mm}$ 时，波导中能传输哪些波型？$\lambda=30\ \text{mm}$ 时呢？

7.2　矩形波导截面尺寸为 $a\times b=72\ \text{mm}\times 30\ \text{mm}$，波导内充满空气，信号源频率为 3 GHz，试求：(1) 波导中可以传播的模式；(2) 该模式的截止波长 λ_c、波数 β、波导的波长 λ_p，相速 v_p、群速 v_g 和波阻抗。

7.3　一根特性阻抗为 50 Ω、长度为 2 m 的无耗传输线工作于频率 200 MHz，终端接有阻抗 $Z_L=40+j30\ \Omega$，试求其输入阻抗。

7.4　一根 75 Ω 的无耗传输线，终端接有阻抗 $Z_L=R_L+jX_L$

(1) 欲使线上的电压驻波比等于 3，则 R_L 和 X_L 有什么关系？

(2) 若 $R_L=150\ \Omega$，求 X_L 等于多少？

(3) 求在第二种情况下，距负载最近的电压最小点位置。

7.5　求下图所示电路的输入阻抗。

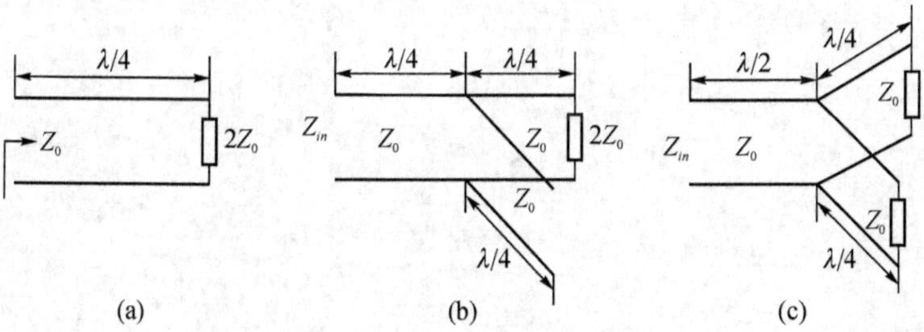

题 7.5 图

7.6 试证明工作波长 λ，波导波长 λ_g 和截止波长 λ_c 满足如下关系：

$$\lambda=\frac{\lambda_g\lambda_c}{\sqrt{\lambda_g^2+\lambda_c^2}}$$

7.7 设矩形波导尺寸为 $a\times b=60\ \text{mm}\times 30\ \text{mm}$，内充空气，工作频率 3 GHz，工作在主模，求该波导能承受的最大功率为多少？

7.8 考虑一无损耗传输线，(1) 当负载阻抗 $Z_L=(40-j30)\ \Omega$ 时，欲使线上驻波比最小，则线的特性阻抗应为多少？(2) 求出该最小的驻波比及相应的电压反射系数。(3) 确定距负载最近的电压最小点的位置。

8 电磁辐射

通信的目的是传递信息，根据传递信息的途径不同，可将通信系统大致分为两大类：一类是在相互联系的网络中用各种传输线来传递信息，即所谓的有线通信，如电话、计算机局域网等有线通信系统；另一类是依靠电磁辐射通过无线电波来传递信息，即所谓的无线通信，如电视、广播、雷达、导航、卫星等无线通信系统。

天线是任何无线电通信系统都离不开的主要前端器件。尽管设备的任务并不相同，但天线在其中所起的作用基本上是相同的。在图 8.1 所示的通信示意图中，天线的任务是将发射机输出的高频电流能量（导波）转换成电磁波辐射出去，或将空间电波信号转换成高频电流能量送给接收机。为了能良好地实现上述目的，要求天线具有一定的方向特性、较高的转换效率、能满足系统正常工作的频带宽度。天线作为无线电系统不可缺少且非常重要的部件，其本身的质量直接影响着无线电系统的整体性能。

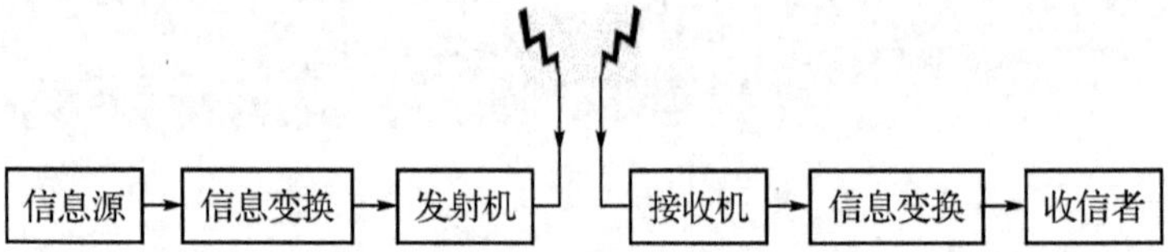

图 8.1　无线电通信系统框图

无线通信技术及业务的迅速发展既对天线提出许多新的研究方向，同时也促使了许多新型天线的诞生。例如多频多极化的微带天线，由于其体积小，剖面低，适应了微型和集成电路的进展；电扫描和多波束天线能同时跟踪多目标，适应了现代化军事技术的发展；在通信环境日益复杂的情况下，具有抗干扰能力的自适应天线能大大地提高接收信号的信噪比；尤其是实现第三代移动通信的关键技术——智能天线，能够智能化地进行对电磁波到达角度估计以及具有预定空域特征的数字波束形成，目前智能天线技术已成为移动通信领域的研究热点。

无线电通信系统的多样性使得天线的种类也多种多样。按照用途不同，可将天线分为通信天线、广播和电视天线、雷达天线、导航和测向天线等；按照工作波长，可将天线分为长波天线、中波天线、短波天线、超短波天线以及微波天线等；按照天线的特色，可将天线分为圆极化天线、线极化天线、窄频带天线、宽频带天线、非频变天线以及数字波束天线等。

天线的理论分析是建立在电磁场理论分析的基础上的，求解天线问题实质上就是求解满足特定边界条件的麦克斯韦方程的解，其求解过程是非常繁琐和复杂的。针对实际的天线工程中的设计，具体采用的思路是既有严格的概念，也有近似的处理，甚至依靠数值分析软件进行计算机辅助设计。

8.1 电偶极子的辐射

假设两个相距 dl，并用细直导线相连的固定导体小球，两个小球上的电荷量分别为 $\pm q(t)$，而两者之间的电流为 $i(t)=\frac{dq(t)}{dt}$，则通常将小电流元称为电偶极子。电偶极子是一种基本的辐射单元，它是指一段理想的高频电流直导线，其长度 l 远小于波长 λ，其半径 a 远小于 l，同时电偶极子沿线的电流 I 处处等幅同相。用这样的电流元可以构成实际的更复杂的天线，因而电偶极子的辐射特性是研究更复杂天线辐射特性的基础。

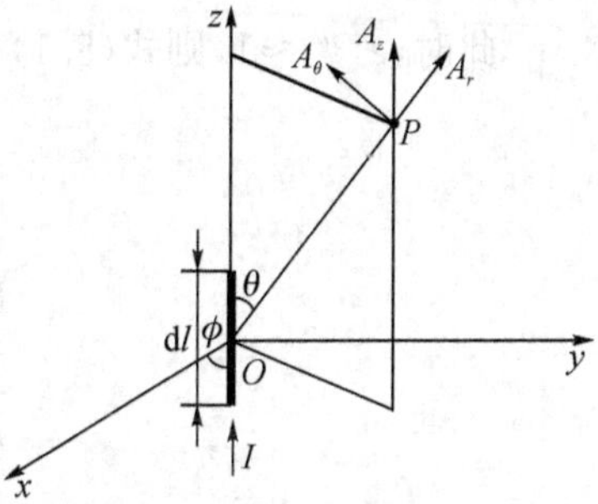

图 8.2 电偶极子的辐射

如图 8.2 所示，在球坐标系原点 O 沿 z 轴放置的电偶极子在无限大自由空间中场强的表达式为

$$\left.\begin{aligned}
H_r &= 0\\
H_\theta &= 0\\
H_\phi &= \frac{Il}{4\pi}\sin\theta\left(j\frac{k}{r}+\frac{1}{r^2}\right)e^{-jkr}\\
E_r &= \frac{Il}{4\pi}\frac{2}{\omega\varepsilon_0}\cos\theta\left(\frac{k}{r^2}-j\frac{1}{r^3}\right)e^{-jkr}\\
E_\theta &= \frac{Il}{4\pi}\frac{1}{\omega\varepsilon_0}\sin\theta\left(j\frac{k^2}{r}+\frac{k}{r^2}-j\frac{1}{r^3}\right)e^{-jkr}\\
E_\phi &= 0
\end{aligned}\right\} \tag{8.1}$$

$$\left.\begin{aligned}
\boldsymbol{E} &= E_r\boldsymbol{e}_r + E_\theta\boldsymbol{e}_\theta\\
\boldsymbol{H} &= H_\phi\boldsymbol{e}_\phi
\end{aligned}\right\} \tag{8.2}$$

式中，$\boldsymbol{E}$ 为电场强度，单位为 V/m；$\boldsymbol{H}$ 为磁场强度，单位为 A/m；场强的下标 r、θ、ϕ 表示球坐标系中矢量的各分量；$\boldsymbol{e}_r$，$\boldsymbol{e}_\theta$，$\boldsymbol{e}_\phi$ 分别为球坐标系中沿 r、θ、ϕ 增大方向的单位矢量。其中 $\varepsilon_0=\frac{1}{36\pi}\times10^{-9}$(F/m)为自由空间的介电常数；$\mu_0=4\pi\times10^{-7}$(H/m)，为自由

空间磁导率；$k=\omega\sqrt{\mu_0\varepsilon_0}=2\pi/\lambda$，为自由空间相移常数，$\lambda$ 为自由空间波长。

由此可见，电偶极子的场强矢量由 3 个分量 H_ϕ, E_r, E_θ 组成，每个分量都由几项组成，它们与距离 r 有着复杂的关系。根据距离的远近，通常可分别讨论靠近和远离电偶极子的两类区域的场的分布。

1）近区场

在靠近电偶极子的区域 $kr\ll 1$ 即 $r\ll\lambda/(2\pi)$，按 $1/r^2, 1/r^3$ 的变化的项起主要作用并形成近区场。

$$\frac{1}{kr}\ll\frac{1}{(kr)^2}\ll\frac{1}{(kr)^3}$$

此时，$e^{-jkr}\approx 1$，则式(8.1)可近似为

$$\left.\begin{aligned}H_\phi&=\frac{Il}{4\pi r^2}\sin\theta\\E_r&=-j\frac{Il}{4\pi r^3}\frac{2}{\omega\varepsilon_0}\cos\theta\\E_\theta&=-j\frac{Il}{4\pi r^3}\frac{1}{\omega\varepsilon_0}\sin\theta\\E_\phi&=H_r=H_\theta=0\end{aligned}\right\}\tag{8.3}$$

上式反应的近区场的磁场分布与恒定磁场中的毕奥－萨伐公式完全相同。另外，电场 $\boldsymbol{E}$ 和磁场 $\boldsymbol{H}$ 之间相位相差 $\pi/2$，其平均功率流密度 $\boldsymbol{S}=\frac{1}{2}\mathrm{Re}[\boldsymbol{E}\times\boldsymbol{H}^*]=0$，即无能量的单向流动，能量只能在电场和磁场之间相互转换，所以近区场也被称为感应场。

应当指出，以上结论是忽略了相对较小的部分得出的，它反映了近区场的特征，但是被忽略部分却是客观存在的，并且它们具有不同的特征，有的部分正是电偶极子的远区辐射功率的来源。

2）近区场

远离电偶极子的区域 $kr\gg 1$ 即 $r\gg\lambda/(2\pi)$，此时 $1/r$ 项起主要作用，而其他项可忽略。

$$\frac{1}{kr}\gg\frac{1}{(kr)^2}\gg\frac{1}{(kr)^3}$$

因此电偶极子的远区场表达式为

$$\left.\begin{aligned}H_\phi&=j\frac{Il}{2\lambda r}\sin\theta e^{-jkr}\\E_\theta&=j\frac{60\pi Il}{\lambda r}\sin\theta e^{-jkr}\\H_r&=H_\theta=E_r=E_\phi=0\end{aligned}\right\}\tag{8.4}$$

远区场又称为辐射场,该辐射场有如下性质:

(1) 远区场沿径向传播。

(2) 远区场只有横向分量。

(3) 电场和磁场在空间相互垂直,并且彼此同相。场振幅与 r 成反比,代表电偶极子由原点向外辐射,其能量逐渐扩散,这些正是球面波的特点。

(4) 电场与磁场的比值为

$$\frac{E_\theta}{H_\phi}=\frac{k}{\omega\varepsilon}=\eta \tag{8.5}$$

即等于媒质的本征阻抗。

(5) 场振幅还与 $\sin\theta$ 成正比,当 $\theta=0$(电偶极子轴向)时,辐射场为零;当 $\theta=\pi/2$(与电偶极子轴线垂直)时,辐射场最强。这表明电偶极子辐射具有方向性,这种方向性是天线的一个重要特性。

8.2 电与磁的对偶性

对于时变电磁场和辐射问题,由于麦克斯韦方程组中磁场和电场的旋度方程以及磁场和电场的散度方程都没有明显的对称性,如果应用对偶原理,需作必要的处理,例如引入磁流密度 $\boldsymbol{J}_m$ 和磁荷密度 ρ_m,可使麦克斯韦方程组变为

$$\nabla\times\boldsymbol{H}=\boldsymbol{J}+\varepsilon\,\frac{\partial\boldsymbol{E}}{\partial t} \tag{8.6}$$

$$\nabla\times\boldsymbol{E}=-\boldsymbol{J}_m-\mu\,\frac{\partial\boldsymbol{H}}{\partial t} \tag{8.7}$$

$$\varepsilon\,\nabla\cdot\boldsymbol{E}=\rho \tag{8.8}$$

$$\mu\,\nabla\cdot\boldsymbol{H}=\rho_m \tag{8.9}$$

式(8.7)中磁流密度前的负号表示由磁流产生的电场的方向,由左手螺旋法则确定。

显然,人为地引入磁流和磁荷后,麦克斯韦方程组式(8.6)~式(8.9)在形式上保证了 $\boldsymbol{E}$ 和 $\boldsymbol{H}$ 的对偶性。这时的麦克斯韦方程组称为广义的麦克斯韦方程组。必须指出,磁流和磁荷的概念已在天线和微波技术领域中得到广泛应用,而且由此获得的计算结果已被实验证实,这就说明,由于磁流和磁荷的引入形成的广义麦克斯韦方程仍能正确地描述电磁场。

由于麦克斯韦方程组中的算子(旋度、散度和微分)都是线性算子,因此可将广义麦克斯韦方程分解为两个方程组之和,第一个方程组是只有电荷与电流存在时,由它们所产生的场 $\boldsymbol{E}_e$ 和 $\boldsymbol{H}_e$ 所满足的关系式为

$$\left.\begin{aligned}\nabla\times\boldsymbol{H}_e&=\boldsymbol{J}_c+\varepsilon\frac{\partial\boldsymbol{E}_e}{\partial t}\\\nabla\times\boldsymbol{E}_e&=-\mu\frac{\partial\boldsymbol{H}_e}{\partial t}\\\varepsilon\nabla\cdot\boldsymbol{E}_e&=\rho_V\\\mu\nabla\cdot\boldsymbol{H}_e&=0\end{aligned}\right\}\tag{8.10}$$

另一个方程组是在只有磁荷和磁流存在时，由它们产生的场 $\boldsymbol{E}_m$ 和 $\boldsymbol{H}_m$ 所应满足的关系式为

$$\left.\begin{aligned}\nabla\times\boldsymbol{H}_m&=\varepsilon\frac{\partial\boldsymbol{E}_m}{\partial t}\\\nabla\times\boldsymbol{E}_m&=-\boldsymbol{J}_m-\mu\frac{\partial\boldsymbol{H}_m}{\partial t}\\\varepsilon\nabla\cdot\boldsymbol{E}_m&=0\\\mu\nabla\cdot\boldsymbol{H}_m&=\rho_m\end{aligned}\right\}\tag{8.11}$$

磁流密度和磁荷密度间的关系如下：

$$\nabla\times\boldsymbol{J}_m=-\frac{\partial\rho_m}{\partial t}\tag{8.12}$$

该式称为磁流连续性方程，其意义与电流连续性方程相同。

可见方程组(8.10)和方程组(8.11)形式上具有相似性，是对偶方程，应用对偶原理，其对偶量的解在形式上也具有相似性。表 8.1 列出了对偶量的对偶关系。

表 8.1　对偶量的对偶关系表

$\boldsymbol{E}\leftrightarrow\boldsymbol{H}_m$	$\boldsymbol{H}\leftrightarrow-\boldsymbol{E}_m$	$\boldsymbol{J}_c\leftrightarrow\boldsymbol{J}_m$	$\rho_V\leftrightarrow\rho_m$	$\varepsilon\leftrightarrow\mu$	$\mu\leftrightarrow\varepsilon$

8.3　磁偶极子的辐射

磁偶极子又称磁流元。我们知道，在稳态电磁场中，静止的电荷产生电场，恒定的电流产生磁场。那么，是否有静止的磁荷产生磁场，恒定的磁流产生电场呢？迄今为止还不能肯定在自然界中是否有孤立的磁荷和磁流存在，但是，如果引入这种假想的磁荷和磁流的概念，将一部分原来由电荷和电流产生的电磁场用能够产生同样电磁场的磁荷和磁流来取代，即将“电源”转换成等效“磁源”，可以大大简化计算工作。稳态场有这种特性，时变场也有这种特性。小电流环的辐射场与磁偶极子的辐射场相同。

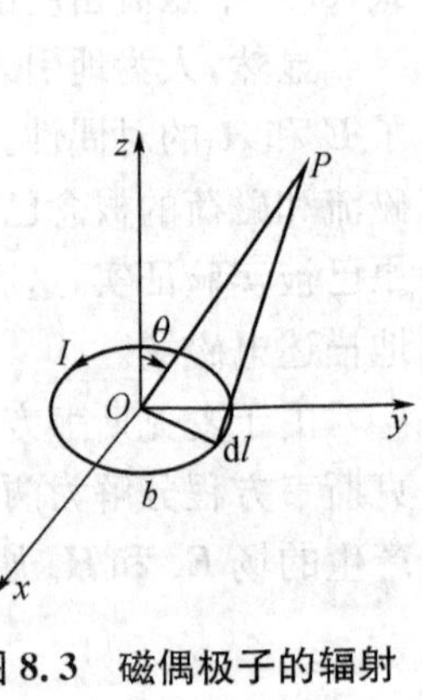

图 8.3　磁偶极子的辐射

如图 8.3 所示，磁偶极子是一个半径为 b 的细线小环，且小环的周长满足条件：$2\pi b \ll \lambda$。假设其上有电流 $i(t)=I\cos\omega t$，由电磁场理论，其磁偶极矩矢量为

$$\boldsymbol{p}_m=\boldsymbol{e}_z I\pi b^2=\boldsymbol{e}_z p_m \tag{8.13}$$

根据电与磁的对偶性原理，只需要将电偶极子场的表达式(8.1)中的 $\boldsymbol{E}$ 换成 $\eta^2\boldsymbol{H}$，$\boldsymbol{H}$ 换为 $-\boldsymbol{E}$，并将电偶极矩 $p=Il/(j\omega)$ 换为磁偶极矩 p_m，就可以得到沿 z 轴放置的磁偶极子场的表达式为

$$\left.\begin{aligned}
E_r&=E_\theta=H_\phi=0\\
E_\phi&=-j\,\frac{\omega\mu_0 p_m}{4\pi}\sin\theta\left(\frac{jk}{r}+\frac{1}{r^2}\right)e^{-jkr}\\
H_\theta&=j\,\frac{p_m}{2\pi}\sin\theta\left(j\,\frac{k^2}{r}+\frac{k}{r^2}-j\,\frac{1}{r^3}\right)e^{-jkr}\\
H_r&=j\,\frac{p_m}{2\pi}\cos\theta\left(\frac{k}{r^2}-j\,\frac{1}{r^3}\right)e^{-jkr}
\end{aligned}\right\} \tag{8.14}$$

与电偶极子做相同的近似，可得磁偶极子的远区场为

$$\left.\begin{aligned}
E_\phi&=\frac{\omega\mu_0 p_m}{2\lambda r}\sin\theta e^{-jkr}\\
H_\theta&=-\frac{1}{\eta}\,\frac{\omega\mu_0 p_m}{2\lambda r}\sin\theta e^{-jkr}
\end{aligned}\right\} \tag{8.15}$$

比较电偶极子的辐射场与磁偶极子的辐射场，可以得知它们除了辐射场的极化方向相互正交之外，其他特性完全相同。

磁偶极子的辐射总功率是

$$P_r=\oint\!\!\oint_S \boldsymbol{S}_{av}\cdot \mathrm{d}\boldsymbol{S}=\oint\!\!\oint_S \frac{1}{2}\mathrm{Re}[\boldsymbol{E}\times\boldsymbol{H}^*]\cdot \mathrm{d}\boldsymbol{S}=160\pi^4 I^2\left(\frac{S}{\lambda}\right)^2\ (\mathrm{W}) \tag{8.16}$$

其辐射电阻是

$$R_r=\frac{2P_r}{I^2}=320\pi^4\left(\frac{S}{\lambda^2}\right)^2\ (\Omega) \tag{8.17}$$

由此可见，同样电长度的导线，绕制成磁偶极子，在电流振幅相同的情况下，远区的辐射功率比电偶极子的要小几个数量级。

8.4 天线的基本电参数

天线的基本功能是能量转换和定向辐射，描述天线工作特性的参数称为天线电参数(Basic Antenna Parameters)，又称电指标，它们是能定量表征其能量转换和定向辐射能力的量。为了能正确设计或选择天线，我们必须了解天线的电参数。天线的基本

电参数主要有方向图、主瓣宽度、旁瓣电平、方向系数、天线效率、天线的极化和频带宽度等。下面进行详细介绍。

1) 天线方向图

由电偶极子的分析可知，天线辐射出去的电磁波虽然是一个球面波，但却不是均匀球面波，因此，任何一个天线的辐射场都具有方向性。所谓方向性，就是在相同距离的条件下天线辐射场的相对值与空间方向的关系。

(1) 方向函数

若天线辐射的电场强度为$\boldsymbol{E}(r,\theta,\phi)$，把电场强度(绝对值)写成

$$|\boldsymbol{E}(r,\theta,\phi)|=\frac{60I}{r}f(\theta,\phi) \tag{8.18}$$

式中I为输入电流，对于驻波天线，通常取波腹电流I_m作为输入电流；$f(\theta,\phi)$为场强方向函数。因此，方向函数可定义为

$$f(\theta,\phi)=\frac{|\boldsymbol{E}(r,\theta,\phi)|}{60I/r} \tag{8.19}$$

为了便于比较不同天线的方向性，常采用归一化方向函数，用$F(\theta,\phi)$表示，即

$$F(\theta,\phi)=\frac{f(\theta,\phi)}{f_{\max}(\theta,\phi)}=\frac{|\boldsymbol{E}(\theta,\phi)|}{|\boldsymbol{E}_{\max}|} \tag{8.20}$$

式中，$f_{\max}(\theta,\phi)$为方向函数的最大值；$\boldsymbol{E}_{\max}$为最大辐射方向上的电场强度；$\boldsymbol{E}(\theta,\phi)$为同一距离方向上的电场强度。

将电偶极子的辐射场表达式(8.4)代入式(8.19)，可得电偶极子的方向函数为

$$f(\theta,\phi)=f(\theta)=\frac{\pi l}{\lambda}|\sin\theta| \tag{8.21}$$

归一化方向函数$F(\theta,\phi)$的最大值为1。因此，电偶极子的归一化方向函数为

$$F(\theta,\phi)=|\sin\theta| \tag{8.22}$$

为了分析和对比方便，今后我们定义理想点源是无方向性天线，它在各个方向上产生的辐射场的大小是相等的，因此它的归一化方向函数为

$$F(\theta,\phi)=1 \tag{8.23}$$

(2) 方向图

将方向函数用曲线描绘出来，称之为方向图(Field Pattern)。方向图就是与天线等距离处，天线辐射场大小在空间中的相对分布随方向变化的图形。依据归一化方向函数绘出的为归一化方向图。对于电偶极子，其立体方向图如图8.4所示。

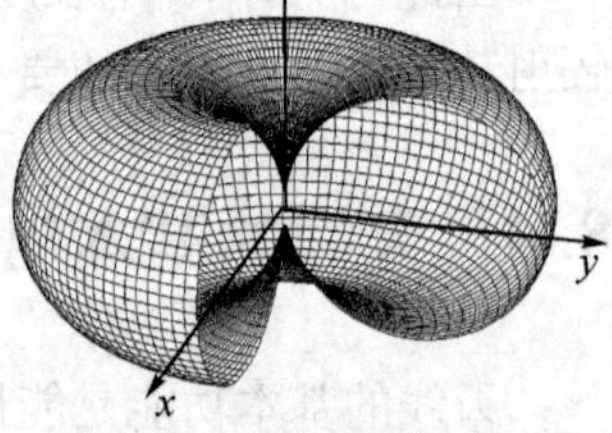

图8.4 电偶极子立体方向图

在实际中，工程上常常采用两个特定正交平面方向图。在自由空间中，两个最重要的平面方向图是 E 面和 H 面方向图。E 面即电场强度矢量所在并包含最大辐射方向的平面；H 面即磁场强度矢量所在并包含最大辐射方向的平面。

图 8.5(a) 给出了电偶极子在子午面上的方向图，又称 E 面方向图，反映了给定 ϕ 值时辐射强度随 θ 的变化情况。图 8.5(b) 给出了电偶极子在赤道面上的方向图，又称 H 面方向图，反映了 $\theta=\pi/2$ 时，辐射强度随 ϕ 的变化情况。从方向图上可以清楚看出，当 $\theta=\pi/2$ 时，辐射最强，当 $\theta=0$ 时，辐射为零，当 θ 一定时，辐射强度与 ϕ 无关。

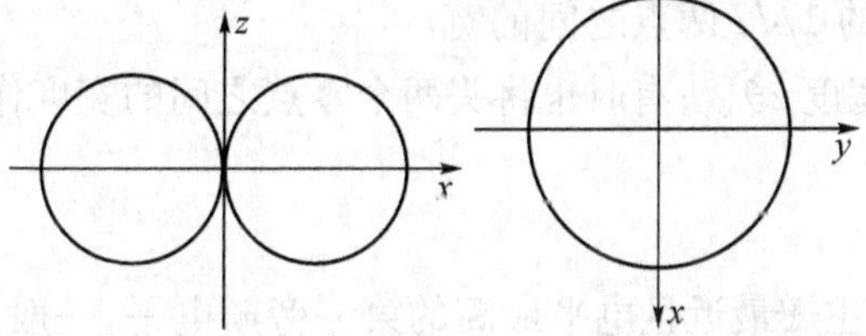

(a) E面方向图　　(b) H面方向图

图 8.5　电偶极子 E 面及 H 面方向图

方向图可用极坐标绘制，角度表示方向，矢径表示场强大小。这种图形直观性强，但零点和最小值不易分清。方向图也可用直角坐标绘制，横坐标表示方向角，纵坐标表示辐射幅值。例如，对于球坐标系中沿 z 轴放置的电偶极子而言，E 面即为包含 z 轴的任一平面，如 yoz 面，此面的方向函数 $F_E(\theta,\phi)=|\sin\theta|$。而 H 面的归一化方向图为一个单位圆。E 面和 H 面方向图就是立体方向图沿 E 面和 H 面两个主平面的剖面图。

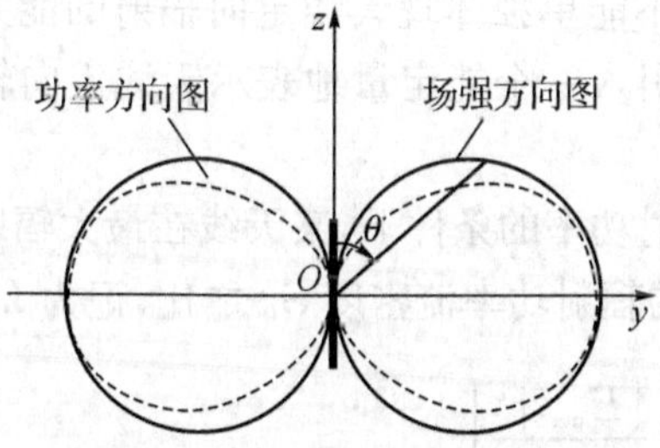

图 8.6　电偶极子 E 平面方向图

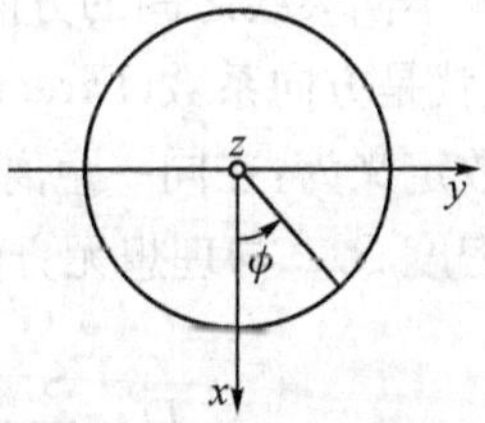

图 8.7　电偶极子 H 平面方向图

功率方向图(Power Pattern)表征辐射的功率密度(坡印廷矢量模值)与方向之间的关系。它与场强方向图之间的关系为

$$\Phi(\theta,\phi)=F^2(\theta,\phi) \tag{8.24}$$

电偶极子功率方向图如上图 8.6 所示。

2) 方向图参数

实际天线的方向图要比电偶极子的复杂，通常有多个波瓣，它可细分为主瓣、副瓣和后瓣，如图 8.8 所示。为了方便对各种天线的方向图特性进行比较，就需要规定一些特性参数，这些参数有：主瓣宽度、旁瓣电平、方向系数等。

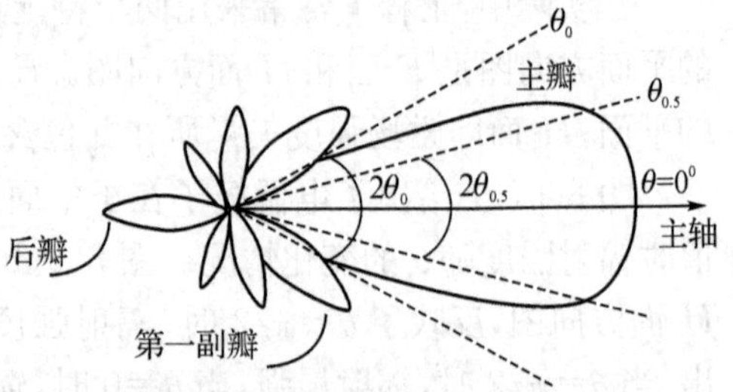

图 8.8　一般的天线方向图

(1) 主瓣宽度

主瓣宽度是衡量天线的最大辐射区域的尖锐程度的物理量。通常它取方向图主瓣两个半功率点之间的宽度，在场强方向图中，等于最大场强的 $1/\sqrt{2}$ 两点之间的宽度，称为半功率波瓣宽度 $2\theta_{0.5}$；有时也将头两个零点之间的宽度作为主瓣宽度，称为零功率波瓣宽度 $2\theta_0$。

(2) 旁瓣电平

旁瓣电平是指离主瓣最近且电平最高的第一旁瓣电平，一般以分贝表示。方向图的旁瓣区是不需要辐射的区域，所以其电平应尽可能的低，且天线方向图一般都有这样一条规律：离主瓣愈远的旁瓣的电平愈低。第一旁瓣电平的高低，在某种意义上反映了天线方向性的好坏。另外，在天线的实际应用中，旁瓣的位置也很重要。

(3) 前后比

前后比是指最大辐射方向(前向)电平与其相反方向(后向)电平之比，通常以分贝为单位。

(4) 方向系数

方向图的各种参数虽然能在一定程度上反映天线的定向辐射状态，但由于这些参数未能反映辐射在全空间的总效果，因此都不能单独体现天线定向辐射的能力。为了更精确地比较不同天线之间的方向性，需要引入一个能定量地表示天线定向辐射能力的电参数，这就是方向系数(Directivity)。

方向系数定义为：在同一距离及相同辐射功率的条件下，某天线在最大辐射方向上的辐射功率密度 S_{max} 与理想无方向性天线的辐射功率流密度 S_0 之比，记为 D，即

$$D=\frac{S_{max}}{S_0}\bigg|_{P_r=P_{r0}}=\frac{|E_{max}|^2}{|E_0|^2}\bigg|_{P_r=P_{r0}} \tag{8.25}$$

式中 P_r、P_{r_0} 分别为实际天线和无方向性天线的辐射功率。无方向性天线本身的方向系数为 1。

由于无方向性天线在 r 处产生的辐射功率密度为

$$S_0=\frac{P_{r0}}{4\pi r^2}=\frac{|E_0|^2}{240\pi} \tag{8.26}$$

因此，由方向系数的定义可得

$$D=\frac{r^2|E_{\max}|^2}{60P_r} \tag{8.27}$$

在最大辐射方向上

$$E_{\max}=\frac{\sqrt{60P_rD}}{r} \tag{8.28}$$

上式表明,天线的辐射场与 P_rD 的平方根成正比,所以对于不同的天线,若它们的辐射功率相等,则在同是最大辐射方向且同一 r 处的观察点,辐射场之比为

$$\frac{E_{\max1}}{E_{\max2}}=\frac{\sqrt{D_1}}{\sqrt{D_2}} \tag{8.29}$$

若要求它们在同一 r 处观察点辐射场相等,则要求

$$\frac{P_{r1}}{P_{r2}}=\frac{D_2}{D_1} \tag{8.30}$$

即所需要的辐射功率与方向系数成反比。

天线的辐射功率可由坡印亭矢量积分法来计算,此时可在天线的远区以 r 为半径做出包围天线的积分球面,即

$$P_r=\iint_S \boldsymbol{S}_{av}(\theta,\phi)\cdot \mathrm{d}\boldsymbol{S}=\int_0^{2\pi}\int_0^{\pi}S_{av}(\theta,\phi)r^2\sin\theta\,\mathrm{d}\theta\,\mathrm{d}\phi \tag{8.31}$$

由于

$$S_0=\frac{P_{r0}}{4\pi r^2}\bigg|_{P_{r0}=P_r}=\frac{P_r}{4\pi r^2}=\frac{1}{4\pi}\int_0^{2\pi}\int_0^{\pi}S_{av}(\theta,\phi)\sin\theta\,\mathrm{d}\theta\,\mathrm{d}\phi \tag{8.32}$$

因此,由方向系数定义可得

$$\begin{aligned}D&=\frac{S_{av,\max}}{\dfrac{1}{4\pi}\displaystyle\int_0^{2\pi}\int_0^{\pi}S_{av}(\theta,\phi)\sin\theta\,\mathrm{d}\theta\,\mathrm{d}\phi}\\&=\frac{4\pi}{\displaystyle\int_0^{2\pi}\int_0^{\pi}\frac{S_{av}(\theta,\phi)}{S_{av,\max}}\sin\theta\,\mathrm{d}\theta\,\mathrm{d}\phi}\end{aligned} \tag{8.33}$$

由天线的归一化方向函数式(8.20)可知

$$\frac{S_{av}(\theta,\phi)}{S_{av,\max}}=\frac{E^2(\theta,\phi)}{E_{\max}^2}=F^2(\theta,\phi)$$

方向系数最终计算公式为

$$D=\frac{4\pi}{\displaystyle\int_0^{2\pi}\int_0^{\pi}F^2(\theta,\varphi)\sin\theta\,\mathrm{d}\theta\,\mathrm{d}\phi} \tag{8.34}$$

显然，方向系数与辐射功率在全空间的分布状态有关。要使天线的方向系数大，不仅要求主瓣窄，而且要求全空间的副瓣电平小。

例 8.1 求出沿 z 轴放置的电偶极子的方向系数。

解 已知电偶极子的归一化方向函数为

$$F(\theta,\phi)=|\sin\theta|$$

将上式代入方向系数表达式(8.34)得

$$D=\frac{4\pi}{\int_0^{2\pi}\int_0^{\pi}\sin^3\theta\,\mathrm{d}\theta\,\mathrm{d}\phi}=1.5$$

若以分贝表示，则 $D=10\lg 1.5=1.76$ dB。可见，电偶极子的方向系数很低。

3）天线效率

一般来说，载有高频电流的天线导体及其绝缘介质都会产生损耗，因此输入天线的实功率并不能全部地转换成电磁波能量。可以用天线效率(Efficiency)来表示这种能量转换的有效程度。天线效率定义为天线辐射功率 P_r 与输入功率 P_{in} 之比，记为 η_A，即

$$\eta_A=\frac{P_r}{P_{in}} \tag{8.35}$$

辐射功率与辐射电阻之间的联系公式为 $P_r=\frac{1}{2}I^2R_r$，依据电场强度与方向系数的关系，则辐射电阻的一般表达式为

$$R_r=\frac{30}{\pi}\int_0^{2\pi}\int_0^{\pi}f^2(\theta,\phi)\sin\theta\,\mathrm{d}\theta\,\mathrm{d}\phi \tag{8.36}$$

与式(8.34)对比后，可得方向系数与辐射阻抗之间的关系为

$$D=\frac{120f^2{}_{\max}}{R_r} \tag{8.37}$$

类似于辐射功率与辐射电阻之间的关系，也可将损耗功率 P_l 与损耗电阻 R_l 联系起来，即

$$P_l=\frac{1}{2}I^2R_l \tag{8.38}$$

R_l 是电流 I 引起的损耗电阻，这样

$$\eta_A=\frac{P_r}{P_r+P_l}=\frac{R_r}{R_r+R_l} \tag{8.39}$$

注意，上式中 R_r、R_l 都应是同一电流 I 引起的损耗电阻。

一般来说,损耗电阻的计算是比较困难的,但可以由实验确定。由上式可以看到,若要提高天线效率,必须尽可能地减小损耗电阻和提高辐射电阻。通常,超短波和微波天线效率很高,接近于1。

值得提出的是,这里定义的天线效率并未包含天线与传输线失配引起的反射损失,考虑到天线输入端的电压反射系数为Γ,则天线的总效率为

$$\eta_\Sigma=(1-|\Gamma|^2)\eta_A \tag{8.40}$$

4) 增益系数

方向系数只是衡量天线定向辐射特性的参数,它只决定于方向图;天线效率则表示了天线在能量上的转换效能;而增益系数(Gain)则表示了天线的定向收益程度。

增益系数是综合衡量天线能量转换和方向特性的参数,它是方向系数与天线效率的乘积,记为G,即

$$G=D\cdot\eta_A \tag{8.41}$$

由上式可得,天线方向系数和效率愈高,则增益系数愈高。在实际中,天线的最大增益系数是比方向系数更为重要的电参量。

根据上式,可将式(8.28)改写为

$$E_{\max}=\frac{\sqrt{60P_rD}}{r}=\frac{\sqrt{60P_{in}D}}{r} \tag{8.42}$$

增益系数也可以用分贝表示为$10\lg G$。因为一个增益系数为10、输入功率为1 W的天线和一个增益系数为2、输入功率为5 W的天线在最大辐射方向上具有同样的效果,所以又将P_rD或$P_{in}D$定义为天线的有效辐射功率。

5) 天线的极化

天线的极化(Polarization)是指该天线在给定方向上远区辐射电场的空间取向。具体地说,就是在空间某一固定位置上,电场矢量的末端随时间变化所描绘的图形。该图形如果是直线,就称为线极化;如果是圆,就称为圆极化;如果是椭圆,就称为椭圆极化。如此按天线所辐射的电场的极化形式,可将天线分为线极化天线、圆极化天线和椭圆极化天线。线极化又可分为水平极化和垂直极化;圆极化和椭圆极化都可分为左旋和右旋。左旋和右旋的概念见6.5节讨论的内容。

天线极化的应用见6.5.4节。

6) 频带宽度

任何天线的工作频率都有一定的范围,当工作频率偏离中心工作频率f_0时,天线的电参数将变差,其变差的容许程度取决于天线设备系统的工作特性要求。当工作频率变化时,天线的有关电参数变化的程度在所允许的范围内,此时对应的频率范围称为频带宽度(Bandwidth)。根据天线设备系统的工作场合不同,影响天线频带宽度的主要电参数也不同。

7) 输入阻抗

天线的输入阻抗决定于天线的结构、工作频率以及周围环境的影响。天线的输入阻抗对频率的变化往往十分敏感，当天线工作频率偏离设计频率时，天线与传输线的匹配变坏，致使传输线上电压驻波比增大，天线效率降低。因此在实际应用中，还引入电压驻波比参数，并且驻波比不能大于某一规定值。

8) 有效长度

一般而言，天线上的电流分布是不均匀的，也就是说天线上各部位的辐射能力不一样。为了衡量天线的实际辐射能力，常采用有效长度（Effective Length）。定义为：在保持实际天线最大辐射方向上的场强值不变的条件下，假设天线上的电流分布为均匀分布时天线的等效长度。

8.5 对称振子

对称振子（Symmetrical Center-Fed Dipole）是中间馈电，其两臂由两段等长导线构成的振子天线。一臂的导线半径为 a，长度为 l。两臂之间的间隙很小，理论上可忽略不计，所以振子的总长度 $L=2l$，如图 8.9 所示。

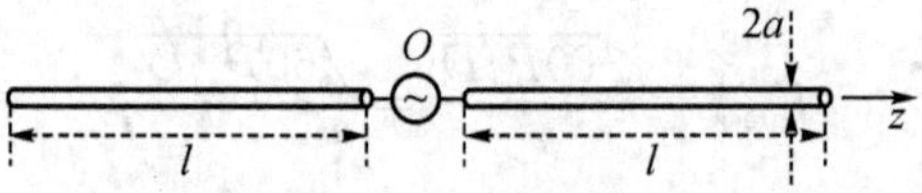

图 8.9 对称振子结构及坐标图

8.5.1 对称振子的辐射场

令振子沿 z 轴放置，其上的电流分布为

$$I(z)=I_m\sin\beta(l-|z|) \tag{8.43}$$

式中，β 为相位常数，$\beta=k=\frac{2\pi}{\lambda_0}=\frac{\omega}{v_0}$。

在距中心点为 z 处取电流元段 $\mathrm{d}z$，则对于远区场产生的电场强度为

$$\mathrm{d}E_\theta=j\,\frac{60\pi}{\lambda}\sin\theta I_m\sin\beta(l-|z|)\,\frac{e^{-j\beta r'}}{r'}\mathrm{d}z \tag{8.44}$$

在远场区，由于 $r\gg l$，则 r 与 r' 的关系为

$$r'\approx r-z\cos\theta \tag{8.45}$$

则细振子天线的辐射场为

$$E_\theta=j\,\frac{60I_m}{r}e^{-j\beta r}F(\theta) \tag{8.46}$$

式中

$$F(\theta)=\frac{\cos(\beta l\cos\theta)-\cos\beta l}{\sin\theta} \tag{8.47}$$

对称振子的辐射功率为

$$\begin{aligned}P_{\Sigma}&=\frac{r^2|E_{\max}|^2}{240\pi}\int_0^{2\pi}\int_0^{\pi}|F(\theta)|^2\sin\theta\mathrm{d}\theta\mathrm{d}\phi\\&=\frac{15}{\pi}I_m^2\int_0^{2\pi}\int_0^{\pi}|F(\theta)|^2\sin\theta\mathrm{d}\theta\mathrm{d}\phi\end{aligned} \tag{8.48}$$

8.5.2 对称振子的输入阻抗

对称振子的实际电流分布与理想正弦分布在输入端和波节处又有一定的差别，因此若仍然认为振子上的电流分布为正弦分布，对称振子输入阻抗的计算会有较大的误差。为了较正确的计算对称振子的输入阻抗，除了采用精确的数值求解方法之外，工程上也常常采用“等值传输线法”。也就是说，考虑到对称振子与传输线的区别，可将对称振子经过修正等效成传输线后，再借助于传输线的阻抗公式来计算对称振子的输入阻抗。此方法计算简便，有利于工程应用。

设均匀双线的导线半径为 a，双线轴线间的距离为 D，则均匀双线的特性阻抗为

$$Z_0=120\ln\frac{D}{a}\ (\Omega) \tag{8.49}$$

由此，对称振子对应线元 $\mathrm{d}z$ 所对应的特性阻抗为 $120\ln(2z/a)$，它随 z 而变，对称振子的平均特性阻抗为

$$Z_{oa}=\frac{1}{l}\int_0^l Z_0(z)\mathrm{d}z=120\left(\ln\frac{2l}{a}-1\right) \tag{8.50}$$

经过前面的讨论，可得对称振子输入阻抗为

$$Z_{in}=Z_{oa}\frac{1}{\mathrm{ch}(2\alpha l)-\cos(2\beta l)}\left[\left(\mathrm{sh}(2\alpha l)-\frac{\alpha}{\beta}\sin(2\beta l)\right)-j\left(\frac{\alpha}{\beta}\mathrm{sh}(2\alpha l)+\sin(2\beta l)\right)\right] \tag{8.51}$$

由上式可知，振子越粗，平均特性阻抗 Z_{oa} 就越小，对称振子的输入阻抗随 l/λ 变化就越平缓，有利于改善频带宽度。

应该指出的是，对称振子输入端的连接状态也会影响其输入阻抗。在实际测量中，振子的端接条件不同，测得的振子输入阻抗也会有一定的差别。

在所有对称振子中，半波振子($l=0.25\lambda$)最具有实用性，它广泛地应用于短波和超短波波段，它既可以作为独立天线使用，也可作为天线阵的阵元，还可用作微波波段天线的馈源。

由式(8.47)可得半波振子的方向函数

$$F(\theta)=\left|\frac{\cos\left(\frac{\pi}{2}\cos\theta\right)}{\sin\theta}\right| \tag{8.52}$$

8.6 天线阵

单个天线的方向性是有限的,为了加强天线的定向辐射能力,可以采用天线阵(Arrays)。天线阵就是将若干个单元天线按一定方式排列而成的天线系统。排列方式可以是直线阵、平面阵和立体阵。实际的天线阵多用相似元组成。所谓相似元,是指各阵元的类型、尺寸相同,架设方位相同。天线阵的辐射场由各天线元的辐射场叠加得到,因此,天线阵的方向图与每一天线元的形式、取向以及天线上电流分布的大小和相位等因素有关。将简单的天线元按照一定的规律排成阵列,通过调整阵列元的数目、间隔以及每个阵列元馈给电流的大小和相位,可使天线阵产生某种需要的方向图,使得空间某些点辐射同相,而另外一些点反相,从而产生高度定向的辐射,使得天线辐射的能量都传送到预定的方向。

天线阵按其单元天线排列方式可分为直线阵和平面阵,平面阵可看作是直线阵的推广,而直线阵又可由二元阵推广得到。因此二元阵是天线阵的基础。下面我们先讨论二元阵,然后介绍一种最简单的天线阵—均匀直线式天线阵。

1) 二元阵

设二元阵是由间距为 d 并沿 x 轴排列的两个相同的天线元所组成,如图 8.10 所示。假设天线元 1 由振幅相等的电流所激励,但天线元 2 的电流相位超前天线元 1 的角度为 ζ,它们的远区电场是沿 θ 方向的,于是有

$$E_{\theta1}=E_mF(\theta,\varphi)\frac{e^{-jkr_1}}{r_1} \tag{8.53}$$

$$E_{\theta2}=E_mF(\theta,\varphi)e^{j\zeta}\frac{e^{-jkr_2}}{r_2} \tag{8.54}$$

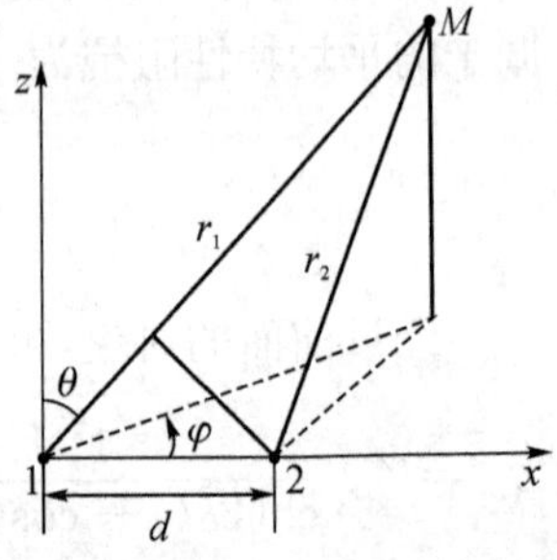

图 8.10 二元阵的辐射

式中,$F(\theta,\varphi)$是各天线元本身的方向图函数;E_m 是电场强度振幅。将上面两式相加得二元阵的辐射场为

$$E_\theta=E_{\theta1}+E_{\theta2}=E_mF(\theta,\varphi)\left[\frac{e^{-jkr_1}}{r_1}+\frac{e^{-jkr_2}}{r_2}e^{j\zeta}\right] \tag{8.55}$$

由于观察点通常离天线相当远,故可认为自天线元“1”和“2”至点 M 的两射线平行,所以 r_2 与 r_1 的关系可写成

$$r_2 = r_1 - d\sin\theta\cos\varphi \tag{8.56}$$

同时考虑到

$$\frac{1}{r_1} \approx \frac{1}{r_2} \tag{8.57}$$

将式(8.56)和式(8.57)代入到式(8.55)中,可得

$$\begin{aligned} E_\theta &= E_m \frac{F(\theta,\varphi)}{r_1} e^{-jkr_1} [1 + e^{jkd\sin\theta\cos\varphi} e^{j\zeta}] \\ &= 2E_m \frac{F(\theta,\varphi)}{r_1} \cos\frac{\psi}{2} e^{-jkr_1} e^{-j\frac{\psi}{2}} \end{aligned} \tag{8.58}$$

其中

$$\psi = kd\sin\theta\cos\varphi + \zeta \tag{8.59}$$

所以,二元阵辐射场的电场强度模值为

$$|E_\theta| = \frac{2E_m}{r_1} |F(\theta,\varphi)| \left|\cos\frac{\psi}{2}\right| \tag{8.60}$$

式中,$|F(\theta,\varphi)|$称为元因子;$\left|\cos\frac{\psi}{2}\right|$称为阵因子。

元因子表示组成天线阵的单个辐射元的方向图函数,其值仅决定于天线元本身的类型和尺寸。它体现了天线元的方向性对天线阵方向性的影响。

阵因子表示各向同性元所组成的天线阵的方向性,其值取决于天线阵的排列方式及其天线元上激励电流的相对振幅和相位,与天线元本身的类型和尺寸无关。

由式(8.60)可以得到如下结论:在各天线元为相似元的条件下,天线阵的方向图函数是单元因子与阵因子之积。这个特性称为方向图乘积定理。

如果天线阵由两个沿 x 轴排列且平行于 z 轴放置的半波振子所组成,只要将元因子即半波振子的方向函数代入式(8.60),即可得到二元阵的电场强度模值

$$|E_\theta| = \frac{2E_m}{r_1} \left| \frac{\cos\left(\frac{\pi}{2}\cos\theta\right)}{\sin\theta} \right| \left|\cos\frac{\psi}{2}\right| \tag{8.61}$$

令 $\varphi=0$,即得二元阵的 E 面方向图函数

$$|F_E(\theta)| = \left| \frac{\cos\left(\frac{\pi}{2}\cos\theta\right)}{\sin\theta} \right| \left|\cos\frac{1}{2}(kd\sin\theta + \zeta)\right| \tag{8.62}$$

令式(8.61)中 $\varphi=\pi/2$,即得二元阵的 H 面方向图函数

$$|F_H(\varphi)| = \left|\cos\frac{1}{2}(kd\cos\varphi + \zeta)\right| \tag{8.63}$$

可见，二元阵的 E 面和 H 面的方向函数与单个半波振子是不同的，特别在 H 面，由于单个半波振子无方向性，天线阵 H 面方向函数完全取决于阵因子。

2) 均匀直线阵

均匀直线阵是等间距、各阵元电流的幅度相等(等幅分布)而相位依次等量递增或递减的直线阵，如图 8.11 所示。N 个天线元沿 x 轴排成一行，且各阵元间距相等、相邻阵元之间相位差为 ζ。因为天线元的类型与排列方式相同，所以天线阵方向图函数依据方向图乘积定理，等于元因子与阵因子的乘积。

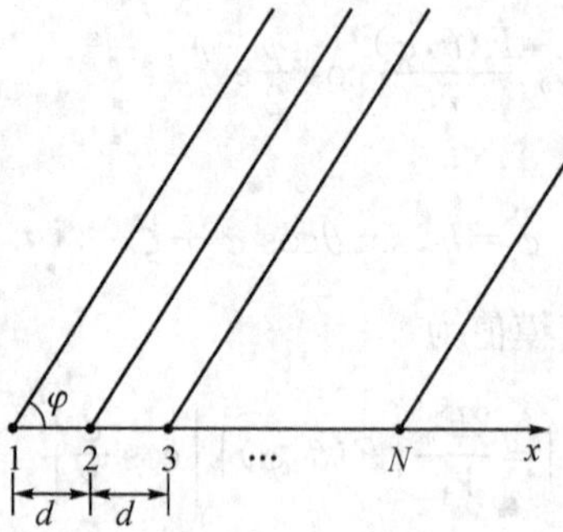

图 8.11　均匀直线阵

类似二元阵的分析，可得 N 元均匀直线阵的辐射场

$$E_\theta = E_m \frac{F(\theta,\varphi)}{r} e^{-jkr} \sum_{i=0}^{N-1} e^{j\cdot i(kd\sin\theta\cos\varphi+\zeta)} \tag{8.64}$$

在上式中令 $\theta=\pi/2$，得到 H 平面归一化方向图函数即阵因子方向函数为

$$|A(\psi)| = \frac{1}{N}\left|1+e^{j\psi}+e^{j2\psi}+\cdots+e^{j(N-1)\psi}\right| \tag{8.65}$$

式中

$$\psi = kd\cos\varphi+\zeta \tag{8.66}$$

式(8.65)右边的多项式可化为

$$|A(\psi)| = \frac{1}{N}\left|\frac{1-e^{jN\psi}}{1-e^{j\psi}}\right| = \frac{1}{N}\left|\frac{\sin(N\psi/2)}{\sin(\psi/2)}\right| \tag{8.67}$$

上式就是均匀直线阵的归一化阵因子的一般表示式。

从上式可以得出以下结论：

直线阵相邻元电流相位差 ζ 的变化，引起方向图最大辐射方向的相应变化。如果 ζ 随时间按一定规律重复变化，最大辐射方向连同整个方向图就能在一定空域内往返运动，即实现方向图扫描。这种通过改变相邻电流相位差实现方向图扫描的天线阵，称为相控阵。

在直线阵方向图中,降低第一旁瓣电平的一种途径是使天线阵中各元上的电流按锥形分布,也就是使位于天线阵中部的天线元上的激励振幅比两端的天线元的要大。

在天线系统中,降低旁瓣电平具有实际意义,然而天线阵的主瓣宽度和旁瓣电平是既相互依赖又相互对立的一对矛盾。天线阵方向图的主瓣宽度小,则旁瓣电平就高;反之,主瓣宽度大,则旁瓣电平就低。均匀直线阵的主瓣很窄,但旁瓣数目多、电平高;二项式直线阵的主瓣很宽,旁瓣就消失了。对发射天线来说,天线方向图的旁瓣是朝不希望的区域发射,从而分散了天线的辐射能量;而对接收天线来说,从不希望的区域接收,就要降低接收信噪比,因此它是有害的。但旁瓣又起到了压缩主瓣宽度的作用,从这点来说,旁瓣似乎又是有益的。实际上,只要旁瓣电平低于给定的电平,旁瓣是允许存在的。能在主瓣宽度和旁瓣电平间进行最优折中的是道尔夫-切比雪夫分布阵。这种天线阵在满足给定旁瓣电平的条件下,主瓣宽度最窄。道尔夫-切比雪夫分布阵具有等旁瓣的特点,其数学表达式是切比雪夫多项式。道尔夫-切比雪夫分布阵是最优边射阵,它所产生的方向图是最优方向图。

本章提要

1. 天线的基本功能

天线的基本功能是能量转换和定向辐射,描述天线工作特性的参数称为天线电参数,它们是能定量表征其能量转换和定向辐射能力的量。

2. 天线的基本电参数

主要有方向图、主瓣宽度、旁瓣电平、天线效率、天线的极化和频带宽度等。方向图主要参数有主瓣宽度、旁瓣电平、方向系数等。

方向函数

$$F(\theta,\phi)=\frac{f(\theta,\phi)}{f_{\max}(\theta,\phi)}=\frac{|E(\theta,\phi)|}{|E_{\max}|}$$

天线的总效率

$$\eta_{\Sigma}=(1-|\Gamma|^2)\eta_A$$

增益系数

$$G=D\eta_A$$

3. 对称振子

对称振子是中间馈电,其两臂由两段等长导线构成的振子天线。

4. 天线阵

单个天线的方向性是有限的,为了加强天线的定向辐射能力,可以采用天线阵。天线阵就是将若干个单元天线按一定方式排列而成的天线系统。按其单元天线排列方式可分为直线阵和平面阵，平面阵可看作是直线阵的推广，而直线阵又可由二元阵推广得到。因此二元阵是天线阵的基础。

思考题

8.1 简述天线的基本功能。

8.2 天线的电参数有哪些？

8.3 从接收角度讲，对天线的方向性有哪些要求？

8.4 按极化方式划分，天线有哪几种？

8.5 什么是方向图乘积定理？

8.6 对称振子上电流分布函数是什么？它的方向图、方向系数等与同长电流元有何异同？

8.7 形成天线阵不同方向性的主要因素有哪些？

8.8 磁偶极子辐射场与电偶极子辐射场有哪些不同？分别画出它们 E 面和 H 面的方向图。

8.9 何谓对称天线？何谓半波振子？

8.10 一均匀直线阵，阵元间距离 $d=0.25\lambda$，欲使其最大辐射方向偏离天线阵轴线 $\pm 60°$，相邻单元间的电流相位差应为多少？在设计均匀直线阵时，阵元间距离有没有最大限制？为什么？

习题

8.1 有一个位于 xoy 平面的、很细的矩形小环，环的中心与坐标原点重合，环的两边尺寸分别为 a 和 b，并与 x 轴和 y 轴平行，环上电流为 $i(t)=I_0\cos\omega t$，假设 $a\ll\lambda$、$b\ll\lambda$，试求小环的辐射场及两主平面方向图。

8.2 有一长度为 $\mathrm{d}l$ 的电基本振子，载有振幅为 I_0、沿 $+y$ 方向的时谐电流，试求其方向函数，并画出在 xoy 平面、xoz 平面、yoz 平面的方向图。

8.3 一长度为 $2h(h\ll\lambda)$ 中心馈电的短振子，其电流分布为：$I(z)=I_0\left(1-\dfrac{|z|}{h}\right)$，其中 I_0 为输入电流，试求短振子的辐射场及方向系数。

8.4 直立接地振子的高度 $h=10$ m，当工作波长 $\lambda=300$ m 时，求它的辐射电阻。

8.5 直立接地振子的高度 $h=40$ m，工作波长 $\lambda=600$ m，振子的直径 $2a=15$ mm 时，求振子的输入阻抗；若输入电流损耗电阻为 5 Ω 的条件下，求振子的效率。

8.6 一半波振子臂长 $h=35$ cm，直径 $2a=17.35$ mm，工作波长 $\lambda=1.5$ m，试计算其输入阻抗。

附　录

有关物理常数

名称	符号	数值
真空中光(电磁波)速	c	3×10^{8} m/s
真空介电常数	ε_0	$\frac{1}{4\pi c^2}\times10^{7}$ F/m$\approx8.854\,188\times10^{-12}$ F/m
真空磁导率	μ_0	$4\pi\times10^{-7}$ H/m$\approx1.256\,637\times10^{-6}$ H/m
真空波阻抗	η_0	120π Ω≈377 Ω
电子电荷量	e	$1.602\,177\,32\times10^{-19}$ C
电子静止质量	m_e	$9.109\,389\,71\times10^{-31}$ kg

重要的矢量公式

(一) 矢量恒等式

$\boldsymbol{A}\cdot(\boldsymbol{B}\times\boldsymbol{C})=\boldsymbol{B}\cdot(\boldsymbol{C}\times\boldsymbol{A})=\boldsymbol{C}\cdot(\boldsymbol{A}\times\boldsymbol{B})$

$\boldsymbol{A}\times(\boldsymbol{B}\times\boldsymbol{C})=\boldsymbol{B}(\boldsymbol{A}\cdot\boldsymbol{C})-\boldsymbol{C}(\boldsymbol{A}\cdot\boldsymbol{B})$

$\nabla(uv)=u\nabla v+v\nabla u$

$\nabla\cdot(u\boldsymbol{A})=u\nabla\cdot\boldsymbol{A}+\boldsymbol{A}\cdot\nabla u$

$\nabla\times(u\boldsymbol{A})=u\nabla\times\boldsymbol{A}+\nabla u\times\boldsymbol{A}$

$\nabla\cdot(\boldsymbol{A}\times\boldsymbol{B})=\boldsymbol{B}\cdot\nabla\times\boldsymbol{A}-\boldsymbol{A}\cdot\nabla\times\boldsymbol{B}$

$\nabla(\boldsymbol{A}\cdot\boldsymbol{B})=(\boldsymbol{A}\cdot\nabla)\boldsymbol{B}+(\boldsymbol{B}\cdot\nabla)\boldsymbol{A}+\boldsymbol{A}\times\nabla\times\boldsymbol{B}+\boldsymbol{B}\times\nabla\times\boldsymbol{A}$

$\nabla\times(\boldsymbol{A}\times\boldsymbol{B})=\boldsymbol{A}\nabla\cdot\boldsymbol{B}-\boldsymbol{B}\nabla\cdot\boldsymbol{A}+(\boldsymbol{B}\cdot\nabla)\boldsymbol{A}-(\boldsymbol{A}\cdot\nabla)\boldsymbol{B}$

$\nabla\times(\nabla u)=0$

$\nabla\cdot(\nabla\times\boldsymbol{A})=0$

$\nabla\cdot(\nabla u)=\nabla^2 u$

$\nabla\times(\nabla\times\boldsymbol{A})=\nabla(\nabla\cdot\boldsymbol{A})-\nabla^2\boldsymbol{A}$

$\int_V\nabla\cdot\boldsymbol{A}\,\mathrm{d}V=\oint_S\boldsymbol{A}\cdot\mathrm{d}\boldsymbol{S}$

$\int_S\nabla\times\boldsymbol{A}\cdot\mathrm{d}\boldsymbol{S}=\oint_C\boldsymbol{A}\cdot\mathrm{d}\boldsymbol{l}$

$\int_V\nabla\times\boldsymbol{A}\,\mathrm{d}V=\oint_S\boldsymbol{e}_n\times\boldsymbol{A}\,\mathrm{d}S$

$\int_V\nabla u\,\mathrm{d}V=\oint_S\boldsymbol{e}_n u\,\mathrm{d}S$

$$\int_S \boldsymbol{e}_n \times \nabla u \mathrm{d}S = \oint_C u \mathrm{d}\boldsymbol{l}$$

$$\int_V (u\nabla^2 v + \nabla u \cdot \nabla v)\mathrm{d}V = \oint_S u\frac{\partial v}{\partial n}\mathrm{d}S$$

$$\int_V (u\nabla^2 v - v\nabla^2 u)\mathrm{d}V = \oint_S \left(u\frac{\partial v}{\partial n} - v\frac{\partial u}{\partial n}\right)\mathrm{d}S$$

（二）三种坐标系的梯度、散度、旋度和拉普拉斯运算

直角坐标系

$$\nabla u = \frac{\partial u}{\partial x}\boldsymbol{e}_x + \frac{\partial u}{\partial y}\boldsymbol{e}_y + \frac{\partial u}{\partial z}\boldsymbol{e}_z$$

$$\nabla \cdot \boldsymbol{A} = \frac{\partial A_x}{\partial x} + \frac{\partial A_y}{\partial y} + \frac{\partial A_z}{\partial z}$$

$$\nabla \times \boldsymbol{A} = \begin{vmatrix} \boldsymbol{e}_x & \boldsymbol{e}_y & \boldsymbol{e}_z \\ \dfrac{\partial}{\partial x} & \dfrac{\partial}{\partial y} & \dfrac{\partial}{\partial z} \\ A_x & A_y & A_z \end{vmatrix}$$

$$\nabla^2 u = \frac{\partial^2 u}{\partial x} + \frac{\partial^2 u}{\partial y} + \frac{\partial^2 u}{\partial z}$$

圆柱坐标系

$$\nabla u = \frac{\partial u}{\partial \rho}\boldsymbol{e}_\rho + \frac{\partial u}{\rho \partial \phi}\boldsymbol{e}_\phi + \frac{\partial u}{\partial z}\boldsymbol{e}_z$$

$$\nabla \cdot \boldsymbol{A} = \frac{1}{\rho}\frac{\partial}{\partial \rho}(\rho A_\rho) + \frac{1}{\rho}\frac{\partial A_\phi}{\partial \phi} + \frac{\partial A_z}{\partial z}$$

$$\nabla \times \boldsymbol{A} = \frac{1}{\rho}\begin{vmatrix} \boldsymbol{e}_\rho & \rho\boldsymbol{e}_\phi & \boldsymbol{e}_z \\ \dfrac{\partial}{\partial \rho} & \dfrac{\partial}{\partial \phi} & \dfrac{\partial}{\partial z} \\ A_\rho & \rho A_\phi & A_z \end{vmatrix}$$

$$\nabla^2 u = \frac{1}{\rho}\frac{\partial}{\partial \rho}\left(\rho\frac{\partial u}{\partial \rho}\right) + \frac{1}{\rho^2}\frac{\partial^2 u}{\partial \phi^2} + \frac{\partial^2 u}{\partial z^2}$$

球坐标系

$$\nabla u = \frac{\partial u}{\partial r}\boldsymbol{e}_r + \frac{1}{r}\frac{\partial u}{\partial \theta}\boldsymbol{e}_\theta + \frac{1}{r\sin\theta}\frac{\partial u}{\partial \phi}\boldsymbol{e}_\phi$$

$$\nabla \cdot \boldsymbol{A} = \frac{1}{r^2}\frac{\partial}{\partial r}(r^2 A_r) + \frac{1}{r\sin\theta}\frac{\partial}{\partial \theta}(\sin\theta A_\theta) + \frac{1}{r\sin\theta}\frac{\partial A_\phi}{\partial \phi}$$

$$\nabla \times \boldsymbol{A} = \frac{1}{r^2\sin\theta}\begin{vmatrix} \boldsymbol{e}_r & r\boldsymbol{e}_\theta & r\sin\theta\boldsymbol{e}_\phi \\ \dfrac{\partial}{\partial r} & \dfrac{\partial}{\partial \theta} & \dfrac{\partial}{\partial \phi} \\ A_r & rA_\theta & r\sin\theta A_\phi \end{vmatrix}$$

$$\nabla^2 u=\frac{1}{r^2}\frac{\partial}{\partial r}\left(r^2\frac{\partial u}{\partial r}\right)+\frac{1}{r^2\sin\theta}\frac{\partial}{\partial\theta}\left(\sin\theta\frac{\partial u}{\partial\theta}\right)+\frac{\partial^2 u}{r^2\sin^2\theta\partial\phi^2}$$

电磁波的波段划分及其主要应用

波段划分

名　称	频率范围	波长范围	主要应用
甚低频 VLF[超长波]	3～30 kHz	100～10 km	导航、声呐
低频 LF[长波,LW]	30～300 kHz	10～1 km	导航、授时
中频 MF[中波,MW]	300～3 000 kHz	1 km～100 m	调幅广播
高频 HF[短波,SW]	3～30 MHz	100～10 m	调幅广播、通信
甚高频 VHF[超短波]	30～300 MHz	10～1 m	调频广播、广播电视、移动通信
特高频 UHF[微波]	300～3 000 MHz	100～10 cm	广播电视、移动通信、卫星定位导航、无线局域网
超高频 SHF [微波]	3～30 GHz	10～1 cm	卫星广播、卫星电视、无线局域网
极高频 EHF [微波]	30～300 GHz	10～1 mm	通信、雷达、射电天文
光频[光波]	1～50 THz	300～0.006 μm	光纤通信

几种常用的波段

名　称	频率范围
中波调幅广播(AM)	550～1 650 kHz
短波调幅广播(AM)	2～30 MHz
调频广播(FM)	88～108 MHz
广播电视(TV)	50～100 MHz(1～5) 170～220 MHz(6～12) 470～870 MHz(13 及以上)
卫星直播电视(SDTV)	4～6 GHz;12～14 GHz
卫星直播广播(SDB)	12～14 GHz
光纤通信	1.55 mm;1.33 mm;0.85 mm
全球卫星定位系统(GPS)	L_1=1 575.42 MHz L_2=1 227.60 MHz L_3=1 176.45 MHz
无绳电话	50 MHz;900 MHz; 2.4 GHz;5.8 GHz
蜂窝移动电话	900 MHz;1.8 GHz;1.9 GHz
工业、科学和医用(ISM)	902～928 MHz;2.4～2.483 5 GHz 5.725～5.850 GHz

各章习题参考答案

1 矢量分析与场论

1.1 (1) $\frac{1}{\sqrt{14}}\boldsymbol{e}_x+\frac{2}{\sqrt{14}}\boldsymbol{e}_y-\frac{3}{\sqrt{14}}\boldsymbol{e}_z$ (2) $\sqrt{53}$ (3) -11

(4) $\theta_{AB}=\arccos\left(-\frac{11}{\sqrt{238}}\right)=135.5°$ (5) $-4\boldsymbol{e}_x-13\boldsymbol{e}_y-10\boldsymbol{e}_z$

(6) $\boldsymbol{A}\cdot(\boldsymbol{B}\times\boldsymbol{C})=-42$、$(\boldsymbol{A}\times\boldsymbol{B})\cdot\boldsymbol{C}=-42$

(7) $(\boldsymbol{A}\times\boldsymbol{B})\times\boldsymbol{C}=2\boldsymbol{e}_x-40\boldsymbol{e}_y+5\boldsymbol{e}_z$、$\boldsymbol{A}\times(\boldsymbol{B}\times\boldsymbol{C})=55\boldsymbol{e}_x-44\boldsymbol{e}_y-11\boldsymbol{e}_z$

1.2 $\boldsymbol{R}=5\boldsymbol{e}_x-3\boldsymbol{e}_y-\boldsymbol{e}_z$、$\boldsymbol{R}$ 与 x、y、z 轴的夹角分别为 $\phi_x=\arccos\left(\frac{5}{\sqrt{35}}\right)=32.31°$、

$\phi_y=\arccos\left(\frac{-3}{\sqrt{35}}\right)=120.47°$、$\phi_z=\arccos\left(\frac{-1}{\sqrt{35}}\right)=99.73°$

1.3 $\left.\frac{\mathrm{d}\psi}{\mathrm{d}l}\right|_{(2,3,1)}=112$

1.6 (1)$\boldsymbol{A}$、$\boldsymbol{B}$ 可由一个标量函数的梯度表示;$\boldsymbol{A}$、$\boldsymbol{C}$ 可由一个矢量函数的旋度表示。 (2) $\rho_A=0$、$J_A=0$、$\rho_B=2r\sin\phi$

1.11 $\frac{19}{7}$

1.13 (1) 14 (2) 14 是保守场

1.15 $\nabla u=(2x+3)\boldsymbol{e}_x+(4y-2)\boldsymbol{e}_y+(6z-6)\boldsymbol{e}_z$

1.16 $\nabla\times\boldsymbol{D}=0$

1.18 $x=-2$;$y=2\sqrt{3}$;$z=3$、$r=5$;$\theta\approx53°$;$\phi=120°$

1.19 $\boldsymbol{A}=\sqrt{a^2+b^2}\,\boldsymbol{e}_\rho+c\boldsymbol{e}_z$、$\boldsymbol{A}=\sqrt{a^2+b^2+c^2}\,\boldsymbol{e}_r$

1.20 $\nabla\cdot\boldsymbol{A}=\frac{a}{\rho}$;$\nabla\times\boldsymbol{A}=\frac{b}{\rho}\boldsymbol{e}_z$

$\boldsymbol{A}=\left(x-\frac{b}{a}y\right)\boldsymbol{e}_x+\left(y+\frac{b}{a}x\right)\boldsymbol{e}_y+c\boldsymbol{e}_z$;$\boldsymbol{A}=r\boldsymbol{e}_r+b\boldsymbol{e}_\phi$

1.21 $\nabla\cdot\boldsymbol{A}=\frac{2a}{r}+\frac{b}{r}\cot\theta$;$\nabla\times\boldsymbol{A}=\frac{b}{r}\boldsymbol{e}_\phi$

$$\boldsymbol{A}=\left(x+\frac{bxz}{a\sqrt{x^2+y^2}}-\frac{cy}{\sqrt{x^2+y^2}}\right)\boldsymbol{e}_x+\left(y+\frac{byz}{a\sqrt{x^2+y^2}}-\frac{cx}{\sqrt{x^2+y^2}}\right)\boldsymbol{e}_y+\left(z-\frac{b\sqrt{x^2+y^2}}{a}\right)\boldsymbol{e}_z$$

$$\boldsymbol{A}=\left(r+\frac{b}{a}z\right)\boldsymbol{e}_\rho+c\boldsymbol{e}_\phi+\left(z-\frac{b}{a}r\right)\boldsymbol{e}_z$$

1.22 (1) $\nabla\cdot\boldsymbol{F}=8xy+3y^2$

$\nabla\times\boldsymbol{F}=4xz\boldsymbol{e}_x+(1-2yz)\boldsymbol{e}_y-(3x^2+z^2)\boldsymbol{e}_z$

(2) $\nabla\cdot\boldsymbol{F}=2\cos^2\phi+\cos\phi$

$\nabla\times\boldsymbol{F}=(2\sin\phi+\sin 2\phi)\boldsymbol{e}_z$

(3) $\nabla\cdot\boldsymbol{F}=0$

$\nabla\times\boldsymbol{F}=x(2y-x)\boldsymbol{e}_x+y(2z-y)\boldsymbol{e}_y+z(2x-z)\boldsymbol{e}_z$

(4) $\nabla\cdot\boldsymbol{F}=P'(x)+Q'(y)+R'(z)$

$\nabla\times\boldsymbol{F}=0$

2 宏观电磁现象的基本原理

2.1 $\dfrac{d(\sqrt{3}-1)}{2}$；$\dfrac{d(\sqrt{3}+1)}{2}$

2.2 $\boldsymbol{E}=\dfrac{(2\sqrt{2}+1)q_0}{8\sqrt{2}\pi\varepsilon_0a^2}(\boldsymbol{e}_x+\boldsymbol{e}_y)$

2.3 $\boldsymbol{E}=\dfrac{Qz}{4\pi\varepsilon_0(a^2+z^2)^{3/2}}\boldsymbol{e}_z$；$\boldsymbol{E}=\dfrac{Qz}{2\pi\varepsilon_0a^2}\left(\dfrac{1}{|z|}-\dfrac{1}{\sqrt{a^2+z^2}}\right)\boldsymbol{e}_z$

2.4 (1) $r<R, E_1=\dfrac{10^{-9}}{3\varepsilon_0}$；(2) $r>R, E_2=\dfrac{10^{-9}R^2}{3\varepsilon_0r^2}$；

(1) $r>R, U_2=\dfrac{10^{-9}R^2}{3\varepsilon_0r}$；(2) $r<R, U_1=\dfrac{10^{-9}R^2}{3\varepsilon_0R}+\dfrac{10^{-9}}{3\varepsilon_0}(R-r)$

2.5 $E=\dfrac{\rho d}{3\varepsilon_0}$（$d$ 从大球球心指向小球球心）

2.6 $U=\dfrac{\rho}{\pi\varepsilon_0}\ln\dfrac{D+r}{r}$

2.7 $C=\dfrac{\rho}{U}=\dfrac{\pi\varepsilon_0}{\ln\dfrac{D+r}{r}}$

2.8 (1) $B=0$；(2) $B=\dfrac{\mu_0J_{S0}}{2}\left[\dfrac{L/2-z}{\sqrt{a^2+(z-L/2)^2}}-\dfrac{L/2+z}{\sqrt{a^2+(z+L/2)^2}}\right]$

2.9 $\dfrac{\mu_0I}{2\pi r}+\dfrac{\mu_0I}{2\pi(D+2R-r)}$

2.10 $\boldsymbol{E}=\dfrac{Q}{4\pi\varepsilon}(-2\boldsymbol{e}_x+3\boldsymbol{e}_y)$

2.11 (1) $F_1=8.98\times10^{-5}$(N)；(2) $F_2=4.08\times10^{-5}$(N)；(3) $F_3=1.11\times10^{-6}$(N)

2.12 14.4 kV

2.13 $E=E_0\sqrt{\sin^2\theta_0+\frac{1}{\varepsilon_r}\cos^2\theta_0}$；$\theta=\arctan(\varepsilon_r\tan\theta_0)$

2.14 $r<a,\boldsymbol{E}=0$；$a\leqslant r<b,\boldsymbol{E}=\frac{q_1}{4\pi\varepsilon_0 r^2}\boldsymbol{e}_r$；$b\leqslant r<c,\boldsymbol{E}=0$；

$r\geqslant c,\boldsymbol{E}=\frac{Q+q_1}{4\pi\varepsilon_0 r^2}\boldsymbol{e}_r$；

$r<a,U(r)=U$；$a\leqslant r<b,U(r)=\frac{q_1}{4\pi\varepsilon_0 r}-\frac{q_1}{4\pi\varepsilon_0 b}+\frac{Q+q_1}{4\pi\varepsilon_0 c}$；

$b\leqslant r<c,U(r)=\frac{Q+q_1}{4\pi\varepsilon_0 c}$；$r\geqslant c,U(r)=\frac{Q+q_1}{4\pi\varepsilon_0 r}$

2.15 $r_0=\frac{\varepsilon_1}{\varepsilon_2}a$

2.17 $U_1=\frac{\varepsilon_2 d_1}{\varepsilon_1 d_2+\varepsilon_2 d_1}U_0$；$U_2=\frac{\varepsilon_1 d_2}{\varepsilon_1 d_2+\varepsilon_2 d_1}U_0$；$\frac{w_1}{w_2}=\frac{\varepsilon_2}{\varepsilon_1}$

2.19 $\boldsymbol{H}=\frac{\beta E_0}{\omega\mu_0}\cos(\omega t-\beta z)\boldsymbol{e}_y$；$\boldsymbol{J}_d=\omega\varepsilon_0 E_0\sin(\omega t-\beta z)\boldsymbol{e}_x$

2.20 $\boldsymbol{E}=\frac{\beta H_0}{\omega\varepsilon_0}\cos\frac{\pi x}{a}\sin(\omega t-\beta z)\boldsymbol{e}_x+\frac{\pi H_0}{a\varepsilon_0}\sin\frac{\pi x}{a}\cos(\omega t-\beta z)\boldsymbol{e}_z$

2.21 $\rho=0$；$\boldsymbol{J}=\left(\omega\varepsilon-\frac{k_x^2}{\omega\mu}-\frac{k_y^2}{\omega\mu}\right)E_0\sin(\omega t-k_x x-k_y y)\boldsymbol{e}_y$

2.22 $I_d=\varepsilon\frac{\mathrm{d}E}{\mathrm{d}t}\pi R^2$；$r<R,B=\frac{r}{2}\varepsilon\mu\frac{\mathrm{d}E}{\mathrm{d}t}$；$r>R,B=\frac{R^2}{2r}\varepsilon\mu\frac{\mathrm{d}E}{\mathrm{d}t}$

2.23 (1) $I_d=\frac{r^2}{R^2}\frac{\mathrm{d}Q}{\mathrm{d}t}=1.1\ \mathrm{A}$；(2) $H=\frac{\mu_0 r^2}{2\pi r R^2}\frac{\mathrm{d}Q}{\mathrm{d}t}=1.11\times10^{-5}\ \mathrm{T}$

2.24 (1) $r<a,\boldsymbol{E}_1=0$，$\nabla\times\boldsymbol{E}_1=0\quad\nabla\cdot\boldsymbol{D}_1=0$

(2) $a<r<b,\boldsymbol{E}_2=\frac{r^3-a^3}{3\varepsilon r^2}\rho=\frac{r^3-a^3}{12\varepsilon_0 r^2}\rho,\nabla\times\boldsymbol{E}_2=0\quad\nabla\cdot\boldsymbol{D}_2=\rho$

(3) $r>b,\boldsymbol{E}_3=\frac{b^3-a^3}{3\varepsilon_0 r^2}\rho,\nabla\times\boldsymbol{E}_3=0\quad\nabla\cdot\boldsymbol{D}_3=0$

3 静电场和恒定电场

3.1 $\frac{11\boldsymbol{e}_x+7\boldsymbol{e}_y+10\boldsymbol{e}_z}{24\pi\varepsilon_0}$

3.2 $\pm\frac{\rho_s}{2\varepsilon_0}\boldsymbol{e}_z$

3.3 $E_r=\begin{cases}\frac{r^2}{3a\varepsilon_0} & r\leqslant a\\ \frac{a^2}{3r\varepsilon_0} & r>a\end{cases}$

3.4 内：0 外：$\dfrac{q}{4\pi\varepsilon_0 r^2}$

3.5 $\phi=\dfrac{\rho_l}{\pi\varepsilon_0}\ln\dfrac{\sqrt{z^2+\dfrac{L^2}{2}}+\dfrac{L}{2}}{\sqrt{z^2+\dfrac{L^2}{2}}-\dfrac{L}{2}}$

3.6 $\phi=\dfrac{a\rho_l}{2\varepsilon_0\sqrt{a^2+z^2}}$

3.7 $-2ax\boldsymbol{e}_x$

3.8 8 V

3.9 $3\left(\dfrac{1}{a}-\dfrac{1}{b}\right)$

3.10 $r>a$ 0

$r<a$ $\dfrac{3E_0}{a}$

3.11 $r>b$ $\dfrac{q}{4\pi\varepsilon_0 r}$

$a<r<b$ $\dfrac{q}{4\pi\varepsilon_0 b}+\dfrac{q}{4\pi\varepsilon}\left(\dfrac{1}{r}-\dfrac{1}{b}\right)$

$r<a$ $\dfrac{q}{4\pi\varepsilon_0 b}+\dfrac{q}{4\pi\varepsilon}\left(\dfrac{1}{a}-\dfrac{1}{b}\right)$

3.12 $E_r=\dfrac{V}{\left(\dfrac{1}{a}-\dfrac{1}{b}\right)}\dfrac{1}{r^2}$

$\rho_s(r=a)=\dfrac{\varepsilon V}{\dfrac{1}{a}-\dfrac{1}{b}}\dfrac{1}{a^2}$

$\rho_s(r=b)=-\dfrac{\varepsilon V}{\dfrac{1}{a}-\dfrac{1}{b}}\dfrac{1}{b^2}$

3.13 $\phi=\dfrac{1}{4\pi\varepsilon}\left(\dfrac{q}{R_1}+\dfrac{-q}{R_2}+\dfrac{q}{R_3}+\dfrac{-q}{R_4}+\dfrac{q}{R_5}+\dfrac{-q}{R_6}+\dfrac{q}{R_7}+\dfrac{-q}{R_8}\right)$

$R_1=\sqrt{(x-x_0)^2+(y-y_0)^2+(z-z_0)^2}$

$R_2=\sqrt{(x-x_0)^2+(y+y_0)^2+(z-z_0)^2}$

$R_3=\sqrt{(x-y_0)^2+(y+x_0)^2+(z-z_0)^2}$

$R_4=\sqrt{(x+y_0)^2+(y+x_0)^2+(z-z_0)^2}$

$R_5=\sqrt{(x+x_0)^2+(y+y_0)^2+(z-z_0)^2}$

$$R_6=\sqrt{(x+x_0)^2+(y-y_0)^2+(z-z_0)^2}$$

$$R_7=\sqrt{(x+y_0)^2+(y-x_0)^2+(z-z_0)^2}$$

$$R_8=\sqrt{(x-y_0)^2+(y-x_0)^2+(z-z_0)^2}$$

3.14 (1) $\frac{q}{4\pi\varepsilon_0}\left(\frac{q}{r_1}-\frac{q'}{r_2}\right)$

(2) $\frac{q}{4\pi\varepsilon_0}\left(\frac{q}{r_1}-\frac{q'}{r_2}\right)+V$

(3) $\frac{q}{4\pi\varepsilon_0}\left(\frac{q}{r_1}-\frac{q'}{r_2}\right)+\frac{Q+q}{4\pi\varepsilon_0 b}$

3.15 $\frac{q}{4\pi\varepsilon_0}\left(\frac{q}{R}+\frac{q}{r_1}+\frac{q}{r_2}+\frac{q}{r_3}\right)$

其中 $R=[x^2+y^2+(z-\mathrm{d})^2]^{\frac{1}{2}}$

$r_1=[x^2+y^2+(z+\mathrm{d})^2]^{\frac{1}{2}}$

$r_2=[x^2+y^2+(z-b)^2]^{\frac{1}{2}}$

$r_3=[x^2+y^2+(z+b)^2]^{\frac{1}{2}}$

3.16 $G_1=\frac{2\pi\sigma_1}{\ln\frac{b}{a}}$

$G_2=\frac{2\pi\sigma_2}{\ln\frac{c}{b}}$

$G_= \frac{2\pi}{\frac{1}{\sigma_1}\ln\frac{b}{a}+\frac{1}{\sigma_2}\ln\frac{c}{b}}$

3.17 $r=a\quad \rho_s=\frac{\varepsilon_1 V}{\frac{1}{\sigma_1}\ln\frac{b}{a}+\frac{1}{\sigma_2}\ln\frac{c}{b}}\frac{1}{\sigma_1 a}$

$r=b\quad \rho_s=-\frac{\varepsilon_2 V}{\frac{1}{\sigma_1}\ln\frac{b}{a}+\frac{1}{\sigma_2}\ln\frac{c}{b}}\frac{1}{\sigma_2 c}$

$r=c\quad \rho_s=\frac{V}{\frac{1}{\sigma_1}\ln\frac{b}{a}+\frac{1}{\sigma_2}\ln\frac{c}{b}}\frac{\varepsilon_2}{\sigma_2 b}-\left[\frac{\varepsilon_1}{\sigma_1 b}\right]$

3.18 $E_1=\frac{\sigma_2\sigma_3 V}{\sigma_2\sigma_3 d_1+\sigma_1\sigma_3 d_3+\sigma_1\sigma_2 d_3}$

$E_2=\frac{\sigma_1\sigma_3 V}{\sigma_2\sigma_3 d_1+\sigma_1\sigma_3 d_3+\sigma_1\sigma_2 d_3}$

$$E_3=\frac{\sigma_1\sigma_2 V}{\sigma_2\sigma_3 d_1+\sigma_1\sigma_3 d_3+\sigma_1\sigma_2 d_3}$$

3.19 $$E_1=\frac{\sigma_2 V}{\sigma_2\left(\frac{1}{a}-\frac{1}{b}\right)+\sigma_1\left(\frac{1}{b}-\frac{1}{c}\right)}\frac{1}{r^2}$$

$$E_1=\frac{\sigma_1 V}{\sigma_2\left(\frac{1}{a}-\frac{1}{b}\right)+\sigma_1\left(\frac{1}{b}-\frac{1}{c}\right)}\frac{1}{r^2}$$

3.20 $$R=\frac{I}{2\pi\sigma a}$$

3.21 $$\varphi=\sum_{n=1}^{\infty}\frac{4U_0}{n^2\pi^2}\frac{\sin\frac{n\pi}{2}}{\sin\frac{n\pi a}{b}}\sin\frac{n\pi y}{b}\operatorname{sh}\frac{n\pi y}{b}$$

3.22 $$\varphi=\sum_{n=1,3,5}^{\infty}\frac{4U_0}{n\pi}\sin\frac{n\pi x}{a}e^{-\frac{n\pi x}{a}}$$

3.23 $$\varphi=U_0\sin\frac{3\pi x}{a}e^{-\frac{3\pi y}{a}}$$

3.24 $$\varphi=\begin{cases}\dfrac{\rho_{s0}}{2\varepsilon_0}r\cos\phi, & r<a\\[2ex] \dfrac{a^2\rho_{s0}}{2r}\cos\phi, & r>a\end{cases}$$

4 恒定电流的磁场

4.1 $$B_\varphi=\frac{\mu_0 a J_s}{\rho}$$

4.2 $$B_\varphi=\begin{cases}0 & 0<\rho<a\\[1ex] \dfrac{\mu_0(\rho^2-a^2)}{3b\rho} & a<\rho<b\\[2ex] \mu_0\left(\dfrac{b^3-a^3}{3b}+bJ_0\right)/\rho & \rho>b\end{cases}$$

4.3 $$\boldsymbol{B}=\frac{\mu_0 J_0}{2}\boldsymbol{e}_z\times c$$

4.4 $$\boldsymbol{B}=\begin{cases}\boldsymbol{e}_y\dfrac{\mu_0 J_0}{2} & z<0\\[2ex] -\boldsymbol{e}_y\dfrac{\mu_0 J_0}{2} & z>0\end{cases}$$

4.5 $$M=\frac{\mu_0 c}{2\pi}\left(\frac{a+b}{b}\ln\frac{a+b}{b}-1\right)$$

4.6 $\boldsymbol{H}_2=(28\boldsymbol{e}_x+50\boldsymbol{e}_y+12/5\boldsymbol{e}_z)$ (kA/m)

4.7 $L=\dfrac{\mu N^2}{2\pi}(R_2-R_1)\ln\dfrac{R_2}{R_1}$

4.8 $L=\dfrac{\mu_0}{\pi}\ln\dfrac{D-a}{a}$

4.9 $L_1=\dfrac{\mu a^2 m^2}{2\pi R}$

$L_2=\dfrac{\mu a^2 n^2}{2\pi R}$

$M=\dfrac{\mu a^2 mn}{2\pi R}$

4.11 $M=\dfrac{\mu}{\pi\sqrt{3}}\left[(a+b)\ln\left(1+\dfrac{a}{b}\right)-a\right]$

5 时变电磁场

5.3 (1) $\boldsymbol{S}=2\,650\cos^2(\omega t-kz)\boldsymbol{e}_z$ (W/m^2)；(2) $\boldsymbol{S}_{av}=1\,325\boldsymbol{e}_z$ (W/m^2)

5.4 (1) $\boldsymbol{S}(0,t)=0$ (W/m^2)、$\boldsymbol{S}\left(\dfrac{\lambda_0}{8},t\right)=-\dfrac{E_0^2}{4}\sqrt{\dfrac{\varepsilon_0}{\mu_0}}\sin(2\omega t)\boldsymbol{e}_z$ (W/m^2)、

$\boldsymbol{S}\left(\dfrac{\lambda_0}{4},t\right)=0$ (W/m^2) (2) $\boldsymbol{S}_{av}(z)=0$ (W/m^2)

5.5 $\boldsymbol{E}=-j120\pi\cos(20x)e^{-jk_y y}\boldsymbol{e}_z$；$w_{av}=4\pi\times10^{-7}\cos^2(20x)$；$\boldsymbol{S}_{av}=120\pi\cos^2 20x\boldsymbol{e}_y$

5.6 $\boldsymbol{E}(\boldsymbol{r},t)=\sqrt{2}(-j\boldsymbol{e}_x-2\boldsymbol{e}_y+j\sqrt{3}\boldsymbol{e}_z)\cos[9.42\times10^7 t-0.05\pi(\sqrt{3}x+z)]$；

$\boldsymbol{B}(\boldsymbol{r})=\dfrac{\pi}{10\omega}(e_x-2j\boldsymbol{e}_y-\sqrt{3}\,e_z)e^{-j0.05\pi(\sqrt{3}x+z)}$；

$\boldsymbol{S}_c=\dfrac{2\pi}{5\omega\mu_0}(\sqrt{3}\boldsymbol{e}_x+\boldsymbol{e}_z)$

5.7 (1) $\dot{\boldsymbol{H}}=\dfrac{kA\sin\theta}{\omega\mu r}e^{-jkr}\boldsymbol{e}_\phi$ (2) $\boldsymbol{S}_{av}=\dfrac{k\boldsymbol{A}^2}{\omega\mu r^2}\sin^2\theta\boldsymbol{e}_r$

5.8 (1) $\dot{\boldsymbol{H}}=-\dfrac{k}{\omega\mu}\boldsymbol{E}_m\sin(\omega t-kz)\boldsymbol{e}_x$；(2) 证明题答案略 (3) $\dfrac{\boldsymbol{E}_m^2}{2\mu c}\boldsymbol{e}_z$

5.9 (1) $\dot{\boldsymbol{H}}(\boldsymbol{r},t)=\dfrac{k\boldsymbol{E}_m}{\omega\mu_0}\cos(\omega t-kz)\boldsymbol{e}_y$；

(2) $\rho_s|_{(x=0)}=\varepsilon_0 E_m\cos(\omega t-kz)$；$\rho_s|_{(x=\mathrm{d})}=-\varepsilon_0 E_m\cos(\omega t-kz)$；

$\boldsymbol{J}_s|_{(x=0)}=\dfrac{k\boldsymbol{E}_m}{\omega\mu_0}\cos(\omega t-kz)\boldsymbol{e}_z$；$\boldsymbol{J}_s|_{(x=\mathrm{d})}=-\dfrac{k\boldsymbol{E}_m}{\omega\mu_0}\cos(\omega t-kz)\boldsymbol{e}_z$

6 平面电磁波

6.1 $\varepsilon_r=9$

6.2 $\boldsymbol{S}_{av}=\frac{13}{240\pi^2}\boldsymbol{e}_z(\mathrm{W/m^2})$

6.3 $\boldsymbol{k}=0.6\boldsymbol{e}_x+0.8\boldsymbol{e}_y$

6.6 (1) 圆极化波；(2) 线极化波；(3) 线极化波；(4) 椭圆极化波

6.7 属于均匀平面波；$f=3\times10^8$；$v=3\times10^8$ m/s；$k=2\pi$；沿着 $-z$ 轴方向传播；$H_y=0.1$ A/m；沿着 x 轴方向传播

6.8 (1) $\varepsilon_r=72.52$；

(2) $E_{i0}=47.62$ (V/m)，$E_{r0}=37.62$ (V/m)

$H_{i0}=0.126$ (A/m)，$H_{r0}=0.1$ (A/m)

6.9 (1) $\boldsymbol{E}_i(x)=10e^{-j\frac{2}{3}\pi x}\boldsymbol{e}_y(\mathrm{V/m})$；$\boldsymbol{H}_i(x)=\frac{1}{12\pi}e^{-j\frac{2}{3}\pi x}\boldsymbol{e}_z(\mathrm{A/m})$

(2) $\boldsymbol{E}_r(x)=-10e^{-j\frac{2}{3}\pi x}\boldsymbol{e}_y(\mathrm{V/m})$；$\boldsymbol{H}_r(x)=\frac{1}{12\pi}e^{j\frac{2}{3}\pi x}\boldsymbol{e}_z(\mathrm{A/m})$

(3) $\boldsymbol{E}_1(x)=j20\sin\left(\frac{2}{3}\pi x\right)\boldsymbol{e}_y(\mathrm{V/m})$；$\boldsymbol{H}_1(x)=\frac{1}{6\pi}\cos\left(\frac{2}{3}\pi x\right)\boldsymbol{e}_z(\mathrm{A/m})$

(4) $x=-\frac{3}{2}$ m

(5) $x=-\frac{3}{4}$ m

6.10 (1) $k=2\pi$ (rad/m)，$v_p=1.5\times10^8$(m/s)，$\lambda=1$ m、$\eta=188.5\ \Omega$

6.11 (1) 传播方向为 $\boldsymbol{e}_z$，$f=3$ GHz；(2) 左旋圆极化波

(3) $\boldsymbol{H}=2.65\times10^{-7}e^{-j\left(20\pi z-\frac{\pi}{2}\right)}\boldsymbol{e}_x+2.65\times10^{-7}e^{-j20\pi z}\boldsymbol{e}_y(\mathrm{A/m})$；

(4) $P_{av}=2.65\times10^{-11}$ W

6.12 $\mu_r=1.99$、$\varepsilon_r=1.13$

6.13 (1) $f=1.43\times10^9$ Hz，$\lambda=0.21$ m；

(2) $\boldsymbol{E}=40\cos(9\times10^9t+30z)\boldsymbol{e}_x(\mathrm{V/m})$，$\boldsymbol{H}=-\frac{1}{3\pi}\cos(9\times10^9t+30z)\boldsymbol{e}_y(\mathrm{A/m})$

6.14 (1) $f=3\times10^8$ Hz、$\beta=2\pi$ (rad/m)，$\lambda=1$ m，$v_p=3\times10^8$(m/s)

(2) $\boldsymbol{E}(z,t)=(\boldsymbol{e}_x-\boldsymbol{e}_y)96\pi\cos(6\pi\times10^8t-2\pi z)$ (V/m)

(3) $\boldsymbol{S}(z,t)=153.6\pi\cos^2(6\pi\times10^8t-2\pi z)\boldsymbol{e}_z(\mathrm{W/m^2})$

6.15 (1) $|\boldsymbol{E}|=122.1$ (V/m)；(2) $|\boldsymbol{E}|=98.8$ (V/m)；(3) $|\boldsymbol{E}|=119.4$ (V/m)

6.16 (1) $\boldsymbol{E}_i(x)=10e^{-j\frac{2\pi}{3}x}\boldsymbol{e}_y(\mathrm{V/m})$，$\boldsymbol{H}_i(x)=\frac{1}{12\pi}e^{-j\frac{2\pi}{3}x}\boldsymbol{e}_z(\mathrm{A/m})$

(2) $\boldsymbol{E}_r(x)=-10e^{j\frac{2\pi}{3}x}\boldsymbol{e}_y(\mathrm{V/m})$，$\boldsymbol{H}_i(x)=-\frac{1}{12\pi}e^{j\frac{2\pi}{3}x}\boldsymbol{e}_z(\mathrm{A/m})$

(3) $\boldsymbol{E}_1(x)=-j20\sin\left(\frac{2\pi}{3}x\right)\boldsymbol{e}_y(\mathrm{V/m})$，$\boldsymbol{H}_1(x)=\frac{1}{6\pi}\sin\left(\frac{2\pi}{3}x\right)\boldsymbol{e}_z(\mathrm{A/m})$

(4) $x=-\frac{3}{2}$ m (5) $x=-\frac{3}{4}$ m

6.17 $E_{rm}=33.3$ (V/m), $E_{tm}=66.6$ (V/m)

6.18 $\frac{\varepsilon_{r1}}{\varepsilon_{r2}}=3.68$ 或 $\frac{\varepsilon_{r1}}{\varepsilon_{r2}}=0.269$

6.19 (1) $\beta_1=3.33$ (rad/m), $\beta_2=10.54$ (rad/m) (2) $\Gamma=0.117$

(3) $\boldsymbol{E}_1(z,t)=2.4\cos(5\times10^8 t-3.33z)\boldsymbol{e}_x+0.281\cos(5\times10^8 t+3.33z)\boldsymbol{e}_x$

(4) $\boldsymbol{E}_2(z,t)=2.68\cos(5\times10^8 t-10.54z)\boldsymbol{e}_x$

(5) $\boldsymbol{H}_1(-1,t)=10.4\times10^{-3}\boldsymbol{e}_y$ (A/m)

6.20 $\rho=3$

6.21 $\varepsilon_{r2}=4$

6.22 (1) $\alpha_1=0, \beta_1=0.333$ (rad/m); (2) $\Gamma=0.29e^{j103^\circ}$

(3) $E_{rx}=29e^{-0.78z}\cos(10^8 t+0.333z+103^\circ)$ (V/m)

(4) $E_{tx}=97.8e^{-0.78z}\cos(10^8 t-1.27z+16.8^\circ)$ (V/m)

6.23 (1) $\frac{S_{rav}}{S_{iav}}=7.99\%$; (2) $\rho=1.79$

6.24 (1) $\frac{S_{rav}}{S_{iav}}=14.6\%$; (2) $\frac{S_{rav}}{S_{iav}}=8\%$

6.25 (1) $\theta_c=6.38^\circ$; (2) $\Gamma_\perp=e^{j38.04^\circ}$、$T_\perp=1.89e^{j19.02^\circ}$; (3) -158.8 dB

6.26 (1) 透射波沿分界面 x 方向传播(表面波), $v_p=1.73\times10^8$ (m/s);

(2) 反射波是椭圆极化波。

6.27 (1) $|E_t|_{z=0}=1.423$ (V/m); (2) $|E_t|_{z=\frac{\lambda}{4}}=73.6$ (μV/m)

6.28 (1) $\lambda=0.628$ m、$f=4.78\times10^8$ Hz

(2) $\boldsymbol{E}_i(x,z,t)=10\cos(3\times10^9 t-6x-8z)\boldsymbol{e}_y$ (V/m)

$\boldsymbol{H}_i(x,z,t)=\frac{1}{120\pi}(-8\boldsymbol{e}_x+6\boldsymbol{e}_z)\cos(3\times10^9 t-6x-8z)\boldsymbol{e}_y$ (A/m)

(3) $\theta_i=36.9^\circ$

(4) $\boldsymbol{E}_r(x,z)=-10e^{-j(6x-8z)}\boldsymbol{e}_y$ (V/m)

$\boldsymbol{H}_r(x,z)=\frac{1}{120\pi}(-8\boldsymbol{e}_x-6\boldsymbol{e}_z)e^{-j(6x-8z)}$ (A/m)

(5) $\boldsymbol{E}_1(x,z)=-j20\sin 8z e^{-j6x}\boldsymbol{e}_y$ (V/m)

$\boldsymbol{H}_1(x,z)=\frac{1}{30\pi}(-4\cos 8z\boldsymbol{e}_x-j3\sin 8z\boldsymbol{e}_y)e^{-j6x}$ (A/m)

7 导行电磁波

7.1 $\lambda=10$ mm 时,可传输 TE_{10}、TE_{20}、TE_{01}、TE_{11}、TM_{11}、TE_{30}、TE_{21}、TM_{21}、

TE$_{31}$、TM$_{31}$、TE$_{40}$ 模

λ=30 mm 时,只能传输 TE$_{10}$ 模

7.2 (1) 0.099 (dB/m);(2) 0.12 (dB/m)

7.3 (1) 波导中只能传输 TE$_{10}$ 模,(2) TE$_{10}$ 模的截止波长 $\lambda_{c\mathrm{TE}_{10}}=2a=14.4$ cm;

$\beta=45.2$;$v_p=4.17\times10^8$(m/s);$v_g=2.16\times10^8$(m/s);$\lambda_p=13.9$ cm;$Z=166.8\ \Omega$

7.4 (1) $X_L=\pm75\sqrt{\frac{1}{3}\left[-3\left(\frac{R_L}{75}\right)^2+10\left(\frac{R_L}{75}\right)-3\right]}$

(2) $X_L=\pm96.82\ \Omega$

7.5 (a) $-j0.5Z_0$;(b) ∞ ;(c) Z_0

7.7 5.97 MW

7.8 (1) $Z_0=50\ \Omega$;(2) $\rho_{\min}=2, \Gamma_2-0.333e^{-j90^\circ}$;(3) $z_1=0.125\lambda$

8 电磁辐射

8.1 $E_\varphi=\frac{\omega\mu_0 p_m}{2\lambda r}\sin\theta e^{-jkr}$;$H_\theta=-\frac{1}{\eta}\frac{\omega\mu_0 p_m}{2\lambda r}\sin\theta e^{-jkr}$;其中 $p_m=abI_0\cos\omega t$

8.2 $\boldsymbol{E}=-j\frac{\eta I_0\cos\omega t\,\mathrm{d}l}{2\lambda r}e^{-jkr}[\boldsymbol{e}_\theta\cos\theta\sin\varphi+\boldsymbol{e}_\phi\cos\phi]$

$\boldsymbol{H}=-j\frac{I_0\cos\omega t\,\mathrm{d}l}{2\lambda r}e^{-jkr}[\boldsymbol{e}_\varphi\cos\theta\sin\phi-\boldsymbol{e}_\theta\cos\phi]$

8.3 $E_\theta=j30I_0\frac{e^{-jkr}}{r}kh\sin\theta$;$H_\phi=j\frac{khI_0}{4\pi r}e^{-jkr}\sin\theta$;$D=1.5$

8.4 0.019 2 Ω

8.5 6.86 Ω;0.27

8.6 $50-j21.8\ \Omega$

参考文献

1. 王楚,李椿,周乐柱.电磁学.北京:北京大学出版社,2000
2. 刘学观,郭辉萍.微波技术与天线.西安:西安电子科技大学出版社,2001
3. 王家礼,朱满座,路宏敏.电磁场与电磁波.西安:西安电子科技大学出版社,2002
4. 王新稳,李萍.微波技术与天线.北京:电子工业出版社,2003
5. 郭辉萍,刘学观.微波技术与天线学习指导.西安:西安电子科技大学出版社,2003
6. 范寿康,卢春兰.微波技术与微波电路.北京:机械工业出版社,2003
7. 李宗谦,余京兆,高宝新.微波工程基础.北京:清华大学出版社,2004
8. 盛振华.电磁场微波技术与天线.西安:西安电子科技大学出版社,2004
9. 马海武,王丽黎,赵仙红.电磁场理论.北京:北京邮电大学出版社,2004
10. 胡冰,崔正勤,陈重.电磁场理论基础(概念题解与自测).北京:北京理工大学出版社,2004
11. 冯林,杨显清,王园等.电磁场与电磁波.北京:机械工业出版社,2004
12. Bhag Ssingh Guru, Huseyin R. Hiziroglu. Electromagnetic Field Theroy Fundamentals. Cambridge University Press,2005
13. 董金明,林萍实.微波技术.北京:机械工业出版社,2005
14. 冯恩信.电磁场与电磁波(第二版).西安:西安交通大学出版社,2005
15. 曹伟,徐立勤.电磁场与电磁波理论.北京:北京邮电大学出版社,2006
16. 钟顺时.电磁场基础.北京:清华大学出版社,2006
17. Nanapaneni Narayana Rao. Elements of Engineering Electromagnetics. Pearson Education Asia Limited and China Machine Press,2006
18. 张之翔.电磁学千题解.北京:科学出版社,2006
19. 谢处方,饶克谨等.电磁场与电磁波(第4版).北京:高等教育出版社,2006
20. 杨儒贵.电磁场与电磁波(第2版).北京:高等教育出版社,2007